nature

科学 深層の知

竹内薫 監修

N e w s & V i e w s

物理数学 | 物理化学 | 工学 | ロボット

Physical mathematics, Physical chemistry, Engineering, Robot

実業之日本社

はじめに

世界屈指の科学雑誌である『ネイチャー』誌（nature〔論文などでは"Nature"とも記される〕）の「名物解説」である「ニューズ・アンド・ヴューズ」（News & Views）。本書は、その日本語訳シリーズで、『nature 科学 未踏の知』が地球・環境・宇宙、『nature 科学 系譜の知』がバイオ・医学・生物・進化、そして本書がここ10年の物理数学・物理化学・工学・ロボット等の発展を追っている。

物理学は、ガリレオ、ニュートン、アインシュタインという名前を誰もが知っているように、科学のなかでも中心的な地位を占めてきた。日本でも、日本人初のノーベル賞を受賞した湯川秀樹や2人目の朝永振一郎以来、世界の物理学者たちと伍して戦い、実績を上げ続けてきた。

物理学はモノ作りの基礎である。物理学が強い国は、当然、モノ作りにも強い。昨今、日本はモノ作りが全般的に弱くなってきたようだが、その原因の1つは、学校で物理学を履修する生徒が激減したことが考えられる。それでも、日本のロボット・ベンチャーをグーグルが買収したニュースは記憶に新しい。日本発の技術が地球の未来を変える可能性は、まだまだ残っている。

そんな物理学を扱うこの巻の見どころを追ってみよう。

トップバッターの「トップクォークの質量測定」は、地味だが極めて重要な研究だ。トップクォークは極めて重い。実は、重い粒子ほどヒッグス粒子との相互作用が強いため、トップクォークは、ヒッグス粒子の探索にとっても重要な素粒子だった。この解説が書かれたのは２００４年だが、その後、トップクォークの質量も重要なヒントとなって、ヒッグス粒子は発見された。

「光を感じない光時計」は、最新の時計の精度を紹介。セシウム原子時計の誤差は10の15乗分の1、すなわち３０００万年に1秒の誤差という驚くべき精度を誇るが、光時計はその誤差をさらに３桁も小さくすることができるという。そして「原子の腕時計」は、なんと、原子時計が腕時計のサイズにまで小型化される話題を紹介している。うーん、一生、時計合わせをする必要がない究極の腕時計……。ぜひ、つけてみたいものだ。

「捕まえにくい魔法数」と「２つの魔法数をもつ予想外の原子核」は、ともに原子核の最先端の研究を紹介している。原子核を作る陽子や中性子の数が「魔法数」のときに原子核は特に安定になるのだが、まだまだ謎は多い。

「カーボンナノチューブ・トランジスタへの道」は、これまでのシリコンに代わるトランジスタの新材料として期待がかかるカーボンナノチューブの話題だ。直径が10億分の１ｍという極細の「筒」は、次世代の半導体材料になるのだろうか。

「塩素が手助け」は、貝毒（！）にヒントを得て、複雑な有機化合物を合成するお話である。現代化学はなんでも合成できそうな気がするが、まだまだ、自然界から学ぶべきものは多い。

「水素自動車の意義と研究課題」は、今まさにホットな水素自動車の概説だ。エネルギー効率も高く、環境への負荷も少ない水素自動車は、果たして次世代の自動車になりうるのか。

「注目を集める脳制御型ロボット」は、脊髄損傷などで四肢麻痺状態になった患者さんへの朗報だ。脳内で考えたとおりにロボットが動いてくれるのだ。科学は本来、人類の未来を明るくするためにある。

「命運を分けたマヤ、クメール、インカの気候変動」は、人類の永遠の課題である気候変動と文明の関係をひもとく。古代史ファンにはたまらない解説だと思う。

駆け足で本巻の読みどころを見てきたが、この10年のネイチャー誌の論文を知れば、この10年の人類の科学の歩みがわかる。読者の興味にしたがって、どこから読み始めてもらってもかまわない。

素晴らしき「知」の旅へ、ようこそ!

２０１５年初春　竹内　薫

目次

物理数学

Physical mathematics

物理化学

Physical chemistry

工学・ロボット

Engineering . Robot

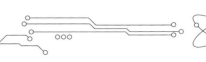

その他＋文化
Others + Culture

特別収録

Special compilation

本書の内容および筆者の所属・肩書き等は、『nature』誌発行時点のものです。

参考文献についても原文のままとなっています。

本書は『nature』ならびに『natureダイジェスト』の「News & Views」を再編集し、再録したものです。本書への掲載にあたり記事または図版の一部を加筆・改編・割愛しているものもあります。さらに用字・用語等の一部を改編していますが、その責任はすべて本書編集部にあります。ご了承ください。

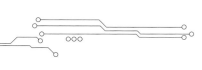

Physical mathematics

トップクォークの質量測定

From the top ...

Georg Weiglein　２００４年６月10日号　Vol.429 (613-615)

トップクォークは今まで知られているなかで、抜きん出て重い素粒子である。けれども、なぜそんなに重いのか。その質量を正確に測定することは、自然界の基本的な相互作用を解明するうえで意味のある問題である。

素粒子はおおまかに、物質を構成する素粒子であるクォークとレプトン、それに相互作用を与える素粒子からなる。クォークとレプトンは、３つの世代に分類される。トップクォークはすべてのクォークとレプトンのなかでもっとも重い。しかし、第３世代に属するトップクォークが第１世代に属する電子の30万倍も重いのはなぜか。非常に異なる質量をもつ以外、トップクォークとまったく同じ性質をもつクォークがさらに２つ存在するのはなぜか。そして質量の起源は、いったい何か。Dφ共同研究体は、シカゴ近郊にあるフェルミ国立加速器研究所の「テバトロン陽子反陽子衝突型加速器」で得られたデータを用いて、トップクォーク質量のより正確な測定結果を報告した。質量の新しい世界平均は178.0±4.3GeV/c^2（cは光速度）となった。

▼解決の鍵となるトップクォーク

物質の基本的な構成要素は、私たちが知る限りにおいて、クォークとレプトン、およびこれらの粒子間の相互作用の媒体となる「力を媒介する粒子」からなる。クォークとレプトン（後者には電子が含まれる）は３つの世代に分類される。第２および第３世代の粒子は質量がかなり大きいことを除けば第１世代の粒子の完璧なコピーのように見える。トップクォークはすべてのクォークとレプトンのなかでもっとも重く、素粒子物理学におけるいくつかのもっとも差し迫った問題の中心となっている。

たとえば、第３世代に属するトップクォークは第１世代に属する電子の30万倍も重いのはなぜか。

非常に異なる質量をもつ以外、トップクォークとまったく同じ性質をもつクォークがさらに２つ存在するのはなぜか。

そして、質量自身の起源は何かなどである。

トップクォークの質量と相互作用についての正確な情報は、実験データと比較して理論を検証するうえで解決の鍵となる材料である。『Nature』６月10日号６３８ページ[1]で、DØ共同研究体は、シカゴ近郊にあるフェルミ国立加速器研究所の、テバトロン陽子反陽子衝突型加速器で得られたデータを用いたトップクォーク質量の、より正確な測定結果を報告している。この実験結果とDØ共同研究体および姉妹関係にある実験装置CDFによって、以前に得られた測定結果とを合わせると、トップクォーク質量の新しい世界平均[2]は178.0 ± 4.3GeV/c^2 となっ

1. *The DØ Collaboration* Nature 429*, 638-642 (2004).*
2. *The CDF Collaboration, the DØ Collaboration and the Tevatron Electroweak Working Group. Preprint at http://arxiv.org/abs/hep-ex/0404010 (2004).*
3. *Hagiwara, K. et al.* Phys. Rev.D66*, 010001, 271-433 (2002).*

た。ここで、cは光の速度であり、この単位で表わしたときの陽子の質量は約1GeV/c^2である。以前の世界平均[3]と比べると、質量の代表値は約4GeV/c^2高くなっている。実験誤差は約15パーセント減少し、基本的な物理的性質がよりはっきりと見えるようになった。

▼トップクォークの果たす2つの役割

自然の基本的な原則を解明するうえで、トップクォークの果たす役割には2つの面がある。1つには、これまで理解されていなかったといってもよい新しい物理学の探求において、トップクォークは質量が大きいためにもっとも重要な対象となっている。たとえば、長い間仮説のままであるヒッグスボソンは、素粒子物理学の標準模型においていまだに見つかっていない最後の要素であり、ほかの粒子とその粒子の重さに比例した強さで相互作用すると予測されている。したがって、重いトップクォークの物理的性質はヒッグスボソンとの相互作用に大きく影響されると思われる。また、トップクォークの質量は多くの観測できる物理量を予測するうえで鍵となるパラメーターである。測定結果と予測の小さなずれが新しい物理学のきっかけとなり得るので、トップクォーク質量の実験誤差に起因する予測の不確かさが大きいと、新しい物理学を実験によって見つけることが難しくなる。

いくつかの精密に測定された物理量の値は、標準模型が予測するように、トップクォークの質量M_tの2乗に比例する。これらの依存関係はかなり弱く、ヒッグスボソンの質量は未知のままである（これまでのところでは、114.4GeV/c^2より低い質量の値は実験によって除外さ

4. *The ALEPH, DELPHI, L3 and OPAL Collaborations and the LEP Working Group for Higgs Boson Searches* Phys. Lett. B 565*, 61-75 (2003).*

れている)[4]。それゆえ、すべての入手可能なデータに対する標準模型の予測に、いわゆるグローバルフィットを用いると、M_t について情報はより明確になり、ヒッグスボソン質量のありそうな値がより狭い範囲に制限される。実際、M_t の代表値が 4GeV/c^2 変わったことによって、ヒッグスボソンの質量上限値は 30GeV/c^2 以上変化し、(信頼水準95パーセントで) 251GeV/c^2 に上がった。この上限値は、現存するあるいは将来作られる衝突型加速器によるヒッグス粒子探索の実験戦略に大きな影響を与える。

ヒッグスボソンが予測された範囲内に見つかれば、トップクォークの発見と同様に、標準模型にとって新たな成功となるだろう。歴史的には、トップクォークの質量は電子－陽電子衝突型加速器ＬＥＰ(ジュネーブのＣＥＲＮ)と電子－陽電子衝突型加速器ＳＬＣ(スタンフォードのＳＬＡＣ)で得られた豊富な精密測定の結果に対するグローバルフィットによって予測された。トップクォークは１９９５年にテバトロンで発見され、その質量は予測された範囲に完璧に一致していた。

標準模型は多くの実験検証に合格しているといっても、基本的な相互作用の究極理論にはなりえない。これは標準模型が既知の４つの相互作用のうち、重力相互作用以外の３つ、つまり電磁相互作用、弱い相互作用、強い相互作用しか記述していないという事実からあきらかである。また、標準理論には理論的に不十分な点がいくつかあり、未回答の問題が多く残っている。おそらく、標準模型を拡張するもっとも注目される枠組みは超対称性である。超対称性理論はすべての既知の粒子にパートナーが存在すると予測する。超対称性によって拡張された標準模型は、重力を無矛盾に含み、すべての基本的な力を統一的に記述するであろう、より基本的な高エネルギー理論の低エネルギー側の極限になるかもしれない。標準模型の超対称性による最小限の拡張である「ＭＳＳＭ」はおのおののクォークとレプトンに対応する超対称パートナー粒子の対、力を媒介する粒子に対応する超対称パートナー粒子、そして５つのヒッグスボソンからなる。

超対称模型では、対称性がより高いため、もっとも軽いヒッグスボソンの質量は直接予測できる（対照的に、標準模型ではヒッグス質量は自由なパラメーターであり、グローバルフィットを介して間接的に決められるだけである）。予測される質量はトップクォークの質量に非常に敏感で、M_t^4の関数になるという、標準模型の場合よりもさらにはっきりとしたM_tに対する依存性をもつ。図１にＭＳＳＭにおけるもっとも軽いヒッグスボソンの質量の予測を示す。[5,6] トップクォークの質量が178.0±4.3GeV/c^2に変わった影響があきらかに見て取れる。ヒッグスボソンが直接実験によって検出されれば、１パーセント程度よりよい正確さで質量を測定できるようになるだろう。現在得られるよりもさらに正確なM_tについての精密な情報は超対称性によって拡張された標準模型におけるヒッグス物理に極めて重要である。[7]

▼トップクォークが切り開く、多くの予言の解明

ヒッグス物理に対する大きな影響に加えて、トップクォークの質量はＭＳＳＭのほかの多くの予言、たとえばトップクォークの超対称パートナー粒子の質量と両者間の相互作用の強さに

5. *Heinemeyer, S., Hollik, W. & Weiglein, G.* Comput. Phys. Commun. 124, *76-89 (2000).*
6. *www.feynhiggs.de*
7. *Heinemeyer, S., Kraml, S., Porod, W. & Weiglein, G.* J. High Energy Phys. *JHEP09(2003)075 (2003).*

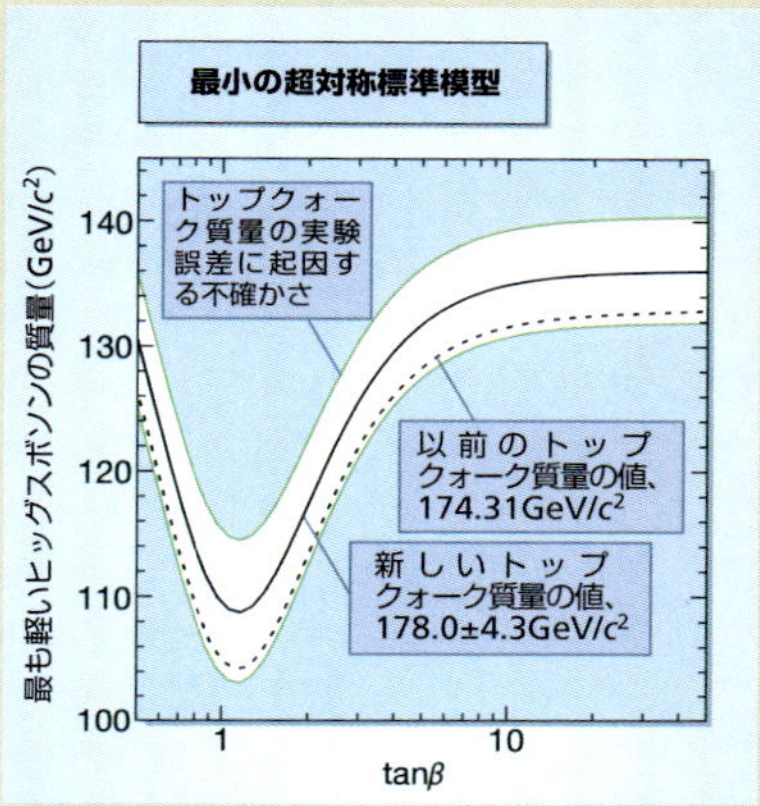

図1　最小の超対称標準模型（MSSM）におけるもっとも軽いヒッグスボソンの質量
予測された値[5,6]をパラメーター tan βの関数として示す。tan βはMSSMにおける異なるヒッグスボソン間の関係を表わしている。（ほかのMSSMパラメーターは結果として生じるヒッグス質量を最大にするように選んだ。）予測されるヒッグス質量は計算に使われるトップクォーク質量の値に敏感である。実線はDØ共同研究体[1]によるトップクォーク質量の新しい測定結果を用いた予測を示す。白いバンドはトップクォーク質量の実験誤差に起因する予測の不確かさを示す。波線は新しい測定がされる前の状況を示す（以前の実験誤差± 5.1GeV/c^2 は示されていない）。トップクォーク質量の新しい値に基づいて、もっとも軽いMSSMヒッグスボソンの質量の上限は約140GeV/c^2 となった。

影響を及ぼす。MSSMやほかの標準モデルの拡張とより高いエネルギースケールの基本理論とを結びつけることが最終的な目標である。この結果、自然界のすべての力を単一の基本的な相互作用に統合する根拠が得られるかもしれない。衝突型加速器による実験で我々が直接利用できるエネルギースケールで得られる測定結果はさらに高いエネルギースケールに外挿できるが、このためにはM_tの精密な情報が信頼できるものであることがきわめて重要である。外挿が十分に精密であれば、統一された力自身の構造に関する手がかりさえ得られるかもしれない。

さらなる進歩には新しい実験データ、つまりヒッグスボソンや超対称パートナー粒子のような新しい粒子の発見と、根元的な理論に対する感度の高い検証を可能にする観測可能な物理量の精密な測定の両者が必要になるだ

8. *Beneke, M. et al. in* Standard Model Physics (and More) at the LHC *(eds Altarelli, G. & Mangano, M.) 419-529 (CERN, Geneva, 1999).*

9. *Heuer, R.-D. et al. Preprint at http://arxiv.org/abs/hep-ph/0106315 (2001).*

10. *Abe, T. et al. Preprint at http://arxiv.org/abs/hepex/0106056 (2001).*

11. *ACFA Linear Collider Working Group. Preprint at http://arxiv.org/abs/hep-ph/0109166 (2001).*

ろう。これらのなかでも、トップクォーク質量測定の正確さを向上させることはもっとも重要であり続けると思われる。テバトロンの現在の運用フェーズ（「ＲｕｎⅡ」として知られている）で取得されるデータによって、M_t の実験誤差は２〜3GeV/c^2 に減少するであろう。また、ＣＥＲＮで建設中の大型ハドロン衝突型加速器[8]では、この正確さは誤差１〜2GeV/c^2 にまで向上すると思われる。

しかしながら、M_t のもっとも精密な値は線形電子－陽電子衝突型加速器で得られるだろう。このような装置は目下のところ計画段階にあり、次の10年間の中ごろに運用に入るかもしれない。線形衝突型加速器によって得られるデータによってトップクォーク質量の正確さは10倍向上する可能性がある。そのときになって初めて、トップクォーク質量の実験誤差に起因する不確かさは十分によく掌握され、ヒッグスボソン、超対称パートナー粒子、その他の新しい物理について次の10年間にＬＨＣで集められたデータが完全に活用されることになるだろう。

Georg Weiglein はダーラム大学素粒子物理現象学研究所（英）に所属している。

＊訳注：ＣＥＲＮのＡＴＬＳ実験代表者のファビオラ・ジャノテイ氏は「ヒッグス粒子（ヒッグスボソン）の質量は１２６ＧeV付近で、この粒子の存在を５σのレベルで示すあきらかな兆候を、データ中に観測した」と、ＣＥＲＮのセミナーで発表した。理論物理の世界では、理論を検証する実験の精度は、５σ（ファイブ・シグマ、99・９９９９４％以上の確率で理論が正しいことを示す）のデータが得られなければ、認められない。

量子コンピュータとは何か

Quantum computing

Emanuel Knill　２０１０年１月28日号　Vol.463 (441-443)

量子力学を利用したコンピュータの開発レースが続いている。それは、かつては手に負えないと思われていた物理学・数学・暗号の問題を解決し、情報技術に革命を起こし、物理学の基本をあきらかにする可能性がある。

量子コンピュータは、情報を「キュービット」（量子ビット）を使って表わす。キュービットは、「0と1に対応する、2つの量子状態をもった量子系」だ。2値式なのは既存のコンピュータと同じだが、キュービットは0と1の「重ね合わせ」になっている。量子コンピュータは、この量子系特有の「重ね合わせ」を武器にすさまじい並列計算を行ない、因数分解などのある種の問題では従来のコンピュータとは次元の異なる速度で計算を行なう。従来のコンピュータではとてもできない、複雑な量子系のシミュレーションにも使えるはずだ。しかし、それは、いつ実現するのか。どんな風に動作させるのか。開発はどこまで来ているのか。数々の課題は乗り越えられるのか。どの方法が有望なのか。専門家が答えるQ＆A。

▼量子コンピュータとは何か？

それは、従来型のコンピュータでありながら、量子情報にアクセスし、これを操作できるマシンのことだ。古典的、つまりこれまでのコンピュータでは、情報は0か1の値をとる「ビット」の列として表現されてきた。しかし、量子情報処理では、「キュービット」（量子ビット）を使って表わされる。1つのキュービットとは、「0と1という値に対応する2つの区別可能な量子状態をもった量子系」である。2値というところは古典系と同じだが、異なる点は、キュービットは量子系であるため、「重ね合わせの原理」が成り立つところだ。つまり、その状態は、2つの量子状態の任意の組み合わせ、すなわち「重ね合わせ」となる。したがって、一連のキュービット列もまた、そのビット列の量子状態の任意の重ね合わせになる。その結果どうなるか。量子干渉（量子力学的な干渉現象）を利用できるようになり、表現できる情報の種類が大幅に増えるのだ。

▼キュービットは何から作るのか？

最初に提案されたのは、光子（光の量子）を利用する方法だった。この方法では、1個の光子が偏光子を通り抜けるか抜けないかで、2つの区別可能な量子状態を得る。偏光子というのは、偏光サングラスと同じものと考えればよい。ほかにもいろいろな方法でキュービットを作ることができる。たとえば、原子トラップやイオントラップで捕らえた原子やイオンとか（図1）、超伝導回路内の電子の集合的な行動、つまりマクロな振る舞いなどだ。原子やイオンの

図1　イオントラップ量子コンピューティング研究室の想像図
現在、物理的に実現されているキュービット（量子ビット）は、すべて顕微鏡サイズである。実際は、超伝導回路、ナノスケールの半導体の島、固体中の不純物、分子の核、電磁力を利用してトラップされた原子やイオンなどのなかに、閉じ込められている。しかし、閉じ込めを行なうのに必要な装置は、全体としてはかなり大きくなる。ここに描かれているのは、２個のトラップされたイオン（青い球）からなる「２キュービット系」の実験装置。一連の拡大図が示しているように、トラッピングには、電極の配列、銅製の容器、ガラス製の真空槽などが必要である。この閉じ込め装置のほかに、キュービットにコードされた量子情報を操作する装置群も必要になる。具体的には、キュービットの状態の初期化・制御・測定をする装置で、そのために、レーザー、光学装置、系にパルス状の電磁場をかける電子装置がいる。そしてもちろん古典的なコンピュータと、これらを動かす科学者も必要になる（テーブル上の装置の構成は、D.Leibfriedによるスケッチをもとにした）。

場合なら、電子と原子核の異なる配置を2つの量子状態に対応させればよい。また超伝導回路の場合であれば、荷電している・していないといった系の荷電状態とか、超伝導電流の向き（たとえば、時計回り・反時計回り）を、2つの量子状態に対応させればよい。

▼量子情報はどのように操作するのか？

多数のキュービットの状態に対して、初期化、制御、測定という順番で物理的操作を実行する（P.29コラム1の図を参照）。コラム1の例では、重ね合わせ・オラクル・干渉の3つが制御操作に当たる。これを実行する仕組みを「量子ゲート」と呼ぶが、いわば古典的な論理ゲートの量子版である。

▼量子コンピュータは、古典的コンピュータより速いのか？

ある種の問題は、量子コンピュータを使えばはるかに速く解くことができる。また、量子コンピュータは古典的コンピュータを拡張したものなので、一般論としては、常に同等以上の速さにはなる。しかし、キュービットの操作にかかるコストや、文書処理などの応用プログラム自体がもっている制限があり、すべてがスピードアップの恩恵が得られるわけではない。

▼その可能性が最初に認識されたのはいつか？

20世紀後半から、量子系が実際の応用に使える可能性が認識され始めた。そもそも、古典的なコンピュータを使って量子現象をシミュレーションするのはむずかしい。しかし研究者は、量子系を直接操作すれば、この困難を回避できることに気がついた。ここから「量子系を使って効率よく計算する」という量子コンピューティングのアイデアが生まれた。しかし当時はアカデミックな興味の対象にとどまっていた。

▼研究が本格化したきっかけは何か？

それは、1994年に、Peter Shorが大きい数を非常に効率よく因数分解できる量子アルゴリズムを開発したことだった。その背景にあったのは、計算理論における「神託問題《オラクル》」だ。これは、内部機構を知ることができない「ブラックボックス」が付随した複雑な問題で、それを量子コンピュータで解決する例がいくつも発表され、方法もしだいに洗練されていった。こうしたなかでShorのアルゴリズムが発表されたが、彼のアルゴリズムは、インターネットを利用した通信や売買に広く使用されている暗号を、簡単に解読できてしまうのだ。このインパクトが大きかった。こうして量子コンピューティングの強みが明確になり、それが本当に実現可能かどうか、検討する必要性が生じたのだ。

▼因数分解のほかに、どんな計算に向いているか？

量子アルゴリズムを利用すると劇的に速く解決できるのは、因数分解のように、問題の構造がよくわかっている数学問題だ。また、開発のきっかけの1つとなった量子現象のシミュレーションにおいて、指数関数的に高速化できるケースが見つかっている点は重要だ。これは任意の量子モデルを試す「バーチャル実験室」となるからである。また、最適化問題や積分問題も、劇的というほどではないが、かなりの高速化が期待できる。さらに、異なるグループ間でやりとりされる情報量の削減に関する問題も、量子アルゴリズムを使うことで指数関数的に速く解決できることが理論的に立証されている。

▼それだけか？

まだまだたくさんある！　すでに私たちがもっている多くの基本的な量子アルゴリズムツールは、広く応用することができる。こうしたツールの探求はいまも続いている。ただし、量子コンピュータを使ったほうが効率よく解決できる問題を、識別したり分類したりする方法はまだ知られていない。いずれにせよ、いまの私たちには想像もできないような応用があるのは確実だ。

▼量子コンピュータを製作するには何が必要か？

キュービットを実現するには、２つの区別可能な量子状態を保持できる物理媒体が必要だ。ここで、キュービットは十分に隔離されていなければならない。特に、キュービットの周囲の環境が、その量子状態を「感じる」ことができてはならない。さもないと、干渉を利用するのに必要とされるアナログな量子状態の振幅（コラム１の図を参照）の特性が不安定化し、デコヒーレンス（量子状態の喪失）が起きてしまうからである。デコヒーレンスは、通常の巨視的な世界では重ね合わせの効果が観測されない理由の1つになっている。その一方で、キュービットの状態を操作するためには、計算誤りやデコヒーレンスが起こらないよう、きちんと制御された方法で隔離状態を破る必要がある。つまり、ほかのキュービットに影響を及ぼすことなく、個々のキュービットやキュービット対の状態にアクセスして、これらを変更できなければならない。この操作は、古典的なコンピュータで、1つまたは2つのビットに回路素子を作用させるのと同じようなものである。

▼「量子もつれ」は必要ないのか？

量子もつれ（エンタングルメント）というのは、離れたところにある複数の量子系の間に生じる一種の結合状態のことである。これらが結びついている仕組みは、個々の系の状態の古典的な組み合わせでは説明できない。このことからも想像できるように、量子もつれは、異なるグループ間や量子コンピュータ間における「量子通信」の、重要な鍵を握っている。たとえば十分に純粋な量子もつれを利用すれば、離れたキュービットどうしを結びつけ、2キュービットのゲートを作用させることもできる。量子コンピューティングでは、本来はキュービットどうしが離れている必要はない。しかし、いったん物理媒体中の個々のキュービットが特定されると、それらの間の量子もつれを考えることができるのだ。多くの研究者が、まず、量子もつれの兆候を探し出そうとしている。しかしながら、量子もつれだけでは量子コンピュータは強力なものにならないことがわかっている。たとえば、光子キュービットは量子もつれ状態になりやすいが、量子コンピューティングには利用しにくいことがわかっている。

▼量子状態の振幅のアナログ性が、問題を起こさないか？

先に答えをいえば「問題にならない」だ。しかし、その理由が解明されるまでには多くの研究を要した。もともと、ほとんどの研究者が、古典的なアナログ（デジタルではない）コンピュータの製作において遭遇する困難は、量子コンピュータの製作にも当てはまるだろうと感じていた。特に、コンピュータからの出力が望ましい答えに十分近くなるようにするためには、ゲートの数が増えるほど、量子ゲートにはますます高い精度が要求されるように見えた。コンピュータのゲートの基礎となる物理的相互作用は、連続的な値をとるパラメータに依存するので、一般に、高い精度を直接達成するのは現実的でないと考えられる。これについては、「量子誤り訂正法」を用いることで、あまり多くの資源を必要とせずに、任意の精度で量子コンピューティングをデジタル化できることが判明している。

▼量子誤り訂正法はうまく機能するのか？

量子誤り訂正法によって、物理的合理性をもった計算誤りやデコヒーレンス過程の影響については、すべて除去することができる。その前提となるのは、量子コンピュータを製作するための要件を十分に満たすことだ。また、特にキュービットの物理的操作は、十分正確に行なわれねばならない。ただし、量子誤り訂正法は、考えられるどんな誤りでも訂正できるわけではない。量子誤り訂正法の究極のテストは、「スケーラブル」なマシン、つまり、キュービット数とゲート数について、（コストを除いて）はっきりとした限界のない量子コンピュータを実際に製作して見せることだ。こうしたスケーラビリティーの実現を阻む根本的な障害は知られていないので、もしそれができなかったとしたら、新しい物理学が誕生することになる。

▼キュービットの物理的操作には、どの程度の精度が必要か？

キュービットの状態の初期化・制御・測定に必要とされる精度は、多くの要素によって決まってくる。たとえば、おもにどのような誤りがあるか（古典的なコンピューティングよりはるかに多くの種類がある）、キュービットを保持している物理媒体にどのような制約が課せられているか、どの誤り訂正法を選択するか、といったことである。誤りを訂正する方法はいくつかあるが、いずれも多数のキュービットとゲートを追加する必要がある。ここで追加しなければならないキュービットとゲートの個数は、基本的な物理的操作の精度によって決まり、精度が限界まで低下していくにつれ、追加する個数は無限に増えていく。この限界は場合によって異なるものの、実用的なスケーラビリティーを達成するためには、量子ゲートを作用させること、つまり制御操作で誤りが生じる確率は、0・0001未満でなければならないとされている（誤りが生じる確率は、量子過程の精度の低さを概略で定量化する方法だ）。一方、キュービットの状態の初期化と測定のための要件はもっと緩やかであり、私自身は、こうした場合の誤りが生じる確率は0・001未満を目標とするのが妥当であろうと提案している。すべての基本的な物理的操作の誤り確率が数パーセントという高さであっても、スケーラビリティーは達成できるという示唆もある。この基準が実用的であるかどうかは、現時点では不明である。

▼十分に高い精度の量子ゲートは実際に製作されたのか？

まだである。高精度の量子ゲートの製作は、量子コンピューティングに関するおもな挑戦課題のうち、まだ達成できていないものの1つである。

▼十分な精度の量子ゲートが製作されていないのに、何ができるというのか？

すでに、数キュービットの興味深い量子状態が作り出されている。また、ちょっとした量子コンピューティングや誤り訂正プロトコルを実行し、そのステップの挙動を調べる実験も行なわれている。長い計算に用いるには精度が足りないが、こうした実験は有用だ。中程度の質のキュービットを多数使った試みが提案され、実験的な取り組みも進んでいる。これによって、各種の超伝導を説明するモデルなど、さまざまな量子モデルについて、実際にシミュレーションや測定をしてみようというわけだ。

▼現在、いくつのキュービットを使った量子コンピューティングまで実現しているのか？

イオントラップを利用する方法については、8キュービットまでの量子状態や量子過程が量子コンピューティングに使えることが、実験的に証明されている。しかし、既存の実験系はせいぜい、初期段階の量子レジスター（キュービットの集合体）でしかないと考えられる。利用できるキュービットの個数は固定されていて、しかも数が少ないからである。どんな装置を1キュービットレジスター、2キュービットレジスター、……、nキュービットレジスターと呼ぶのか、いまのところ一般的な基準はない。

私自身は、量子レジスターは次のような条件を満たしているべきだと考えている。第一に、ハードウェアを手動で再構成することなく、任意の計算を行なえること。第二に、小規模なレジスターよりも、巧妙に量子の特性を利用して、十分な精度で計算を行なえること。第三に、レジスターの系のキュービットの個数を増やし、将来的にはスケーラビリティーの達成を目指せそうな実際的な方法があること。この基準で考えるなら、1キュービットのレジスターはすでに実現しており、2キュービットのレジスターが実現する日も近い。

▼量子コンピューティングの主要な技術にはどんなものがあるか？

核磁気共鳴（分子の核スピンに関連したキュービット）や光の性質（光子が運ぶキュービット）を利用して、多くの実験が行なわれている。現在の形式では、この2つの技術が、実用的なスケーラビリティーの限界である約10キュービットに近づいている。また、スケーラビリティーへの実用的な道筋がわかっている技術のなかでは、イオントラップのキュービットを利用するものが現時点ではもっとも進んでいる。数十キュービットからなる量子レジスターを最初に実現するのは、おそらくこの技術だろう。さらに、超伝導技術が、先行する技術にかなり迫っている。超伝導回路中では、キュービットの量子状態は多数の電子の集合的な振る舞いを利用するため、この技術がこんなに急速に進むとは私には想像できなかった。そのほか、いくつかのアプローチが研究されており、出番を待っている。遠くない将来、トラップされた多数の原子やイオンが、特殊な量子シミュレーションに使われるかもしれない。

▼長期的にはどの技術がいちばんよいか？

将来的には、古典的なゲートに近いもので、速度も同程度のキュービットが使えるようになるだろう。理想的には、古典的な計算の仕組みとほとんど変わらないかたちで、量子特性を発揮する基本素子ができ、それですべての計算を実行できるとよい。その実現に必要とされる技術は、まだわかっていない。

▼量子コンピュータの性能が古典的なコンピュータの性能を追い越すのはいつか？

多くの研究者は、量子コンピュータが実用化される時期を予測するのに躊躇《ちゅうちょ》する。私自身は、自分が生きているうちに、量子デバイスでおもしろい計算ができるだろうと考えているが、予期せぬ障害に遭遇しても失望することはないだろう。

Emanuel Knill は米国商務省国立標準技術研究所（NIST）数学計算科学部門に所属している。

Nature Column

量子情報の操作

a. 初期化　ここに示した計算では、2つのキュービットが必要である。キュービットは、スピン2分の1の粒子（銅製の容器の中の青い球）として表わす。粒子の量子状態（スピンが左回りであるか右回りであるか）は、それぞれ0と1のビット値に対応している。図には示していない強い相互作用により、キュービットを初期化して左回りの状態（矢印）にしてから、銅製の容器中に隔離してデコヒーレンス（干渉性の消失）過程から保護する。2キュービット状態は、00、01、10、11という4つの可能な量子状態の空間での波動関数として図示することができる。それぞれの量子状態が波動関数の振幅を与える。初期状態の振幅はすべて00という量子状態にある（赤い丸）。

b. 重ね合わせ　計算は、初期状態を「均一な重ね合わせ状態」に変化させる操作から始まる。具体的な操作は、ここではレンズを通り抜けてきた光（赤）で粒子を照射することだ。これによってできた新しい波動関数は、それぞれの量子状態で同じ振幅をもっている。もしもこの状態を測定するとしたなら（まだやってはいけない）、個々の量子状態が観測される確率は、振幅の2乗になる（この場合は$0.5^2=0.25$）。なお、図の丸印の色と濃淡は、位相と振幅の大きさを表わしている（赤は正の位相、青は負の位相）。また、キュービットがいくつあっても波動関数を可視化することはできるが、量子状態の数は指数関数的に大きくなるので膨大になる。

c. オラクル　次にブラックボックス（オラクル）

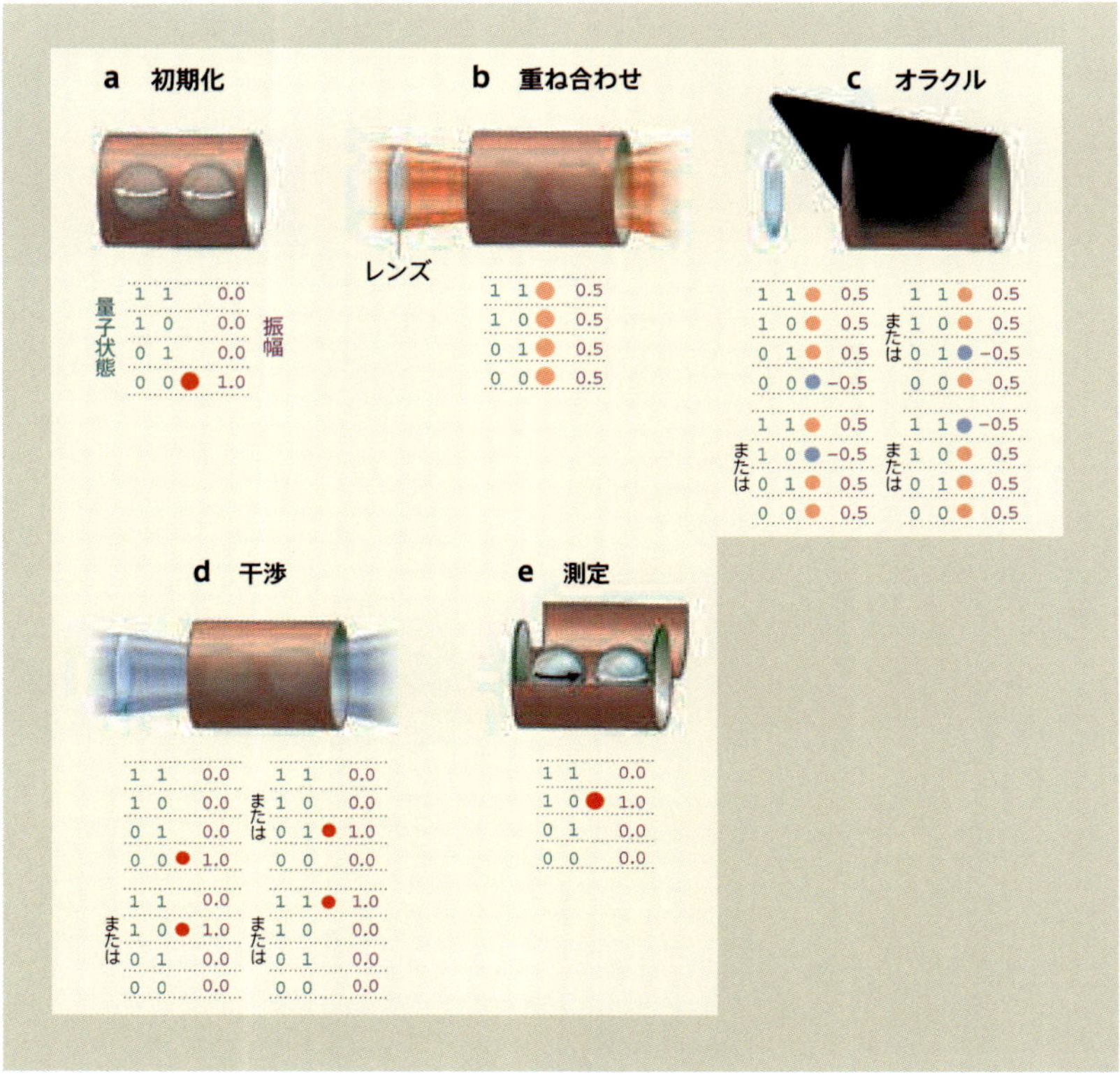

を作用させて計算させる。ここで、ブラックボックスの振る舞いを予想するのは困難であり、実際に使ってみるしかない。このブラックボックスは、すべての量子状態が同時に関連する1つの状態に、いっぺんに作用する。つまり「量子並列計算」を利用していることになる（これは、古典的な並列計算とはまったく別のものだ）。この場合、ブラックボックスの振る舞いとは、1つの量子状態の振幅の位相を変化させて、それに「印を付ける」ことにほかならない。では、いったい、どの量子状態の振幅の位相を変化させたのだろうか？　この時点で量子状態を測定しても何もわからない。なぜなら、測定結果の確率は振幅のみによって決まるからである。

d．干渉　次に、干渉を利用して、印を付けた量子状態に振幅を集中させる。波動関数についていえば、干渉計に通したときのように、振幅を組み換えることになる。ここでその役割を担うのは、先ほどとは別の種類の光（青）である。

e．測定　キュービットの状態は、系を隔離している容器を開けて、スピンの向きをチェックすることで測定される。ゼロでない振幅は1つだけなので、その結果は決定論的であり、印を付けられた位置があきらかになる。ここでの場合、印は10にある。

多くのアルゴリズムでは、ゼロでない振幅が多数あり、結果の測定は確率論的である。ここでの量子コンピューティングは、ブラックボックスを1回作用させるだけでよかった。これに相当する古典的コンピューティングなら、3回作用させる必要があった。

E. K.

陽子のサイズはもっと小さい!?

A chink in the armour?

Jeff Flowers　２０１０年7月8日号　Vol.466 (195-196)

エキゾチック原子系の分光学によって、陽子の大きさが測定された。測定結果は、これまでにない高い精度で得られたが、驚いたことに、従来の測定方法で得られた値とは一致しなかった。

陽子の大きさを測定することは、光と物質がどのように相互作用するかについての理論、量子電磁力学の厳密なテストになる。研究者たちは今回、エキゾチックな（軌道電子を電子以外の荷電粒子で置き換えた）種類の水素原子「ミューオン水素」を用い、陽子の大きさを測定した。その結果、これまでもっとも正確とされてきた測定方法で得られた結果と、標準偏差の５倍の〝有意な差〟があり、両方の測定方法の基礎となる量子電磁力学の計算に疑いを抱かせることとなった。ミューオン水素は、通常の水素原子の電子をミューオン（ミュー粒子）で置き換えたものだ。研究者たちは、遷移エネルギーの測定結果を陽子の大きさに結びつける方程式の導出において、30を超える項を考慮したものの、複雑な計算に誤りの可能性はいつも存在する……。

▼光と物質の相互作用理解の鍵となる陽子測定

米国の著名な物理学者リチャード・ファインマンはかつてこんな皮肉を言った。「物理学者たちの研究がこれほどうまくいっているのにはわけがある。彼らは水素原子とヘリウムイオンを研究し、そこでやめたからだ」。ドイツのマックス・プランク量子光学研究所の Randolf Pohl らは今回、『Nature』2010年7月8日号213ページに掲載された研究で水素原子を再び調べた。[1] 正確に言えば、調べたのはエキゾチックな(つまり軌道電子を電子以外の荷電粒子で置き換えた)種類の水素原子だ。そして驚くべき結果を得た。

彼らは陽子の大きさを測定した。この測定は、光と物質がどのように相互作用するかについての理論、量子電磁力学(QED)の厳密なテストになる。量子電磁力学は、あらゆる物理理論のなかでもっとも正確に物理量を予言した実績があるものの、いくつかの計算上のテクニックに基づいており、そのテクニックの正当性は理論が作られてから60年以上たっても完全には立証されていない。Pohl らの測定は、以前のどの方法よりも高感度な新しい方法を使った。その結果は、これまでもっとも正確とされてきた方法で得られた結果と有意に差があり、両方の測定方法の基礎になっている量子電磁力学の計算に疑いを抱かせる。

量子論はおもに元素、特に原子状態の水素(陽子と電子の束縛状態)のスペクトル線を説明する試みのなかで発展した。[2] 水素は単純な2体系であり、ほかの多電子原子よりも著しく単純な構造をもつ。とはいえ、理論的に解明するには数十年の研究が必要だった。

1947年に米国の物理学者ウィリス・ラムとロバート・レザフォードによって行なわれた

1. *Pohl, R. et al.* Nature 466*, 213-216 (2010).*
2. *Rigden, J. S. Hydrogen:* The Essential Element *(Harvard Univ.Press, 2002).*

高精度な水素分光は、水素原子の当時の理論的記述は不完全であることを示し[3]、量子電磁力学という新理論につながった[4]。新しい理論の予言のなかには、原子の2つの電子軌道のエネルギー準位がわずかに異なるはずだという指摘があった。それまでの理論ではこの2つの軌道のエネルギー準位は同じだとされていた。ラムとレザフォードはこのエネルギー準位の差を実験で測定し、現在ではこの差はラムシフトと呼ばれている。量子電磁力学は非常な精度で物理量を予測し、その後発展した「場の理論」の原形でもあった。しかし、その数学的な基礎は盤石ではなく、実験による検証はまだ活発に続いている。

▼初めてのミューオン水素分光による実験に成功

Pohlとスイスのポール・シェラー研究所の共同研究者たちは、「ミューオン水素」でラムシフトを測定した[1]。ミューオン水素というのは、通常の水素原子の電子をミューオン（ミュー粒子）で置き換えたものだ。ミューオンは電子と似た粒子で、電子と同じ電荷をもち、電子の207倍重く、不安定だ。ミューオンの質量が重いために、ミューオン水素の原子としての大きさは水素よりも小さく、ミューオンは陽子とずっと大きな相互作用をする。このため、水素を使うよりも高精度に陽子の構造を探ることができる。ミューオン水素を使った実験は、測定の不確かさを著しく小さくする可能性があるとして以前から提案されていたが、実験がとてもむずかしいためにいままで成功していなかった。

ポール・シェラー研究所には強度の高いミューオン源がある。ミューオンのパルスは水素ガ

3. *Lamb, W. E. Jr & Retherford, R. C.* Phys. Rev. 72, *241-243 (1947).*
4. *Dyson, F. J.* Phys. Rev. 75, *486-502 (1949).*

図1　Pohl らが使った、ミューオン水素を分光するレーザーシステムの一部
[F. REISER & A. ANTOGNINI , PAUL-SCHERRER-INST]

スの中で止められ、その一部がミューオン水素を作る。そのさらに一部は比較的長く生き延びる状態、準安定状態になる。準安定状態の寿命は約1μsec（マイクロ秒）だ。この寿命の間にミューオン水素は強いレーザーパルスにさらされる（図1）。

レーザーの周波数が正確に調整されていれば、ミューオン水素はこのパルスによって最初の準安定状態からラムシフト分だけエネルギーの高い状態へ遷移する。エネルギーの高い状態はすぐにX線光子を放出して基底状態に移るので、このX線を検出することで、この遷移現象を検出することができる。検出を狭い時間枠で行なえば、バックグラウンドのX線やほかに生まれた意図しない状態やミューオンの崩壊などのシグナルから、レーザーで誘起されたX線放出を見分けることができる。レーザーの周波数を変えながら、ミューオン水素とレーザーを何度も繰り返して相互作用させることにより、遷移エネルギーを高精度に測定することができ、その結果から陽子の大きさを計算できる。

▼不一致の原因解明はまだこれから

陽子の大きさは、以前は、電子を陽子で散乱させて直接的に測定するか、水素原子の分光によって間接的に測定されていた。電子散乱の結果の分析は複雑で、データはあまりよく一致しない。それでも、スイスの物理学者Ingo Sickが世界各地で測定されたデータを集め、もっとも確からしい数値を報告している。[5] 国際科学会議(ICSU)科学技術データ委員会(CODATA)は、2006年版のレポートで、水素分光のデータを収集するとともに、さらに、それとSickのまとめた電子散乱データを組み合わせた結果も求めた。[6] Pohlらの新しい結果は、こうした以前の方法を組み合わせた結果と比べ、有意な差(標準偏差の5倍)があったのだ(図2)。

この不一致の原因はいまのところわかっていない。電子散乱はもっとも直接的な測定方法だが、そのデータの解釈には疑いを差し挟む余地がある。水素分光とミューオン水素分光の場合、そのいずれの場合も、実験データから陽子の大きさを求めるためには長く複雑な量子電磁力学上の計算が必要だ。Pohlらは、遷移エネルギーの測定結果を陽子の大きさに結びつける方程式の導出において、30を超える項を考慮した。これほど複雑な計算では誤りの可能性はいつもある程度存在し、その可能性の大きさを見極めるのはむずかしい。水素分光では、陽子の大き

5. *Sick, I.* Phys. Lett. B 576*, 62-67 (2003).*
6. *Mohr, P. J., Taylor, B. N. & Newell, D. B.* Rev. Mod. Phys. 80*,633-730 (2008).*

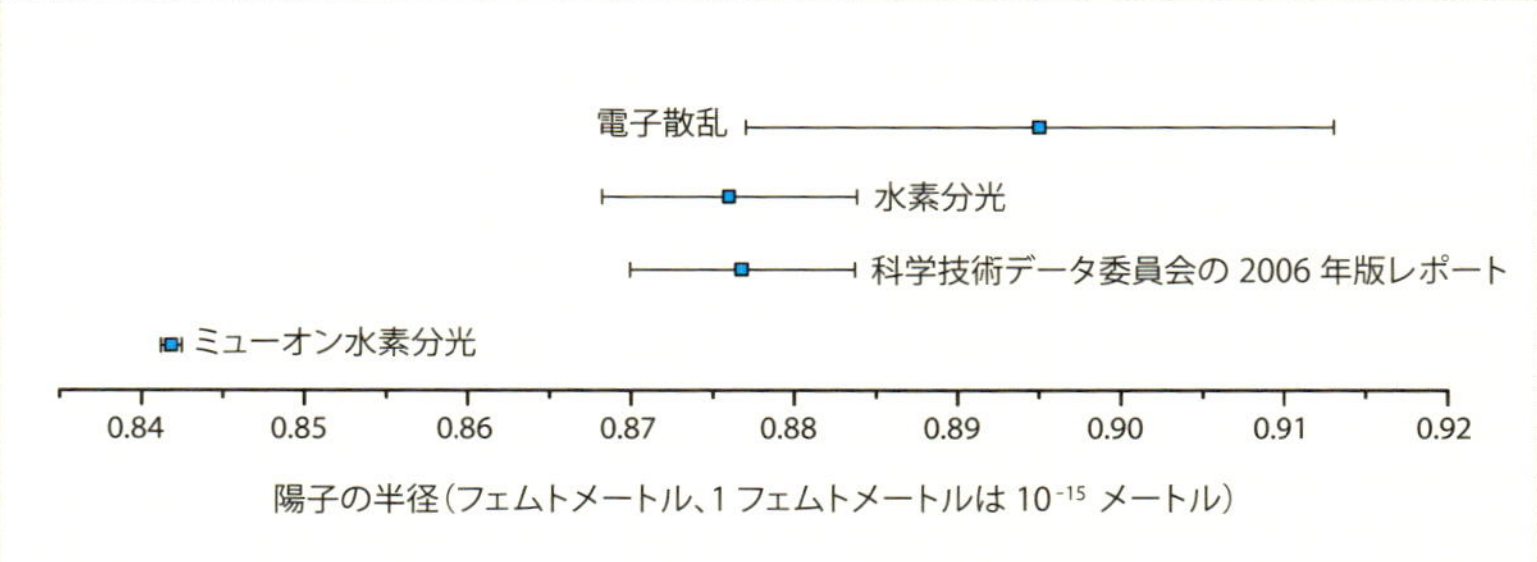

図2　陽子の大きさ（半径）
陽子の大きさの測定方法にはさまざまなものがあり、それらの測定結果の比較。ここに示したのは、電子散乱[5]、水素分光（科学技術データ委員会の2006年版レポートによる[6]）、両者の組み合わせ（同）、そしてミューオン水素分光によるPohlらの新しい測定結果[1]である。バーは1標準偏差の不確かさを示す。ミューオン水素による結果と科学技術データ委員会の結果（それまでのすべての測定をまとめた値）には、標準偏差の約5倍の開きがある。

さとリュードベリ定数を導き出すため、さまざまな遷移エネルギーが測定されている。水素においては、今回報告されたミューオン水素と異なり、実験での遷移スペクトル線幅よりも小さな測定精度が必要になる。だから、遷移の詳細を高度の正確さでモデル化しなければならない。これも誤りの原因となりうる。

今回の不一致の解決は、水素、ミューオン水素、ミューオン重水素のほか、今回と同様の「単純原子系」[7]、つまり束縛された2粒子の系についての今後の研究によってなされる可能性がもっとも高い。こうした系は単純で、計算はもっと複雑な系に比べれば容易なため、その物理現象を調べることが可能だ。異なる系では異なる側面が現われる。水素原子は、もっともよく知られた2体系だ。ミューオニウム（1個の反ミューオンと1個の電子の束縛状態）、ポジトロニウム（1個の陽電子と

7. *Flowers, J. L., Margolis, H. S. & Klein, H. A.* Contemp. Phys.45, *123-145 (2004).*

1個の電子の束縛状態）などの系も研究されており、これらの研究は原子核をもたない系の量子電磁力学を調べることになる。ヘリウムイオン（1個のアルファ粒子と1個の電子）と反水素（1個の反陽子と1個の陽電子）の研究も基礎的な物理学に関する理解をさらに深めてくれる。

もしも今回Pohlらが行なった高精度の測定や計算に誤りが見つからず、彼らの実験結果がこれまでの結果と一致しないことが確かめられれば、彼らは巨大加速器の高エネルギー衝突によらずに、素粒子物理学の標準模型では説明できない現象を発見したことになるのかもしれない。

Jeff Flowersは国立物理学研究所（英）に所属している。

電子のアト秒スナップショット

Attosecond prints of electrons

Olga Smirnova　２０１０年8月5日号　Vol.466 (700-702)

アト秒分光法を利用して、クリプトンイオンの電子の動きがリアルタイムで追跡され、原子から取り出された電子と、残されたイオンとの間のエンタングルメント（量子もつれ）が調べられた。

原子の中で動く電子を撮影するには、シャッターを1フェムト秒（10^{-15}秒）以内に開閉しなければならない。研究者たちは今回、原子の中の電子の運動をアト秒（1アト秒は10^{-18}秒）の光パルス、つまり、超高速シャッターで初めて「撮影」した。彼らは、ポンプパルスでクリプトン原子の最外殻から電子1個を取り除いて2つのエネルギー状態の重ね合わせにし、次のパルスでさらに高いエネルギー状態に励起した。するとクリプトンイオンは2つの励起経路の重ね合わせになり、波動関数に「うなり」が発生する。ここで、原子から取り出された電子と残されたイオンは量子もつれ（エンタングルメント）している。この「アト秒カメラ」は、ヤングの干渉計と似ていて、2つの励起経路の干渉を測定して、コヒーレンスともつれも評価できるのだ。

▼電子の動きを高速度カメラで追跡する

ミクロの世界で起こる超高速現象を撮影するために、これまで「ポンプ－プローブ」型の装置が用いられてきた。まず「ポンプ」光パルスを照射して化学反応を開始させる。その後に当てる第2の「プローブ」光パルスは高速度カメラであり、動く物体のスナップショットをさまざまな瞬間に撮影し、変化を記録する。原子中で動く電子を撮るには、シャッターは1フェムト秒（$=10^{-15}$秒）以内に開閉しなければならない。Goulielmakisら[1]は今回、原子中の電子運動をアト秒（1アト秒$=10^{-18}$秒）パルスで初めて撮影し、『Nature』2010年8月5日号739ページで報告した。

彼らはポンプパルスに高強度赤外レーザーを用いて、クリプトン原子の最外（$4p$）殻から電子1個をすばやく取り除いた。するとクリプトンイオン（Kr^+）は、2つの最低エネルギー状態の重ね合わせ状態となった（図1）。この2つの相違点は、生成した正孔（原子から電子1個が取り除かれた状態）のスピンと軌道の運動量を合わせた全角運動量（J）が、2分の1と2分の3になることである。

このスピン－軌道相互作用の結果、2つの状態のエネルギーは異なるものとなる。2つの音が重なり合うと「うなり音」が生じるように、Kr^+中でこの2つの状態が正孔の波動関数にうなりを発生させる。うなりの位相（φ）は状態間のエネルギー差（ΔE）に比例し、時間（τ）とともに変化する。彼らは、150アト秒極紫外（EUV）プローブパルスを用いてKr^+イオンの$3d$殻から別の電子を励起し、光吸収をモニターしながら、経時的に変化する正孔の「写真」を

1. *Goulielmakis, E. et al.* Nature 466, *739-743 (2010).*

撮った。

このアト秒「カメラ」の仕組みは、ヤングの干渉計（2つの異なる経路を通る光波が重なり合って、相対位相に応じて強め合ったり弱め合ったりする）によく似ている。2つのKr^+状態を通る2つの励起経路が合わさって、$3d^{-1}$という励起状態のKr^+になる（図1）。2つの経路の位相が合っていれば強め合い、$3d^{-1}$状態のイオンが多くなるので、大量のEUV光を吸収する。2つの経路の位相がずれていれば弱め合い、$3d^{-1}$状態は少なくなって、吸収は弱くなる。Goulielmakisらの実験では、光の吸収量はポンプ-プローブ遅延τとともに変化していることから、位相（$\varphi = \Delta E \tau / \hbar$、$\hbar$は換算プランク定数）、ひいては正孔ダイナミクスが、時間とともに変化することを表わしているわけだ。またすべての光周波数が同時にイオンと相互作用するので、吸収線1本のみをモニターした場合でも、彼らは吸収信号の変化を観測できた。

ここまでの話では、今回の測定方法もまた、典型的なポンプ-プローブ実験に見える。しかし、Kr^+を作る途中でポンプパルスによって取り出された電子が干渉計から失われたことを思い出すと、別の重要な側面が見えてくる。$3d^{-1}$状態に至る両方の経路がこの損失を共有しているのだ。このため、彼らの実験は開放系を扱っており、完全な測定が行なわれなかったということになる。不完全な測定は、系の測定された部分（ここではKr^+イオン）におけるデコヒーレンス（位相関係の損失）の元となる。では、このことは何を意味するのであろうか？

光学分野では、干渉計が光ビームのコヒーレンス評価にも使えることを思い出してみよう。同様に、彼らの研究における干渉縞《かんしょうじま》の鮮明さは、イオンサブシステムの干渉する2つの経路

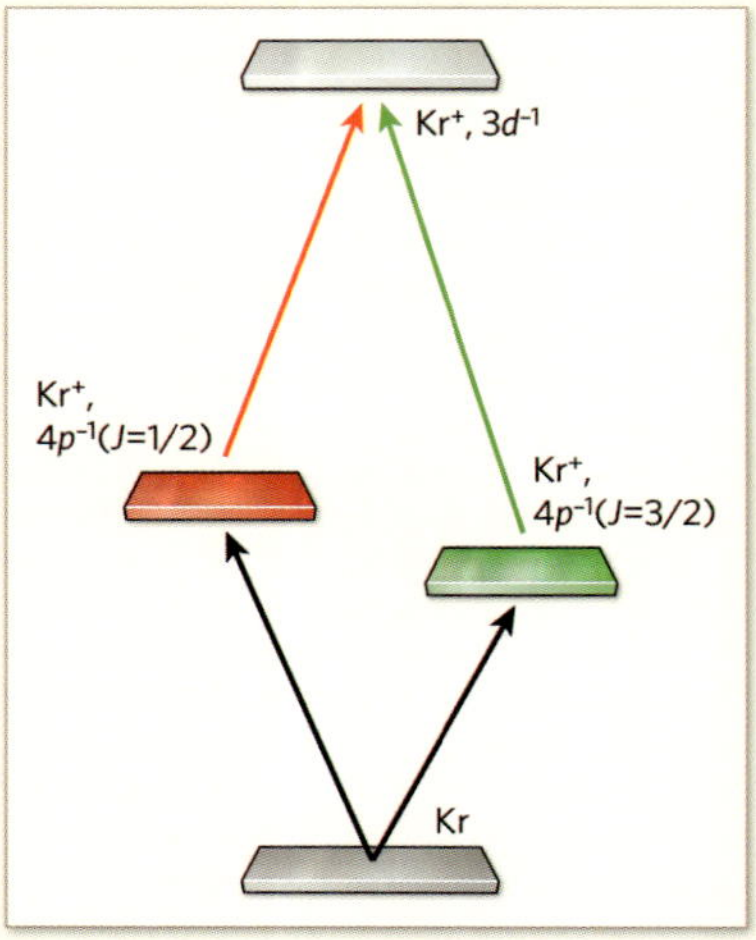

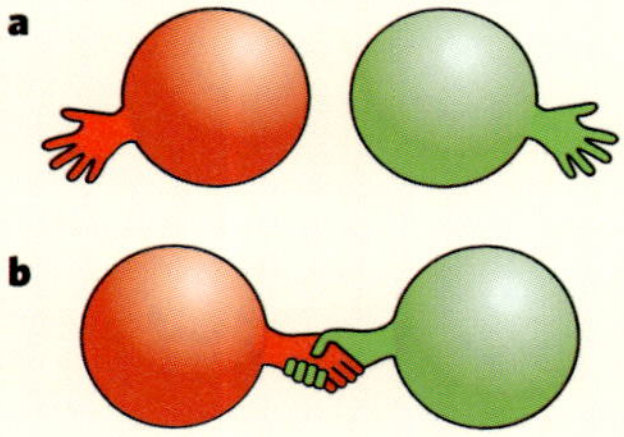

図１　初のアト秒プローブ実験
Goulielmakis ら[1] は、リアルタイムで電子運動を観測する方法を報告した。クリプトン原子（Kr）に、数秒続く赤外光「ポンプ」パルスを照射して電子を遊離させ、$4p^{-1}$ $(J = 1/2)$ と $4p^{-1}$ $(J = 3/2)$（J は全角運動量）の２状態の重ね合わせ状態にある Kr^+ イオンを発生させた（黒色矢印は、２つのイオン化経路を示す）。次に、極紫外光のアト秒「プローブ」パルスをイオンに照射し、よりエネルギーの高い $3d^{-1}$ 状態に励起した（赤色と緑色の矢印は、可能な２つの励起経路を示す）。完全系はからみ合った電子―イオン対である。

a：イオンが異なる励起経路で $3d^{-1}$ 状態に到達すると、遊離電子は直交量子状態を取る可能性がある。球は、同一電子の２つの状態を表している（赤色は Kr^+ の $J = 1/2$ 状態、緑色は $J = 3/2$ 状態に相関している）。球の「手」が触れ合っていないのは、それらの状態が重なり合っていないことを示している。
b：２つの量子状態の強い重なり合い（球の握手）が、エンタングルメントを低くし、２つの可能なイオンの励起経路を干渉させる。この干渉を測定することで、Kr^+ の正孔の運動をリアルタイムで追跡し、コヒーレンスと電子―イオンエンタングルメントの程度を評価した。

のコヒーレンス、つまりKr^+イオンにおけるスピン－軌道ダイナミクスのコヒーレンスを評価するものとなる。除去された電子の量子状態が両経路に共通であれば、ダイナミクスはコヒーレントである。共通でなければ直交し、コヒーレンスは失われる（図1a）。後者の場合、除去された電子とイオンは独立して扱うことができない。からみ合っているからだ。したがって、除去電子に関する情報の不足は、イオンの2状態間の位相に関する情報の喪失につながる。言い換えると、エンタングルメント度が高いと、正孔運動のコヒーレンスが低くなる。

Goulielmakis らは[1]、Kr^+と失われた電子のコヒーレンス、そしてエンタングルメントを評価した。彼らの実験では、イオンサブシステム中の異なる2経路と相関する、除去電子の2つの量子状態が、高強度超短ポンプパルスによって大きく重なり合うため（図1b）、電子－イオンエンタングルメントが低く、正孔波束のコヒーレンスが高く、干渉縞の鮮明度が高くなる。このようにデコヒーレンスを調べられることは、この実験の非常に重要な側面なのである。

この実験は、2色コヒーレント制御方式[2]を連想させる。この方式では、2つの中間状態（$J=1/2$、$3/2$）から最終状態へ系を進めるため、2色の光の相対位相によって最終状態の集団を制御する。したがって、アト秒パルスに頼らずに、位相φを制御した2つの「位相同期」色で十分だったと考える人もいるだろう。こうした観点から見ると、時間遅延アト秒プローブは、たんに便利な方法にすぎないように見える。実際、系を$3d^{-1}$最終状態に進める両方の色は、彼らが用いた超短プローブパルス中に自然に存在しており、相対位相はポンプ－プローブ遅延とともに変化する。本当に、アト秒プローブパルスは必要なのだろうか？

2. *Brumer, P. & Shapiro, M.* Principles of the Quantum Control of Molecular Processes *(Wiley, 2003).*

▼電子コヒーレンスの超高速変化を映し出す

答えは、開放系を扱うなら、概してイエスである。気相で行なわれたGoulielmakisらの研究では、デコヒーレンスは正孔波束の生成中にしか生じず、その後、時間とともに変化することはない。しかし、彼らの方法の強みは、凝縮相（液体や固体など）でも利用できることである。このとき、デコヒーレンスは、ポンプとプローブパルスの時間遅延の間にすばやく変化する可能性があるため、今回の実験[1]のような直接的な時間領域測定が不可欠になる。長いパルスで動作する2色コヒーレント制御方式では、電子コヒーレンスの超高速変化をとらえられない可能性があるのだ。

以前から、何オングストロームにもわたるサブフェムト秒正孔移動が大分子中で起こると予測されてきた[3,4]。そのような運動は、フェムト秒スケールの原子核ダイナミクスにも重要な影響を及ぼすかもしれない[5]。したがって、正孔の移動先で分子結合が切れる「電荷誘導反応性（change-directed reactivity）」[6]という概念と関係している可能性がある。この考えは、生成時の正孔波束のコヒーレンスを仮定しており、今回のアト秒過渡吸収分光法は、この重要な仮定をチェックするのに適していると考えられる。

分子における正孔運動とほかの電子モードや振動モードとの結合は電荷誘導反応性の原因となるが、これは時間とともに変化するデコヒーレンスと見なすことができる。これも、彼らの方法で調べられるだろう。そのような実験では、ポテンシャルエネルギー面が交差する点、すなわち円錐交差における異なるポテンシャルエネルギー面間での電子コヒーレンスの役割が検

3. *Breidbach, J. & Cederbaum, L. S.* Phys. Rev. Lett. 94*, 033901(2005).*
4. *Hennig, H., Breidbach, J. & Cederbaum, L. S.* J. Phys. Chem. A 109*, 409-414 (2005).*
5. *Remacle, F. & Levine, R. D.* Z. Phys. Chem. 221*, 647-661(2007).*
6. *Weinkauf, R. et al.* J. Phys. Chem. A 101*, 7702-7710 (1997).*

討されるかもしれない。
光学系でたとえると、円錐交差はビームスプリッタである。光学では、単一光ビームがビームスプリッタにぶつかると、アウトプットとして明確な位相関係をもつ2つのビームを生成する。この逆過程を想像してみると、アウトプットとして単一ビームを得る（分子でいうと特定の化学反応生成物を得る）には、光線の相対位相と振幅の精密制御が必要になる。これと同様に、正孔波束を構成する電子状態の振幅と位相は、波束の円錐交差の通過の仕方や、分子ビームスプリッタのアウトプットで出現するものに影響を及ぼすと予想できるだろう。多くの生物系や化学系では電荷移動が重要な役割を果たしている。アト秒スケールの電子コヒーレンス生成およびそれに続く数十フェムト秒にわたる時間変化を評価できるようになれば、新しい化学反応機構の発見や評価への道が開かれるに違いない。

Olga Smirnova はマックス・ボルン非線形光学超短時間分光学研究所（ドイツ）に所属している。

二原子分子からの放出電子が干渉する

Matter-wave interference made clear

Uwe Becker　２０１１年６月30日号　Vol.474 (586-587)

点光源からの光が2つの平行なスリットを通過すると、干渉縞が生じる。これと同様に、二原子分子から放出される電子が、同じような干渉縞を作る可能性が指摘されてきた。この40年来のテーマが、今回、ついに直接に観測された。

何世紀にもわたった光が粒子なのか波なのかという問いかけは、「粒子と波動の二重性」として解決された。この二重性は量子力学の核心にある概念で、実際、粒子と波動の二重性は光子に限らず、物質を含めたすべての量子力学的な対象が備える基本的な性質である。このことは１９６１年、電子を使った二重スリット実験によって示された。次に、水素分子などの二原子分子に紫外光を当てると、電子の波が２カ所から飛び出して、干渉縞を作るはずだと予測されていた。だが干渉縞はほかの効果によって覆い隠され、これまで直接的には検出されなかった。今回、研究者たちは、二原子分子が２つの中心から電子波を放出する物体として振る舞い、干渉縞を作ることを、疑いのないかたちで初めて示した。

▼二原子分子が2つの中心から電子波を放出する証拠を示す

水素分子などの二原子分子に紫外光を当てると、電子の波が2カ所から飛び出して、干渉縞（明るい帯と暗い帯の繰り返し）を作るはずだと考えられてきた。スウェーデンのルンド大学マックスラボのSophie Cantonらは、今回、干渉が実際に生じていることを直接的に示すデータを実験で観測し、『Proceedings of the National Academy of Sciences』に報告した。[1] この干渉縞は、二原子分子が2つの中心から電子波を放出する物体として振る舞うことを、疑いのないかたちで示した初めての証拠だ。

光が粒子なのか波なのかという問いかけは、何世紀にもわたって続けられてきた。オランダの物理学者クリスティアーン・ホイヘンスが1678年に、光は波からなると提案したものの、英国の物理学者トマス・ヤングが1803年に古典的な二重スリット実験を報告するまでは、一般には、光は粒子だと見なされていた。ヤングは、点光源からの光で2つの平行なスリットをもつパネルを照らし、スリットを通過する光がパネルの後ろのスクリーンに干渉縞を作ることを観測した。この実験は、光が波の性質をもつことを疑いのないかたちで証明した。ところが、米国の物理学者アーサー・コンプトンは1923年、高エネルギー光子の散乱の研究で、光が小さな粒子の性質をもっていることを証明した。このときの物理学者たちの混乱ぶりを想像してみてほしい。

ヤングとコンプトンの矛盾する結果は、「粒子と波動の二重性」というかたちで解決された。この二重性は量子力学の核心にある概念であり、量子力学が古典物理学と大きく異なっている

1. *Canton, S. E. et al.* Proc. Natl Acad. Sci. USA 108*, 7302-7306 (2011).*

点の1つだ。事実、粒子と波動の二重性は光子に限らず、物質を含め、すべての量子力学的な対象が備える基本的な性質である。このことは1961年に光子ではなく電子を使った二重スリット実験によって示された。[2] この実験では、光で生じたのと似た干渉縞が観測され、電子が波の性質をもつことが証明された。それ以来、フラーレン（サッカーボール分子C_{60}など）[3]や巨大な有機分子など、[4] 大きな量子力学的な対象も、二重スリット実験で波の性質をもつことが次々と確かめられた。生きている生物など本当にマクロなものでも、二重スリットで干渉を起こすのかどうか、そんな実験も始まっている。

あらゆる二重スリット実験の基礎に、ハイゼンベルクの不確定性原理がある。この原理は、量子力学的な対象について、その位置と運動量を測定するときの正確さを制限する規則である。干渉縞を得るためには、量子力学的対象の運動量を正確に定め、その位置が2つのスリットの間隔よりも局在化されないようにしなければならない。こうした状況では、量子力学的な対象は「コヒーレント」（可干渉）になる。この非局在化が失われると、デコヒーレンス（干渉性の消失）が起こり、干渉縞は消える。干渉縞を失わずに、ある対象がどちらのスリットを通過したかを決定できるかどうかは、いまなお研究と論争が続く長年の未解決問題である。[5]

さて、不確定性に基づくコヒーレンスのほかに、もう1つのメカニズムも同種の現象を起こすことができる。それは、空間的に離れた位置から放出された量子力学的対象のコヒーレントな重ね合わせで、「分子二重スリット」と呼ばれることが多い（図1）。1つの例は、窒素分子（N_2）などの等核二原子分子が光の照射に反応して電子を放出するときに起こる（光電子放出

2. *Jönsson, C. Z.* Phys. 161*, 454-474 (1961).*
3. *Hackermü.ller, L., Hornberger, K., Brezger, B., Zeilinger, A. & Arndt, M.* Nature 427*, 711-714 (2004).*
4. *Gerlich, S. et al.* Nature Commun. 2*, 263 (2011).*
5. *Kocsis, S. et al.* Science 332*, 1170-1173 (2011).*

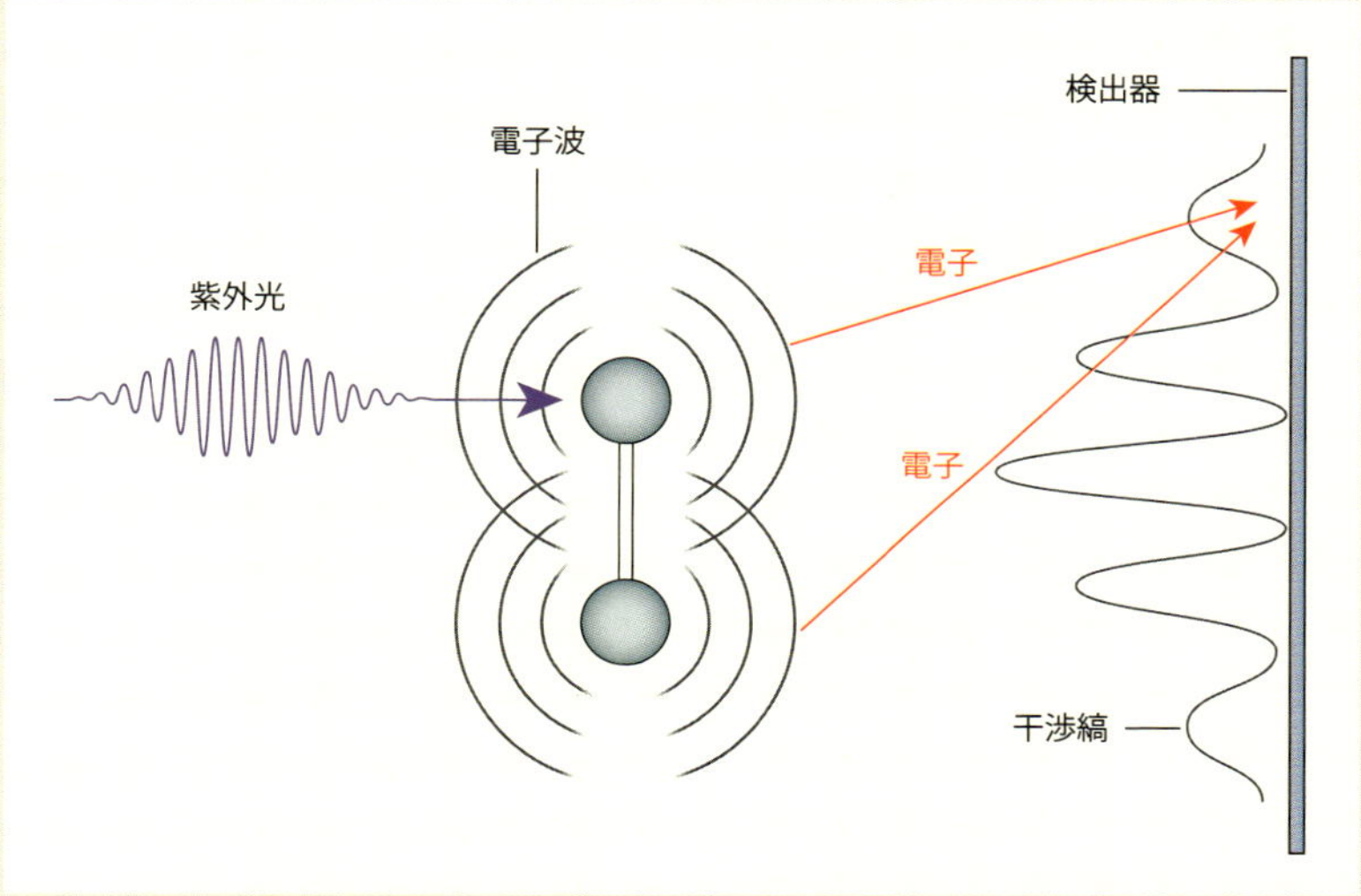

図１　１分子による二重スリット実験
二原子分子に紫外光を照射すると、光電子放出というプロセスで電子が放出され、電子波ができる。電子波は分子中の２つの原子の両方から放出され、位相は同位相か逆位相かのいずれかになる。このため、電子波の干渉縞ができ、適切な検出器を用いれば原理的には観測できる。しかし、干渉縞はほかの効果によって覆い隠され、これまで直接には検出されなかった。Canton らは、分子の振動をうまく取り扱う方法を使って二原子分子の光電子スペクトルを調べ、干渉縞を直接的に観測した[1]。

という過程)。[6] 電子は、分子の両方の原子からコヒーレントに放出され、電子波の位相は同位相か逆位相かのいずれかだ。だから、こうした系は通常の二重スリット実験で見られるものと同じ干渉縞を作るはずである。

ハーバード大学化学科の Howard Cohen とシカゴ大学物理学科の Ugo Fano は１９６６年(いずれも所属は当時)、この類似性に初めて気づいた。[7] 彼らは、両方の原子からのコヒーレントな放出を記述する波動関数を提案し、それによって光電子放出の部分断面積が、入射光のエネルギーに応じて振動することを予言した(断面積は光電子放出が起こる確率を示すもの)。

Cohen と Fano が彼らの発見を発表したとき、彼らの論文は N_2 と H_2 の価電子光イオン化(最外殻電子の光電子放出)について、入射光のエネルギーに対して断面積をプロットした実験結果のグラフを含んでいた。このグラフは明らかな振動を示しており、Cohen と Fano は予言された効果が初めてとらえられたものと解釈したが、予言された干渉による振動を示すデータはほかにはほとんど存在しなかった。しかし、二中心干渉が明確に証明されるまでには、H_2 については それから35年、[8] N_2 についてはさらに長い時間がかかったのである。[6]

しかも、これらの論文は、[6,8] Cohen と Fano が報告したような価電子ではなく、等核二原子分子における内殻電子の光イオン化の効果について、報告したものだった。また、これらの論文では、干渉を直接的には観測できないような方法を使い、結果に不確かさをもたらすデータの較正も必要であった。このため、なお２つの課題が残された。１つは、干渉による振動を直接観測できる方法を見つけること、もう１つは、価電子光イオン化が干渉縞を作る証拠を得るこ

6. *Rolles, D. et al.* Nature 437*, 711-715 (2005).*
7. *Cohen, H. D. & Fano, U.* Phys. Rev. 150*, 30-33 (1966).*
8. *Stolterfoht, N. et al.* Phys. Rev. Lett. 87*, 023201 (2001).*

とである。

Cantonらは、この両方の目的を達成することに成功した。[1] 彼らは二原子分子の「振動分解光イオン化」のスペクトルを得ることにより、これまでの内殻電子光イオン化実験につきまとっていた較正の不確かさを取り除いた。さらに、彼らの方法により、N_2とH_2の価電子光イオン化を調べることができた。特にH_2のデータは有用で、水素分子は、光イオン化のたいていの理論的研究において、モデル化の基準系となっているからである。

▼コヒーレントな二中心放出の研究を開く

Cantonらの研究でいちばん思いがけなかったのは、一酸化炭素（CO）などの異核二原子分子でCohen-Fano振動が観測されたことだ。これらの分子では、もっとも内側の電子は2つの原子のどちらかにほとんど完全に局在しているので、Cohen-Fano振動は起こりえない。そのかわり、放出された電子がもう一方の原子の所（位置）で散乱されて、別の種類の振動が起こり、その振動数はCohen-Fano振動の2倍になる。[9]

しかし、COの価電子軌道は自然に非局在化している。もし、この非局在化が分子の両方の原子をカバーするほど大きければ、電子の放出はコヒーレントになりうる。したがって、CantonらがCOでCohen-Fano振動を観測した事実は、コヒーレントな価電子光イオン化が起きたとすれば説明可能である。これらの発見は、非局在化された電子軌道が二中心干渉の源として機能しうることを示している。それは、スリット幅（隙間の大きさ）が異なる場合のヤ

9. *Zimmermann, B. et al.* Nature Phys. 4, *649-655 (2008).*
10. *Kanai,T., Minemoto, S. & Sakai, H.* Nature 435, *470-474(2005).*

ングの二重スリット実験に相当している。

二中心干渉は、高次高調波発生においても観測されている。[10,11] 高次高調波発生は、強いレーザー場にさらされた分子が低エネルギーX線を放つ現象である。また、フラーレンは、1次元の二原子分子とよく似た光電子放出パターンを示すので、3次元の分子二重スリットとみなすことができるかもしれない。[12〜14] こうした実験結果を見るまでもなく、コヒーレントな二中心放出の研究から、今後思いがけない成果が次々と明らかになってくるであろう。量子コンピュータなどへの応用も考えられ、ますますエキサイティングな研究テーマとなりつつある。

Uwe Becker はマックス・プランク協会フリッツ・ハーバー研究所（ドイツ・ベルリン）分子物理学部門、およびキング・サウド大学（サウジアラビア・リヤド）物理学科に所属している。

11. *Wörner, H.-J., Bertrand, J. B., Kartashov, D. V., Corkum, P. B. & Villeneuve, D. M.* Nature 466*, 604-607 (2010).*
12. *Benning, P. J. et al.* Phys. Rev. B 44*, 1962-1965 (1991).*
13. *Xu, B., Tan, M. Q. & Becker, U.* Phys. Rev Lett. 76*, 3538-3541(1996).*
14. *Korica, S. et al.* Surf. Sci. 604*, 1940-1944 (2010).*

信頼性の高いテレポーテーション

Reliable teleportation

Timothy C. Ralph　２０１３年8月15日号　Vol.500 (282-283)

運任せではなく、常に必ず動作する量子テレポーテーション方法が開発された。タイプの異なる2つの方法が見い出され、この研究結果は、量子通信と量子計算に応用できる可能性がある。

量子テレポーテーションは、量子状態を量子もつれ（エンタングルメント）と従来の通信システムを使って移動させる方法であり、量子情報処理には欠かせないプロセスだ。しかし、これまでの実証実験では、うまくいくかどうかは「運任せ」で、なかなか成功しなかった。今回、常に必ず動作する、量子ビットの量子テレポーテーション方法を、２つの研究チームがそれぞれ開発した。一方は1個の光子の量子ビットを、もう一方は超伝導回路を流れる電流が作る量子ビットを、確実にテレポーテーションさせた。量子テレポーテーションは、もつれた状態を作り、その一方を移動させたい状態とあわせて測定することによって実現する。これまで「運任せ」だったのは、そうした操作を高い成功率で行なうことができなかったからだ。

▼テレポーテーションを実現する3段階の手順

量子テレポーテーションは、量子状態を、古典的な通信システムを使ってある場所から別の場所へ移動させる方法であり、直観に反した不思議な現象だが、量子情報処理には欠かせないものと考えられている。しかし、これまでの量子テレポーテーションの実験的実証は運任せで、成功するケースはわずかであることが多かった。今回、常に必ず動作する、量子ビットの量子テレポーテーション方法を2つの研究チームがそれぞれ開発し、『Nature』2013年8月15日号に報告した。1つは、東京大学工学系研究科の武田俊太郎大学院生と古澤明教授らによる、1個の光子の量子状態のテレポーテーションであり（315ページ）[1]、もう1つは、チューリヒ工科大学物理学科（スイス）のLars Steffenらによる、超伝導回路の量子状態のテレポーテーションだ（319ページ）[2]。

量子テレポーテーションは、もつれた（エンタングルメントした）状態を作り、それを測定することによって実現される[3]。もつれは、別個の量子系の間の強い相関であり、古い理論では説明できない。通常、テレポーテーションを実現する手順は3段階だ（図1）。もつれた状態にある1対の量子系を作り、一方は送信者（アリス）、もう一方は受信者（ボブ）に渡す。アリスは、テレポーテーションさせたい未知の状態と、もつれた対のうち、彼女がもっている量子系の両者を合わせて測定し（合同測定）、その測定結果をボブに送る。ボブは、アリスから受け取った測定結果に応じて、自分の量子系をあらかじめ決まった方法で操作する。この操作を行なうと、ボブの量子系は、アリスがもっていた未知の状態に変化する。つまり、必要なの

1. *Takeda, S., Mizuta, T., Fuwa, M., van Loock, P. & Furusawa, A.* Nature 500, *315-318 (2013).*
2. *Steffen, L. et al.* Nature 500, *319-322 (2013).*
3. *Bennett, C. H. et al.* Phys. Rev. Lett. 70, *1895-1899 (1993).*

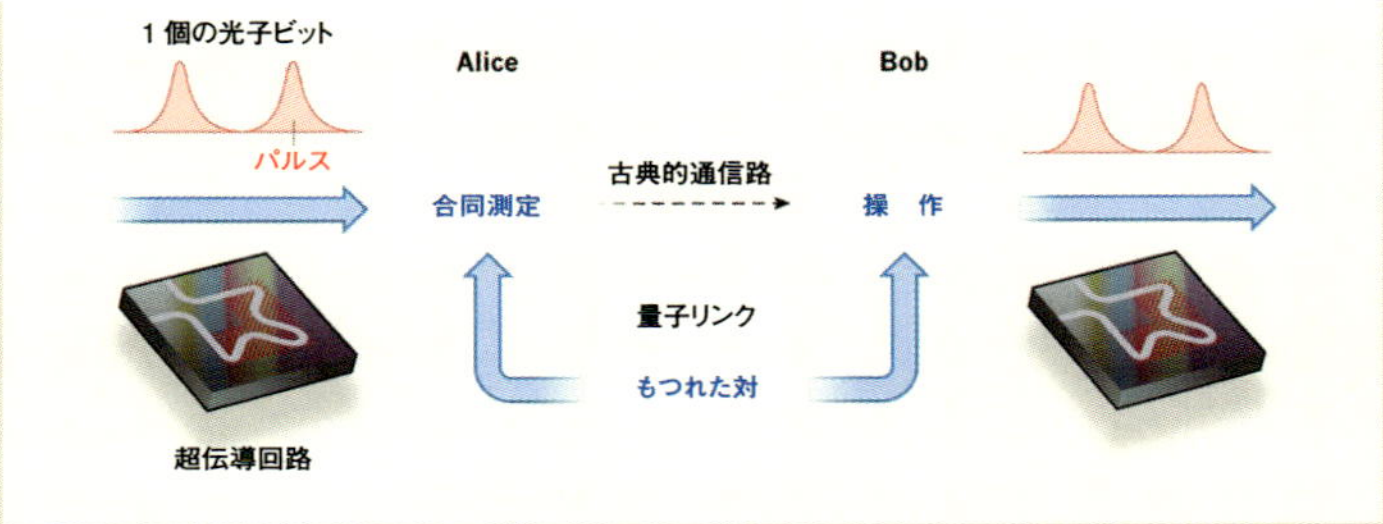

図1　量子テレポーテーションの手順
未知の状態にある1個の量子ビットをテレポーテーションさせるとする。今回の実験では、2つのパルスの重ね合わせにある1個の光子[1]か、超伝導回路[2]のいずれかだ。これとは別に、もつれた状態にある1対の量子系を事前に用意し、対の片方を送信者（アリス）に、もう片方を受信者（ボブ）に渡す。アリスは、テレポーテーションさせたい未知の状態と、もつれた対のうちアリスがもっている量子系に合同測定を行なう。測定結果は、古典的通信路を通じてボブに送られる。ボブは、その情報に応じて、もつれた対のうちボブがもっている量子系を操作する。すると、アリスがもっていた未知の状態がボブの場所で作り出される。

は、アリスの測定結果という古典的情報の直接通信だけだ。

これまでのほとんどの量子テレポーテーション実験は運任せだった。なぜなら、手順の一部のステップ、特に最初のもつれを作り、合同測定を行なう操作を高い成功率で行なうことがむずかしかったからだ。たとえば、初期のテレポーテーション実験の多くで使われた単一光子量子光学では次のような制限があった。第一に、もつれた対を生成するプロセスは自発的なもので、通常は100回試みて成功するのは1回未満だ。第二に、必要な合同測定が成功する確率は、線形光学では50パーセントにすぎない。このように成功率に限界がある問題を、武田らとSteffenらはまったく異なる方法で克服した。

武田らの実験は、単一光子量子ビットを、これまでのあらゆる光学研究よりもはるかに高い成功率でテレポーテーションさせる。量子ビットは、測定を行なうと2種類の結果が得られる量子系だ。武田らの実験では、量子ビットは1個の光子であり、検出器に到着する時間が2つの異なる時間の重ね合わせにある。武田らの方法のポイントは、単一光子量子ビットの状態だけではなく、あらゆる光場の状態に適用できる、より一般的な形態のテレポーテーションを行なうことだ。これは実現がむずかしそうに聞こえるし、実際むずかしいが、メリットは大きいことがわかった。なぜなら、光場のもつれの確実な生成源と、場の成功率の高い合同測定が利用できるようになるからだ。この「連続量テレポーテーション」という手順はこれまで[4]、複数光子状態では実現されていたが[5,6]、単一光子量子ビットがこの方法でテレポーテーションされたのは初めてだ。その結果、単一光子量子ビットの必ず動作するテレポーテーションが実現し、その精度（忠実度）は古典的手順の限界を超えた。古典的手順とは、もつれを使わず、アリスは量子ビットの状態を直接に（必然的に不完全に）測定し、その情報をボブに送る、という場合だ。

Steffenらは、この成功率の問題に異なる方法で取り組んだ。彼らは、ソリッドステート（固体）量子ビット、つまり、超伝導回路のテレポーテーションを実行した。この量子ビット回路は、大きさが数百μmで、約20mK（ミリケルビン）の低温に保たれている。量子ビットは、回路を流れる弱い電流で形成され[7]、この大きさと温度では電流は量子力学的に振る舞う。情報の移動には、武田らの研究と同じように光子を使うが、Steffenらの場合は可視光領域ではなく、マイクロ波周波数だ[8]。アリスとボブは約5㎜離れている。アリスとボブがもつ超伝導量子ビッ

4. *Braunstein, S. L. & Kimble, H. J.* Phys. Rev. Lett. 80, *869-872 (1998).*
5. *Furusawa, A. et al.* Science 282, *706-709 (1998).*
6. *Bowen, W. P. et al.* Phys. Rev. A 67, *032302 (2003).*
7. *Clarke, J. & Wilhelm, F. K.* Nature 453, *1031-1042 (2008).*
8. *Wallraff, A. et al.* Nature 431, *162-167 (2004).*

トのもつれは、超伝導量子ビットとマイクロ波光子との強い相互作用により、確実に作られる。この強い相互作用は、テレポーテーション手順で必要になる、アリスの量子ビットと未知の量子ビットとの合同測定を確実に行なうためにも使われる。この結果、やはり、古典限界を超える精度（忠実度）をもつ、ほぼ必ず動作するテレポーテーションが実現した。必ず動作するテレポーテーションはこれまで、イオントラップ実験では実現しているが、イオントラップ実験での量子ビット間の距離は今回の１０００分の1だった。[9,10]

▼「飛ぶ量子ビット」と「固定された量子ビット」の量子通信・量子計算への応用

今回の実験は両方とも、必ず動作するモードで行なう場合は、かろうじて古典限界を超えることができたという意味で、「英雄」的な成果だ。古典限界をわずかにしか超えられない理由は、武田らの場合は、おもに場のもつれの強さが制限されているためだ。一方、Steffenらの研究では、おもな問題は合同測定結果の識別が不完全なためだ。しかし、両グループとも彼らの実験を動作が確実ではないモードで行なうこともできる。武田らの実験では、光子量子ビットのテレポーテーションを実験回数の約40パーセントで成功させることができ（光を使ったこれまでの研究では成功率は1パーセントよりもずっと小さい）、ボブで再現される状態の精度（忠実度）は約88パーセントだ（これまでの実験で達成された最高の精度と同程度）。Steffenらは、25パーセントの成功率、約82パーセントの精度（忠実度）で量子ビットをテレポーテーションさせることができた。両方の研究チームにとって、実験結果を制限しているものは解明されて

9. *Riebe, M. et al.* Nature 429*, 734-737 (2004).*
10. *Barrett, M. D. et al.* Nature 429*, 737-739 (2004).*

おり、今後改善するにあたって根本的な障害ではないことがわかっている。

今回の実験でなされた前進は今後も続いていき、量子情報手順は改善されていくだろう。武田らの光を使った「飛ぶ量子ビット」は、量子通信に応用できる可能性がある。ただし、テレポーテーションを使った量子通信を改善するためには、雑音のある通信路を通じて送られたもつれた状態の「純粋化」という手続きが必要になる。純粋化があるので、離れた場所に量子状態を送る場合、テレポーテーションを使えば直接送るよりも高品質に移動させることができる。この純粋化は「蒸留」というテクニックで実行できる。しかし、場のもつれの蒸留は、量子ビットのもつれの蒸留ほど進歩していない。それでも近年、場のもつれの蒸留において有望な進展があった。[11] 一方、Steffen らの実験でのソリッドステートの「固定された量子ビット」は、量子計算で応用される可能性が高い。[12] 彼らは、マイクロ波伝送線と結合された超伝導量子ビットで可能な操作が、ますます高度になり、精度もよいことを示し、そうした量子ビットが大規模量子コンピュータの基本構成要素になる可能性があることを印象づけた。

必ず動作する量子テレポーテーションを、現実的な条件下で100パーセントに近い精度で実現するには、さらに多くの進歩が必要だ。しかし、今回の実験は、その目標に到達するための重要なステップだ。

Timothy C. Ralph はオーストラリア・クイーンズランド州ブリスベーンのクイーンズランド大学数学・物理学部量子計算・量子通信技術センターに所属している。

11. *Xiang, G. Y. et al.* Nature Photon. 4*, 316-319 (2010).*
12. *Nielsen, M. A. & Chuang, I. L.* Quantum Computation and Quantum Information *(Cambridge Univ. Press, 2000).*

波動関数の収縮を観察する

Watching the wavefunction collapse

Andrew N. Jordan
２０１３年10月10日号　Vol.502 (177-178)

超伝導系の量子状態が測定の間に描く、連続したランダムな経路（＝量子軌跡）を追跡することに成功した。この研究結果は、量子系を望む状態に誘導する可能性も開くものだ。

量子状態が重ね合わせから、古典的に許された状態の１つへ収縮する際に描く、連続でランダムな経路を「量子軌跡」という。通常の測定では波動関数が突然収縮してしまうが、弱く連続して測定すると、波動関数の収縮がある時間をかけて徐々に起こる。米国の研究者らは今回、三次元トランズモンという超伝導量子系を使って、量子軌跡を実際に追跡することに成功した。彼らは、実験装置から出て来る連続したマイクロ波に含まれる、わずかな情報から量子系の状態を推測し、追跡した。彼らは量子軌跡の理論を確かめ、さらに、測定結果に応じて量子系の制御変数を動的に変えることで、量子軌跡を誘導できる可能性も示した。今回の実験は、「連続した弱測定」に伴うさまざまな新アイデアが根本的に重要であることを示した。

▼「量子軌跡」の理論を確かめ、量子制御への道も開く

ある超伝導量子系を弱く連続して測定し、量子状態が重ね合わせから古典的に許された状態の1つへ収縮する際に描く、連続でランダムな経路を追跡することにカリフォルニア大学バークレー校物理学科（当時）のKater Murchらが成功し、『Nature』2013年10月10日号211ページに報告した。[1] この経路は「量子軌跡」と呼ばれる。通常の測定では波動関数が突然収縮するが、この弱い測定では一定の時間をかけて波動関数の収縮が徐々に起こる。今回の実験は、超伝導量子系に関する研究の進展で可能になったもので、Murchらはソリッドステート（固体）系を使って、量子軌跡の理論を確かめ、量子制御への道も開いた。

超伝導量子系の研究では、この10年間で非常に大きな技術的進歩があった。個別の系の量子測定と制御に関する研究は、最近まで、光子と原子を扱う量子光学の分野の研究が主流だった。[2] しかし、超伝導系を使って、離散的なエネルギー準位をもち、長い量子コヒーレンス（可干渉時間を示す人工の原子を作り出す技術が進み、コヒーレンス時間は着実に長くなった。量子系が古典物体になるまでの多くの操作には、長いコヒーレンス時間が不可欠だ。2000年には超伝導量子系の典型的なコヒーレンス時間は10nsec（ナノ秒）だったが、現在ではコヒーレンス時間は100μsec（マイクロ秒）を超え、1万倍に長くなった。[3]

Murchらの今回の実験は、三次元トランズモンと呼ばれる比較的新しい種類の系を使った。[3] この系は超伝導を利用するもので、基底（最低エネルギー）状態と第1励起状態をもち、低温に保たれている。系の量子状態は、系をマイクロ波箱の中に置くことで検出できる。検出器は、

---

1. *Murch, K. W., Weber, S. J., Macklin, C. & Siddiqi, I.* Nature 502, *211-214 (2013).*
2. *Wiseman, H. M. & Milburn, G. J.* Quantum Measurement and Control *(Cambridge Univ. Press, 2010).*
3. *Devoret, M. H. & Schoelkopf, R. J.* Science 339, *1169-1174 (2013).*

多くの台所にある電子レンジと似た仕組みで働く。マイクロ波を箱の中に送り込み、それが超伝導系と相互作用する。電子レンジの場合は、マイクロ波は水分子を高速で回転させ、隣の分子とぶつからせる。この結果、マイクロ波は吸収され、エネルギーが食物の中の水分に作用して温める。

対照的に、超伝導トランズモンは固定されており、マイクロ波は、系を基底状態と励起状態の間で駆動するために必要な周波数との共鳴には影響しない。このため、吸収は起こらないが、マイクロ波光子と量子系との間に間接的な相互作用を引き起こす。マイクロ波は別の出入り口を通って箱の外に戻り、量子系の情報は、箱の中を通過することによって生じたマイクロ波の位相（波の山と谷の位置）のずれから読み出される。これが可能なのは、マイクロ波と超伝導系の相互作用がよくわかっていて、検出器の出力を較正して系がどの状態にあるかを知ることができるからだ。

この実験で重要なのは、系を完全に測定するのに時間がかかることだ。外へ出てくるマイクロ波には量子系に関する情報が含まれているものの、情報の量は少ない。これは、マイクロ波光子が量子雑音を示し、それが測定対象の量子系の寄与を覆い隠すからだ。このような検出器は弱応答検出器と呼ばれ[4]、こうした測定は弱測定（弱い測定）と呼ばれる[5]。したがって、十分な量のデータを集めて初めて、系の信号を雑音から識別し、系の最終的な収縮した状態を確定できる。

4. *Korotkov, A. N.* Phys. Rev. B 60, *5737-5742 (1999).*
5. *Aharonov, Y., Albert, D. Z. & Vaidman, L.* Phys. Rev. Lett. 60, *1351-1354 (1988).*

図1　チョウの軌跡と量子軌跡
Murchらは、量子系の測定を行ない、測定プロセスで量子系が最終状態に収縮する際の、系の状態の連続的でランダムな経路である、「量子軌跡」を追跡することに成功した[1]。各測定は同じ初期状態から出発するが、異なる量子軌跡を描き、最後は基底状態か励起状態で終わる。このプロセスは、虫かごから野原を横断して近くの２本の木（量子系では基底状態と励起状態に相当する）の１つへ、１匹ずつ飛ぶチョウを観察することに似ている。それぞれのチョウの飛行パターンは１回の実験結果に似ている。

▼量子状態の追跡は虫かごから放たれたチョウを追いかけるのに似ている

Murchらは、データ収集プロセスの間に、連続したマイクロ波の流れから量子系の状態を推測するため、「量子軌跡形式」という手法を使った。量子軌跡形式は、データを集めるプロセスを連続したものととらえ、弱測定で得た新たな情報を使って量子状態をアップデートしていく。データのなかに系に関する情報がわずかしかないということは、系への擾乱が小さいことを意味し、アップデートされた状態は元の状態に近い。このプロセスを繰り返して少しずつデータを蓄積すると、時間とともに拡散運動をする様子を示す量子軌跡が得られる。こうしてMurchらは、1回の実験で波動関数が連続的に最終状態へ収縮する様子を文字どおり、「観察」した。

時間の経過とともに量子状態の変化を追い

かけるこの方法は、虫かごから放たれたチョウを追いかけるのと似ている（図1）。それぞれのチョウは、ランダムなジグザグパターンで飛ぶが、最終的には野原を横断して、2本の木のうちの1本にたどりつく。別のチョウは、同じ初期条件で放たれても、異なるジグザグパターンをとる。したがって、チョウの飛行パターンを予測することは不可能だ。しかし、十分な数のチョウが野原を横断するのを見た後であれば、次のような疑問に統計的な予測をすることができる。チョウはどの木にたどりつくだろうか。横断にはどれだけの時間がかかるだろうか。1本目の木にたどりつくとして、平均的な経路はどのようなものか。同じように、個々の量子軌跡はランダムなプロセスだが、同様の統計的な疑問を呈することができる。系が励起状態になる確率はどれだけか。系が最終的な状態に至るのに

かかる平均的時間はどれだけか。系が励起状態に至るとして、平均的な量子軌跡はどのようなものか。[6] 理論的な予測の1つに、ある時点での量子軌跡は、その時点までの検出器信号の積分だけで決まるというものがあった。今回の研究でそれを確かめることができた。

チョウを追いかけると、チョウは追跡に応じて経路を変える。このため、チョウを飛んで行ってほしいところへ導くことができる可能性が生まれる。同様に、量子軌跡を観察できるということは、量子系の制御変数を測定結果に応じて動的に変えるフィードバック制御を使えば、量子軌跡を誘導することができる可能性を示唆する。実際、Murchらの研究グループはすでに、フィードバック制御を行なって連続的に測定された系のダイナミクスを安定させる実験結果を発表している。[7]

今回発表された実験データは、連続測定において収縮を元に戻す効果が起こったことも示している。[8,9] 検出器でわかるのは量子状態について部分的情報だけなので、検出器の出力は、系の状態についての判定を「元に戻す」可能性がある。Murchらは、量子軌跡が出発時の状態に戻ることが何回かあったことに気づいた。検出器はしばらくの間、系を測定して系の状態を部分的に収縮させたが、それからまたしばらくの間、測定すると、収縮を元に戻すことがあったのだ。

2012年のノーベル物理学賞は、個別の量子系の操作と制御を研究したセルジュ・アロシュ（フランス）とデービッド・ワインランド（米国）が共同受賞した。[10] ソリッドステート系は、個別の量子系の操作と制御における主役になりつつあり、今回の実験はその地位をさらに確か

6. *Chantasri, A., Dressel, J. & Jordan, A. N. Preprint at http://arxiv.org/abs/1305.5201 (2013).*
7. *Vijay, R. et al.* Nature 490, *77-80 (2012).*
8. *Korotkov, A. N. & Jordan, A. N.* Phys. Rev. Lett. 97, *166805 (2006).*
9. *Katz, N. et al.* Phys. Rev. Lett. 101, *200401 (2008).*
10. *Georgescu, I.* Nature Phys. 8, *777 (2012).*

にするものだ。また、今回の実験は、量子フィードバック制御のさらに進んだ研究への道を開き、連続した弱測定に伴うさまざまな新たなアイデアが根本的に重要であることを示した。連続した弱測定は、ソリッドステート物理学では最近までほとんど無視されてきたが、今や上向きの軌跡を示しているようだ。

Andrew N. Jordan は米国ニューヨーク州ロチェスターのロチェスター大学物理・天文学科と、米国カリフォルニア州オレンジのチャップマン大学量子科学研究所に所属している。

光を感じない光時計

Light-insensitive optical clock
Thomas Udem　２００５年5月19日号　Vol.435 (291)

トラップされた中性原子間の相互作用は、光時計の周波数標準として使用できなかった。だが、うまいトラップの方法が見つかれば、この問題を回避でき、計時の限界をさらに広げることができるかもしれない。

ほとんどすべての時計は、周期的に事象を発生させる「発振器」とその事象を追跡する「カウンター」でできている。セシウム原子時計はセシウム原子核の歳差運動を追跡するもので、10^{15}分の1の精度がある。さらにすぐれた精度を実現すると期待される光時計（光の周波数帯の原子時計）には、1個のイオンをレーザーでトラップする方法と、多数の中性原子の原子雲を使う方法がある。高本らの研究チームは今回、両者の長所を結びつけた「光格子時計」を開発した。ストロンチウムの中性原子雲を、レーザーによる定在波で作った格子に閉じ込めたのだ。より正確な時計が実現すれば、一般相対性理論をこれまでになく精密に確かめることや、GPSの精度向上など、さまざまな応用が期待できる。

▼より精確な「時」への挑戦

ほとんどすべての時計は2つの基本的な要素からなる。周期的に事象を発生させる「発振器」とその事象を追跡する「カウンター」である。たとえば、もっとも古いと思われる時計、つまり日時計は地球の回転を発振器として使い、人をカウンターとして使う。クリスチャン・ホイヘンスが1656年に初めて作った振り子時計は、振り子発振器と時刻を表示する自動式の機械カウンターからなる。最近実現したものでは、『Nature』2005年5月19日号321ページで、高本将男らが計時に関する最新の技術革新について述べている。[1]

現代の時計は周波数の高い発振器と電子カウンターを用いる。1920年代に開発されたクォーツ時計では、小さな水晶を励起して、一般的に1秒当たり約1万回の振動を発生させる。原子時計では、原子核が原子中の電子の作る磁場によって歳差運動をする。セシウム原子時計は標準的な検出方法でこの歳差運動を追跡し、[2] 生じた振動の信号を電子カウンターに送って、正確に9,192,631,770サイクルごとに時計の秒針を進める。このかなり半端な値は、セシウム133原子の基底状態の2つのエネルギー準位間の遷移周波数に対応しており、1967年から時間の国際単位の定義となっている。現代のセシウム原子時計は10^{15}分の1の精度があり、これは時間が群を抜いてもっとも正確に測定できる物理量であることを意味している。

時計の不安定性（時計の「チクタク」あるいは表示時間の流れの変動）は発振器の周波数を増やすことで減らせるので、今日のもっとも正確なセシウム時計ですら、さらに改善する方法があるのはあきらかだ。つまり、セシウムを光発振器に置き換えればよい。このような光発振

1. *Takamoto, M., Hong, F.-L., Higashi, R. & Katori, H.* Nature 435*, 321-324 (2005).*
2. *Ramsey, N. F.* Phys. Rev.78*, 695-699 (1950).*

器の典型的な周波数はおよそ100テラヘルツ（THz）、あるいは1000THzにすらなり（1秒当たり10^{14}あるいは10^{15}サイクル）、この振動は光のかたちで放射（あるいは吸収）される。長い間、この種の発振器の製作は対応する高速の光カウンター、あるいは時計機構よりずっと容易であった。1960年代初頭に超高速カウンター製作への取り組みが始まったが、可視光の周波数に手が届くカウンターは、1995年にようやく開発された。[3] しかしながら、このような繊細で複雑なカウンターは多数のレーザーを必要とし、複数の大きな実験室を占有するため、一般的には時計機構の選択肢として真剣に考慮されることはなかった。

▼パルスレーザーによって進化する時計

1999年にフェムト秒（10^{-15}秒）パルスレーザーが出現すると事情が変わった。[4] この小型デバイスは何日も連続作動できるので、光振動のカウントが簡単になり、最初の実験的な光学時計が登場した。[5] すぐれた光発振器には、ノイズが少なく外部からの摂動に影響されない強力な信号を得るために、鋭い遷移が必要である。ここ数年間、おもに次の2つの線に沿って最適な発振器が探し求められてきた。

最初の方法では、単一イオンを電場にトラップし、レーザー冷却によって静止させる。トラップの方法とイオンを適切に選べば、クロック遷移はトラップ電場によって大きな摂動を受けず、きわめて安定したクロックレーザーによって誘発される。このクロックレーザーの周波数は光学式カウンターによって計測される。さまざまなイオンが研究対象となっていて、これま

---

3. *Schnatz, H. et al.* Phys. Rev. Lett.76*, 18-21 (1996).*
4. *Udem, Th. et al.* Nature 416*, 233-237 (2002).*
5. *Diddams, S. A. et al.* Science 293*, 825-828 (2001).*
6. *Margolis, H. S. et al.* Science 306*, 1355-1358 (2004).*

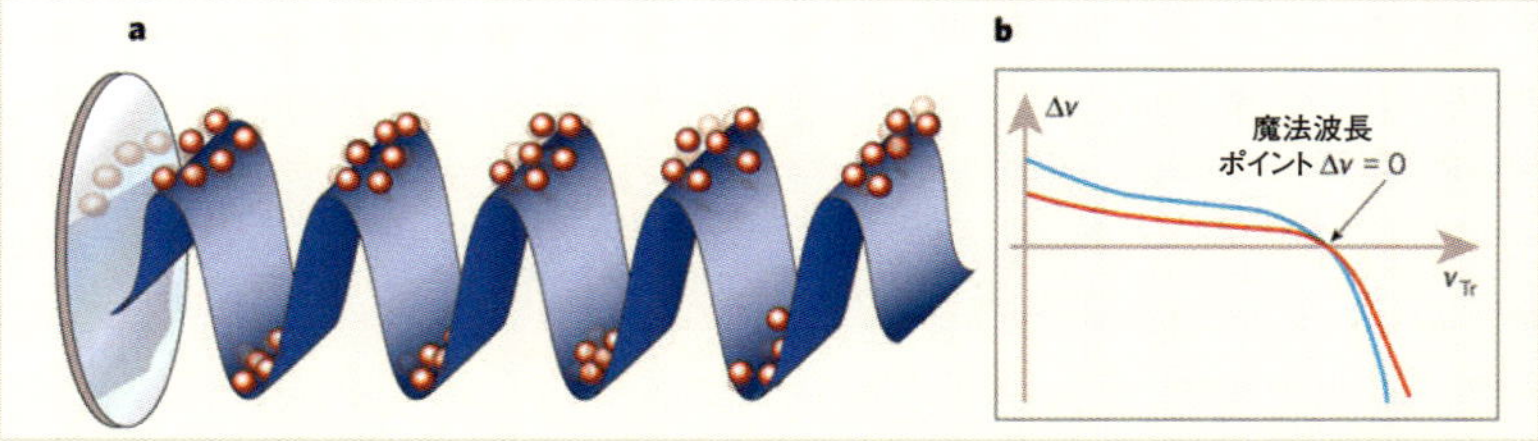

図1　高本らが発表した光発振器の詳細[1]
a．ストロンチウム原子（赤）は、鏡で反射されて自分自身の上に戻るレーザーが形成する定在波（青）の波頭にトラップされ、2つめのレーザービーム（図示されていない）がクロック遷移を計測する。
b．トラップレーザーの周波数 ν_{Tr} を適切に選ぶことによって、クロック遷移の摂動 $\Delta\nu$ を除去できる。このグラフは $\Delta\nu$ を強度の高いトラップレーザー（青）と強度の低いトラップレーザー（赤）の ν_{Tr} の関数として示している。「魔法波長」では、トラップレーザーの強度とは無関係に、要求される精度に管理することがむずかしいクロック遷移の摂動が消失する。

でにすばらしい結果がもたらされている（たとえば参考文献6参照）。しかし、信号はたった1個のイオンから発生し、長期間にわたって平均されなければならない。そのため、一定ではあるが原因のわかっていない系の周波数変動（いわゆる系統的な不確かさ）の影響を、トラップされたイオンがおおむね受けないにもかかわらず、十分に安定した計測ができないのである。そして、大きな周波数変動を伴わずに、多数のイオンをトラップすることはこれまで不可能である。

2番目の方法では、数百万個の中性原子からなる原子雲を使ってずっと強力な信号を発生させ、非常にすぐれた安定性を実現している。しかしながら、原子間衝突によって周波数に制御できない変動が生じる。すなわち、単一イオン標準は統計的な不確かさが大きく、系統的な不確かさが小さいのに対して、中性原子標準は統計的にはすぐれているが系統的な特性は不十分である。

▼トラップレーザーを調整し変動を抑える

高本ら[1]は、これらの原子標準双方の長所を結びつける方法を実証した。ストロンチウムの中性原子雲を、レーザーで作った定在波の波頭（波腹）に形成した別種のトラップに保持した（図１ａ）。これまでの試みでは、中性原子を定位置に保つのに必要なレーザーの強度は、遷移周波数に大きな摂動を起こした。トラップレーザーの強度を計測することでこのマイナスの効果を補う方法は、周波数や時間と違って、強度が十分正確に計測できないためにうまくいかない。そのかわりに、高本らはトラップレーザーの周波数を調整して、クロック遷移の最高エネルギー準位と最低エネルギー準位を正確に同じ量だけ変動するようにし、クロック遷移周波数の変動を抑えた（図１ｂ）。トラップレーザーの周波数は、クロック遷移への影響をクロック周波数４２９ＴHzで０・００１Hz以下に抑えるのに十分な値である１ＭHz以内に調整された。

全光学式時計は10^{-18}以上の相対精度で、時を刻むと予想される。このような時計によって、基本的な物理理論をこれまでにないレベルで確かめることができるかもしれない。一般相対性理論や量子電気力学の検証、一部の理論で予想されている基礎定数のゆっくりとした変動の検出には、もっとも正確な時計が頼みの綱である。10^{-18}のレベルの精度で、地球の中心からの距離が１cmだけ異なる２つの時計の重力赤方変位を計測できるようになるだろう。さらに、電波を用いる超長基線干渉計に相当する、光を用いる計測器が実現可能になり、遠く離れた望遠鏡で集めたデータを組み合わせることによって、より分解能の高い天文画像が得られるかもしれない。また、このような時計は、衛星ナビゲーションやブロードバンド・ネットワークの同期といった、正確な計時を基盤とする技術の向上にも役立つかもしれない。

Thomas Udem はマックスプランク研究所（独）に所属している。

捕まえにくい魔法数

Elusive magic number

Robert V. F. Janssens　２００５年６月16日号 Vol.435 (897-898)

核準位のギャップは、陽子あるいは中性子の数が「魔法数」となる原子核を特に安定化させるが、中性子を過剰に持つ核に対しては違うようだ。しかし、そのようなエキクゾチックな核種では、すべての魔法数が普通と異なるだろうか。

魔法数とは、原子核が特に安定となる陽子と中性子の数のことをいう。陽子数か中性子数が２、８、20、28、50、82（中性子のみ）の天然に存在する原子核は安定している。これは、原子からもっとも外側の電子を取り去るのに必要なエネルギーは、原子番号によって異なり、電子の外殻が満たされているヘリウムなどの希ガスは化学的に特に安定で、他の元素とたやすく反応しないことに似ている。これに対して、陽子数よりも中性子数がずっと多い「エキゾチック核」に、新しい魔法数があるようだ。エキゾチックな核種では、すべての魔法数（中性子数が14、16、32個）が普通と異なるのだろうか。28個の中性子をもつ^{42}Siに関する研究は、そうではないことを示している。

▼「エキゾチック核」の研究はまだ始まったばかり

殻構造の考え方は、原子核を理解するうえで欠くことのできない補助手段としてしばしば使われる。しかし、特定の核の殻を満たすのに必要な陽子と中性子の正確な数は、まだはっきりとはわかっていない。中性子を過剰にもつケイ素^{42}Siの核の研究で、Fridmannたちはこの議論に大きく貢献した。[1]

殻構造の概念は原子論でよく知られている。もっとも外側の電子を原子から取り去るのに必要なエネルギーは、原子番号によって異なる。電子の外殻が満たされている特定の原子は、それ以外の原子よりも強固に束縛されており、それゆえ化学的に特に安定で、たやすくほかの原子と結合したり分子を作ったりしない。このような元素が希ガスである。ヘリウムやネオン、アルゴン、クリプトン、キセノン、ラドンがそうだが、それぞれ合計で、2個、10個、18個、36個、54個、86個の電子をもつ。

もっとも外側の陽子か中性子を原子核から取り去るのに必要なエネルギーは、核内の陽子数Zおよび中性子数Nの関数として似たような不連続性を示す。陽子数か中性子数が2、8、20、28、50、82の天然に存在する核はより安定している。中性子では126もこのような魔法数であり、その1つの例として鉛の同位体^{208}Pb（陽子数82、中性子数126）がある。1963年にノーベル物理学賞を受けた原子核の殻モデルは、[2]陽子と中性子が核ポテンシャルの明確な準位を占めると説明しているが、これら2つの殻の間のエネルギーに大きなギャップが生じると魔法数が現われる。

1. *Fridmann, J. et al.* Nature 435, *922-924 (2005).*
2. *Mayer, M. G. & Jensen, J. H. D.* Elementary Theory of Nuclear Shell Structure *(Wiley, New York, 1955).*

ここ10年くらいの間に行なわれた研究によって、魔法数がこれまで考えられていたほど不変ではないことがわかってきた。これまでは、安定な原子核から大きく異なる陽子数と中性子数をもつ軽い核に研究の主眼が置かれてきたが、それ以外の核が対象とされなかったわけではない。[3] 魔法核であると予想されていたいくつかの核が、著しく強固には束縛されていないことが判明している（図1）。これに対して、陽子数よりも中性子数がずっと多い「エキゾチック」核に、新しい魔法数があるという徴候がある（図1）。このような実験報告から、魔法数を生み出す一連の核準位に存在するギャップは、陽子と中性子の間のバランスに左右されることがわかるが、その機構についてはさらに深い研究が必要である。しかし、エキゾチックな核種では、すべての魔法数が普通と異なるのだろうか。Fridmann たちの ^{42}Si に関する研究[1] は、そうではないことを示している。

自然界では、ケイ素（Z＝14）にはそれぞれ14、15、16個の中性子をもつ安定同位体が存在する。^{42}Si は、もっとも重い安定同位体より12個も多い28個の中性子をもつ。このような極端にアンバランスな核の生成とその研究は、近年になって初めて可能になった。Fridmann たちは中性子の過剰なカルシウム ^{48}Ca のイオンを加速してベリリウムの標的に当て、破砕片分離装置[4] を用いて生じた破砕片からイオウ ^{44}S を選別。それを別のベリリウム標的に向けた。2番目のステップでは「2陽子ノックアウト」反応を起こすことができ、^{42}Si が生成する。それは磁気分析器[5] で同定できる。この反応で最低エネルギー（基底）状態のケイ素が生成するが、よりエネルギーの高い状態のケイ素も生成し、高エネルギー状態のケイ素は γ 線を放出して、ほとんど瞬間的に基

3. *Warner, D.* Nature 430, *517-518 (2004).*
4. *Morrissey, D. J. et al.* Nucl. Instrum. Methods Phys. Res. B 204, *90-96 (2003).*
5. *Bazin, D. et al.* Nucl. Instrum. Methods Phys. Res. B 204, *629-633 (2003).*

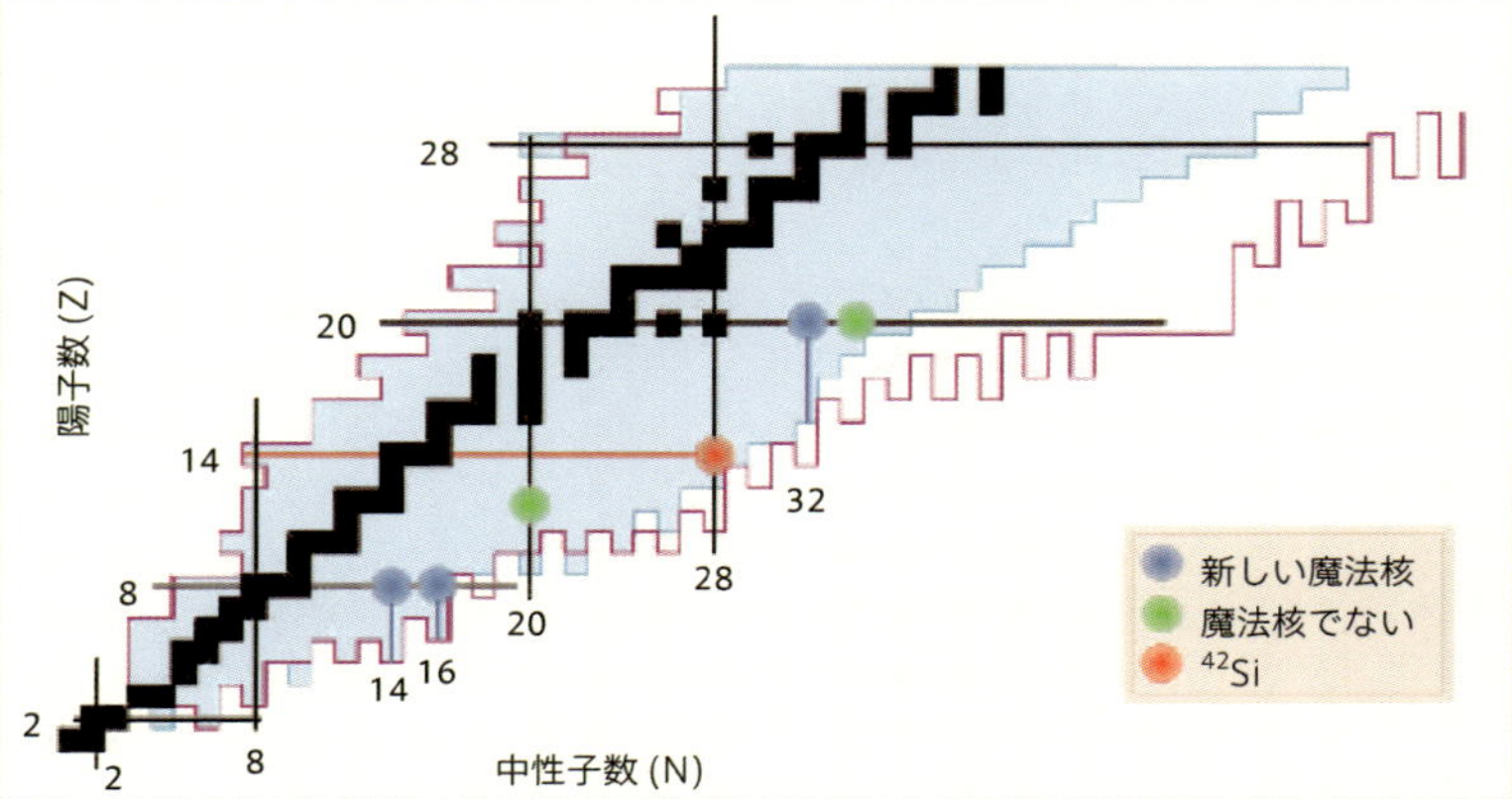

図1　核の図表
水素（陽子数Z＝1）から亜鉛（Z＝30）までの安定元素を黒いマスで示す。他のすべての束縛された核は、薄い青色の領域に含まれる。「ドリップライン」（紫色の線）では、中性子と陽子の間の力はもはや核を1つにまとめておくのに十分な強さがない。黒の垂直線と水平線は、安定核に当てはまる魔法数2、8、20、28を示す。いくつかの予想された「魔法」核は、実際には魔法核ではない（緑の点）。ベリリウム同位体 ^{12}Be（Z＝4、中性子数N＝8）とマグネシウムのエキゾチック核 ^{32}Mg（Z＝12、N＝20）は、その例である。二重に魔法数をもつ普通の酸素同位体 ^{16}O（Z＝N＝8）以外に、中性子を20個もつ酸素同位体 ^{28}O も特に安定であるはずだが、実験によって束縛すらされていないことが示されている。逆に、中性子が過剰な核のN＝14、16、32のところに新しい魔法数が存在する徴候がある（濃い青色の点）。Fridmann たち[1] の研究の主たる対象であるケイ素同位体 ^{42}Si を赤い点で示す。

底状態に遷移する。標的を取り巻くγ線検出器18台からなるアレー型検出器によって、この過程は検出される。2陽子ノックアウトは実験中に起こる多くの反応の1つにすぎず、別の反応ではイオウの原子核から陽子が1個取り除かれてリンの原子核^{43}Pが生成した。Fridmannたち[1]は^{43}Pの励起について研究し、役に立つ補足情報を得ることができた。

^{44}Sから2陽子ノックアウトが起こる確率は、じつはきわめて低い。実験データを「アイコナール」理論[6]を用いた計算と比較することで、Fridmannたちは^{42}Siが実際に魔法核の特徴をもっている場合でしか、このことを説明できないことを示した。アイコナール理論は質量数40以上の入射角については詳細に検証されていないため、Fridmannたちは実験の対照標準として、^{46}Ar（最初の^{48}Caビームの別の破砕片）から構造のよくわかっている^{44}Sへの2陽子ノックアウトも計測した。^{42}Siの研究は、この核では中性子がきわめて過剰であるにもかかわらず、魔法数N＝28が有効なままであることを示している。しかし、実験観測結果を十分に説明するには、陽子数Z＝14も同様に魔法数である必要がある（これまでは、N＝14だけがエキゾチック核の魔法数であることが示されていた）。したがって、このケイ素同位体は魔法数を二重にもち、核はほぼ球形であることになる。

▼エキゾチック核による殻構造の解明が望まれる

このような結果から、核の殻構造を担う相互作用の特徴の一部は、安定核の性質からは容易にはあきらかにならないといえる。むしろ、このような特徴は安定な系から遠く離れて存在す

6. *Hansen, P. G. & Tostevin, J. A.* Annu. Rev. Nucl. Part. Sci. 53*, 219-261 (2003).*

るエキゾチックな系で拡大する。あらゆる核をうまく説明するには、陽子数と中性子数の変化に伴う核の殻構造の変化の原因となる機構を解明することが課題として残る。

核を束縛する力のこのような特徴が安定核ではさほど重要でないならば、どうして気にするのだろうか。その理由は、自然は安定核だけを扱っているわけではないからだ。つまり、恒星内部での核反応のような過程、特に炭素や酸素よりも重い核を生成する星の爆発での核種合成過程には、しばしば安定からはほど遠いエキゾチック核が含まれているのだ。恒星内の条件下では反応の時間スケールは非常に短い場合が多く、そのためにいったん不安定核が生成すると、崩壊する前に核反応に巻き込まれる。宇宙で元素が作られ続ける機構の解明には、元素生成の反応速度を計算する能力が必要である。このような反応速度はエキゾチック核の殻構造に決定的に左右される。だからこそ、ある魔法数が存在するかしないかは殻構造に大きな影響を及ぼすのである。

Robert V. F. Janssens はアルゴンヌ国立研究所（米）に所属している。

2つの魔法数をもつ予想外の原子核

Nuclear physics: Unexpected doubly magic nucleus

Robert V. F. Janssens　２００９年６月25日号　Vol.459 (1069-1070)

陽子と中性子の両方が魔法数になっている原子核は、二重魔法核と呼ばれ、非常に安定している。そうした原子核の１つである酸素同位体^{24}Oは、安定に存在できる限界のところに位置している。

原子核が特に安定となる陽子と中性子の数を「魔法数」と呼び、通常、陽子と中性子の一方、または両方の個数が２、８、20、28、50、82という魔法数になっている原子核では、最外殻の軌道が核子で満たされ（閉殻）、核子が次に入れる殻との間に大きなエネルギーギャップがある。２つの研究チームは、〈陽子数８個、中性子数16個の酸素同位体^{24}Oが二重魔法核であること、陽子と中性子の両方が閉殻内に収まっており、次に入れる殻までのエネルギーギャップが大きいこと〉を示した。そして、①閉殻核^{24}Oが球形をしていること、②^{24}Oが励起しにくいこと、つまり、その第一励起状態のエネルギーが高いことを確認。^{24}Oは、たった1個の中性子を追加することもできない、原子核の存在の限界に位置しているのだ。

▼新しい魔法数の存在を示唆する原子核が存在

物理学者はしばしば、原子核の殻構造（原子核の内部における陽子と中性子の配置）が、原子核を正確に記述するための基礎になると言う。けれどもこの10年で、特定の殻を満たすのに必要な核子の個数は、かつて考えられていたように固定されていないことが明確になった。このほど『Physical Review Letters』で発表されたKanungoらの実験[1]と、『Physics Letters B』で発表されたHoffmanらの実験[2]の2つは、この議論にとって非常に重要な知見をもたらした。彼らは、陽子数Z＝8で中性子数N＝16の酸素同位体^{24}Oが二重魔法核であることを示した。天然に存在する酸素同位体のなかでは^{24}Oがもっとも重いという事実が、この発見をさらに意外なものにしている。

原子核の殻構造の概念は、閉殻になることで安定性が増す点で、原子の殻構造（電子殻）の概念によく似ている。陽子と中性子の一方または両方の個数が2、8、20、28、50、82という魔法数になっている原子核では、外側の殻が核子で満たされ（閉殻）、核子が次に入れる殻との間に大きなエネルギーギャップがある。その結果、これらの原子核は、陽子や中性子が1個だけ多い原子核よりも強く束縛されている。中性子については、126という魔法数もある。陽子数や中性子数が魔法数になるような原子核は魔法核と呼ばれ、陽子数と中性子数の両方が魔法数になっている原子核は二重魔法核と呼ばれる。

ところが近年、原子核の魔法数の存在に疑問が投げかけられている。そのきっかけとなったのは、陽子数と中性子数だけ見ると安定領域からほど遠いところにあるはずなのに天然に存在

1. *Kanungo, R. et al.* Phys. Rev. Lett. 102, *152501 (2009).*
2. *Hoffman, C. R. et al.* Phys. Lett. B 672, *17-21 (2009).*

している原子核の研究だった。魔法核に特別な安定性を付与する大きなエネルギーギャップは不変のものではなく、陽子数や中性子数によって変わってくるように見えたのだ。実際、魔法核であるはずなのにあまり強く結合していないややエキゾチックな原子核や、新しい魔法数の存在を示唆する原子核が存在することが実験によりわかった。[3]

N＝16での予想外の閉殻は、もっとも容易に取り出すことができる中性子の結合エネルギーと、^{24}Oに近い原子核の放射性（β）崩壊の特性を調べる研究によって初めて示唆された。[3,4] N＝16で閉殻になるなら、^{24}Oは二重魔法核であると推定される。けれども、^{24}Oの安定性は、これまで証明されていなかった。証明すべきことは2つある。1つは、閉殻核^{24}Oが球形をしていることである。固く結合している原子核は球形をしていると考えられるからだ。もう1つは、^{24}Oが励起しにくいこと、すなわちその第一励起状態のエネルギーが高いことだ。Kanungoら[1]とHoffmanら[2]は、実験でこの2点を確認した。

どちらのチームも、「2次ビーム」を利用して^{24}Oの性質を調べた。彼らはまず、カルシウムの同位体^{48}Caの高エネルギー1次ビームをベリリウム標的と相互作用させ、多数の破砕核を生成させた。次に、破砕核分離装置を使って目当ての核種を選び出し、これを集めた2次ビームを反応標的に照射した。Kanungoら[1]は、この方法で作り出した少数（1秒間にわずか3個）の^{24}O破砕核と、反応標的である炭素との相互作用を調べた。彼らが注目したのは、^{24}Oから中性子1個を直接取り出すことで得られる^{23}Oの特性だった。

高エネルギーでは、^{24}O 2次ビーム粒子は、標的原子核と表面だけが相互作用する「かすり衝

3. *Warner, D.* Nature 430*, 517-519 (2004).*
4. *Janssens, R. V. F.* Nature 435*, 897-898 (2005).*

突」をし、入ってくる原子核の波動関数と出ていく原子核の波動関数の間には単純な関係が成り立っている。[5] Kanungoらは、[1] 生成した^{23}Oの運動量の分布から、^{24}Oから取り出された中性子が、非常に高い確率で、より高いエネルギーの1$d_{3/2}$準位ではなく2$s_{1/2}$準位を占めていたことを明確に示すことができた（図1a）。2$s_{1/2}$状態に伴う波動関数は球形であるので、これは、閉殻核が球形であることを示唆している。こうして、二重魔法核の2つの判定基準のうち1つが満たされた。

▼驚くべき原子核「^{24}O」の存在

一方、Hoffmanらは、[2] 第2の基準である^{24}Oの第一励起状態のエネルギーの測定に取り組んだ。彼らはフッ素^{26}F（Z＝9、N＝17）破砕核を選び出して2次ビームとし、これをベリリウム標的に照射してフッ素破砕核から陽子1個と中性子1個を取り出して励起した^{24}Oを得た。^{24}Oは粒子崩壊につながる励起状態をもたないため、たちまち崩壊して^{23}Oと中性子になった。

Hoffmanらが^{23}Oと中性子の両方を検出した方法は、[2] まさに離れ業だった。彼らはミシガン州立大学の中性子検出装置MoNA[6]を使って中性子の測定を行なったが、超伝導磁石を使って^{23}Oイオンを2次ビームの方向から逸《そ》らすことで、前方に飛んでいく中性子の邪魔にならないように^{23}Oイオンを検出したのだ。Hoffmanらは、約400回の^{23}O－中性子衝突イベントから、^{24}Oの1^+状態と2^+状態という二重の非束縛励起状態の存在を仮定した反応をシミュレーションしたときに中性子のエネルギースペクトルをもっともよく再現できることを示した（図1a）。

5. *Warner, D.* Nature 425*, 570-571 (2003).*
6. *Baumann, T. et al.* Nucl. Instrum. Meth. A543*, 517-527 (2005).*

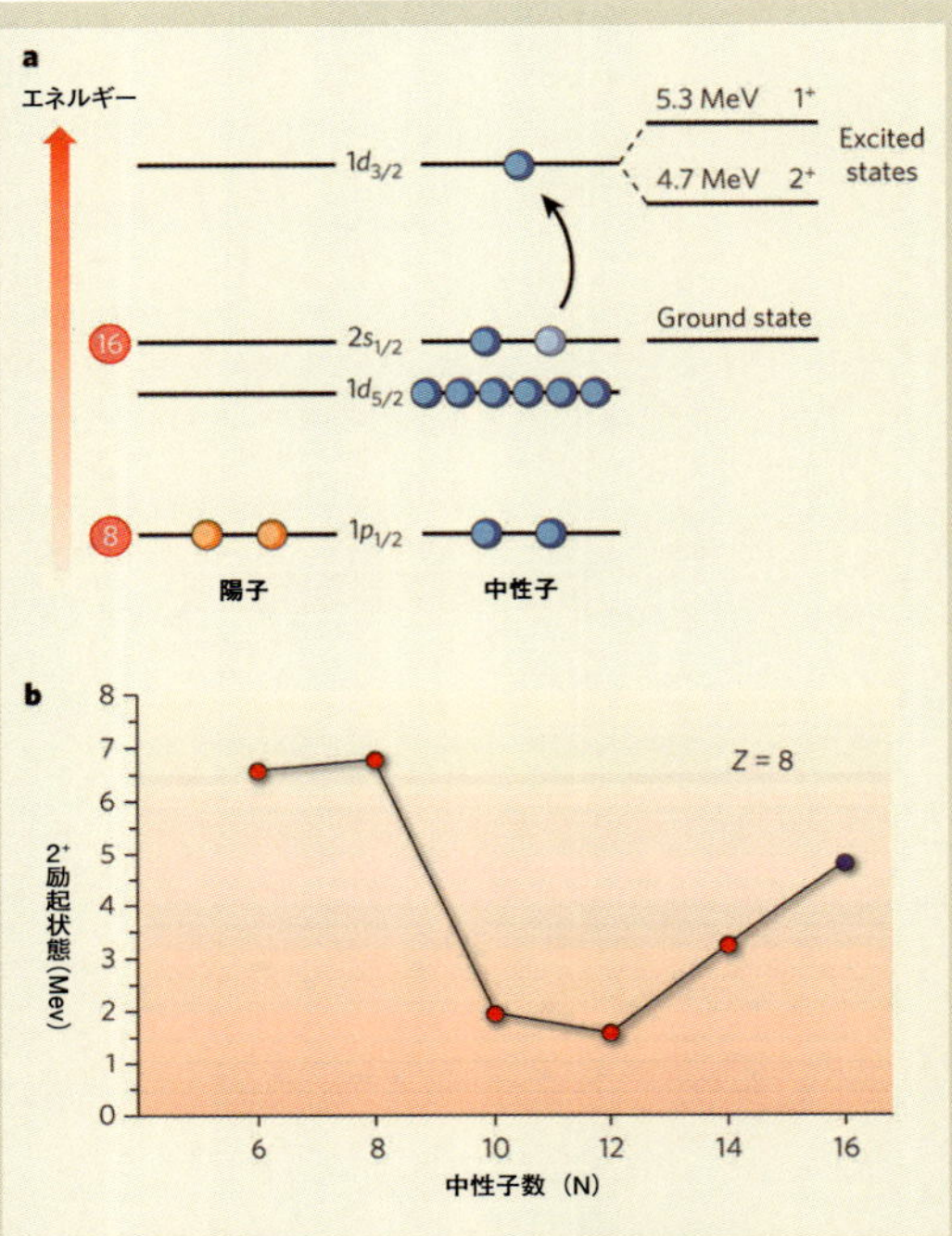

図１　二重魔法核^{24}O

Kanungoら[1]とHoffmanら[2]による実験は、陽子数Ｚ＝８、中性子数Ｎ＝16の^{24}Oが二重魔法核であること、すなわち、その陽子と中性子の両方が閉殻内に収まっていて、次に入れる殻までのエネルギーギャップが大きいことの証拠となる。

ａ：^{24}O原子核の殻構造のうち、８個ある陽子のうち外側の２個だけを示したもの。これらは$1p_{1/2}$軌道を占めていて、より高い軌道とは大きなギャップで隔てられている。だから８は魔法数なのだ。同様に、最初の８個の中性子のうち外側の２個は$1p_{1/2}$軌道にあり、残りの８個は$1d_{5/2}$軌道と$2s_{1/2}$軌道を占めている。Hoffmanら[1]は、^{24}Oの第一励起状態は1^+と2^+という二重の準位になっていて、$2s_{1/2}$準位との間には大きなエネルギーギャップがあることを示した。（この表記法では、1/2、3/2 、5/2という下付き記号はエネルギー準位の多重度、すなわち、それぞれの準位に入る核子の最大数がそれぞれ２、４、６個であることを意味する）。

ｂ：酸素の各種同位体（Ｚ＝８、Ｎ＝６～16）につき、中性子数と2^+励起状態のエネルギーの変化は、殻が閉じることへの感度を示している。Ｎ＝８およびＮ＝16で閉殻になるとエネルギーが増加する。（エネルギーの単位はメガ電子ボルト（MeV)。Hoffmanらの論文[2]の図４に基づいてプロットした）。

著者ら[2]は、中性子数Nが偶数で陽子数がZ＝8であるすべての酸素同位体の第一励起2^+状態のエネルギーを比較し、これらがNとともに顕著に変化することを示した（図1b）。中性子数が魔法数N＝8（このとき二重魔法核^{16}Oになる）を超えて$1d_{5/2}$殻に入っていくとき、N＝12になったところでエネルギーは約3分の1まで減少するが、N＝14では増加する。これは、N＝14で$1d_{5/2}$殻が完全に埋まったことを示している。N＝16で$2s_{1/2}$殻が閉じると、エネルギーはさらに劇的に増加する。これは、^{24}Oが二重魔法核であることを示す明確な特徴である。Hoffmanら[2]が示したように、ほとんどの殻構造理論に基づく計算は、観測結果を十分に再現することができない。いくつもの奇妙な観察結果の折り合いをつけなければならないため、この作業は非常に困難なのだ。実験により、^{24}Oよりも重い^{25}Oや^{26}Oのような酸素同位体は天然には存在しないことが示されている。つまり、これらは束縛されていないのだ。そう考えると、^{24}Oは驚くべき原子核であると言ってよい。^{24}Oが励起しにくいことは、これが二重魔法核で非常に強く束縛されていることを意味する。けれどもこの原子核は、たった1個の中性子を追加することもできない、原子核の存在の限界のところに位置しているのだ。

　同じくらい意外だったのは、酸素からフッ素に移行するとき、たった1個の陽子が追加されることで、少なくともさらに6個の中性子を束縛できるようになるという事実である。観測によると、^{31}F（Z＝9、N＝22）でさえ中性子を束縛して原子核を形成することができるという[7]。このように、図1aの殻構造は、陽子数と中性子数とともに劇的に変化する。陽子が$1d_{5/2}$軌道を占めた途端に（これはOからFへの移行の際に起こる）、中性子の$2s_{1/2}$殻と$1d_{3/2}$殻の間

7. *Sakurai, H. et al.* Phys. Lett. B 448*, 180-184 (1999).*

のギャップは劇的に小さくなるようだ。これは、テンソル力（陽子と中性子の間に働く強い引力で、スピンに依存する）による束縛もあることを示唆しているが、[8] この力についてはまだ解明されていない点が多い。

原子核物理学のもっとも根本的な問題は、原子核の中で陽子と中性子を結びつけ、原子核という構造限界を定める核力の性質を解明することだ。今回、Kanungo ら[1] や Hoffman ら[2] が行なった実験は、原子核の物理的性質のうち、安定核の構造からはすぐには見えてこないが、この問題に挑戦するためには避けて通ることのできない側面を強調するものである。

Rovert V. F. Janssens はアルゴンヌ国立研究所（米）物理学部門に所属している。

8. *Otsuka, T. et al.* Phys. Rev. Lett. 87*, 082502 (2001).*

Xラインの謎を解く

Breaking through the lines
Götz Paschmann　２００６年1月12日号 Vol.439 (144-145)

プラズマ中の磁力線は自発的に再編成を起こし、磁気エネルギーを粒子の運動エネルギーに変換する。太陽風中で得られた観測結果から、その現象規模が従来の考察より大きいことが示された。

プラズマは宇宙空間ではおもに陽子と電子からなり、その中に磁場が広がっている。プラズマと磁場は、あたかも一緒になって凍結しているように振る舞う傾向がある。けれどもプラズマの動きが、逆方向に向いている２つの磁力線を引き合わせたら、何が起こるのか。ある状況では、磁力線はプラズマに対してすべり、分裂して「Xポイント」で交差し結合する。磁力線は鋭く湾曲し、ゴムで石を飛ばすパチンコのような働きをして、蓄えられているエネルギーを粒子に与え、粒子を高速ではじき飛ばす。これが磁気リコネクションという現象だ。太陽大気中での爆発的なエネルギー放出や核融合炉での突発的なプラズマの崩壊などでこの現象が見られる。今回、研究者たちは、３機の宇宙機でXポイントをつなぐXラインの方向や長さを測定した。

▼Xラインの空間と時間のスケールがあきらかにされた

プラズマと呼ばれる、イオン化したガス中で起こる磁場のリコネクションは、魅力的で不思議な現象である。リコネクションによって磁場の形状が変わり、磁場に蓄えられていたエネルギーはプラズマを構成する荷電粒子の運動エネルギーに変換される。太陽大気中での爆発的なエネルギーの放出から核融合炉での突発的なプラズマの崩壊に至るさまざまな場面で、この現象の存在を示す直接的・間接的な証拠が得られている。『Nature』２００６年1月12日号で、Phan たちは太陽風（太陽から連続的に放出されるプラズマの流れ）における磁気リコネクションに関する最新の観測結果について報告し、この過程を支配する空間スケールと時間スケールをあきらかにした[1]。

プラズマは、宇宙空間ではおもに陽子と電子からなり、そのなかに磁場が広がっている。プラズマと磁場は、あたかも一緒になって凍結しているように振る舞う傾向がある。すなわち、プラズマ粒子は磁力線の周りを旋回することで磁力線の物理的形状を借りていて、粒子が動くと磁力線も粒子とともに動くのである。このことから、ボールに入ったスパゲティをかき混ぜたときの1本1本のスパゲッティにいくぶん似た感じで、同じ磁力線は、絶えず位置と形状を変えてはいても、同じプラズマ粒子を常に結びつけているということになる（図１ａ）。

しかし、プラズマの動きが逆方向に向いている2つの磁力線を引き合わせたら、何が起こるだろうか。凍結描像では、どんなに強く押しつけられても、すべての粒子は対応する磁力線上にとどまるであろう。しかしこの描像は近似にすぎず、まだ解明は進んでいないが、ある状況

1. *Phan, T. D. et al.* Nature 439*, 175-178 (2006).*

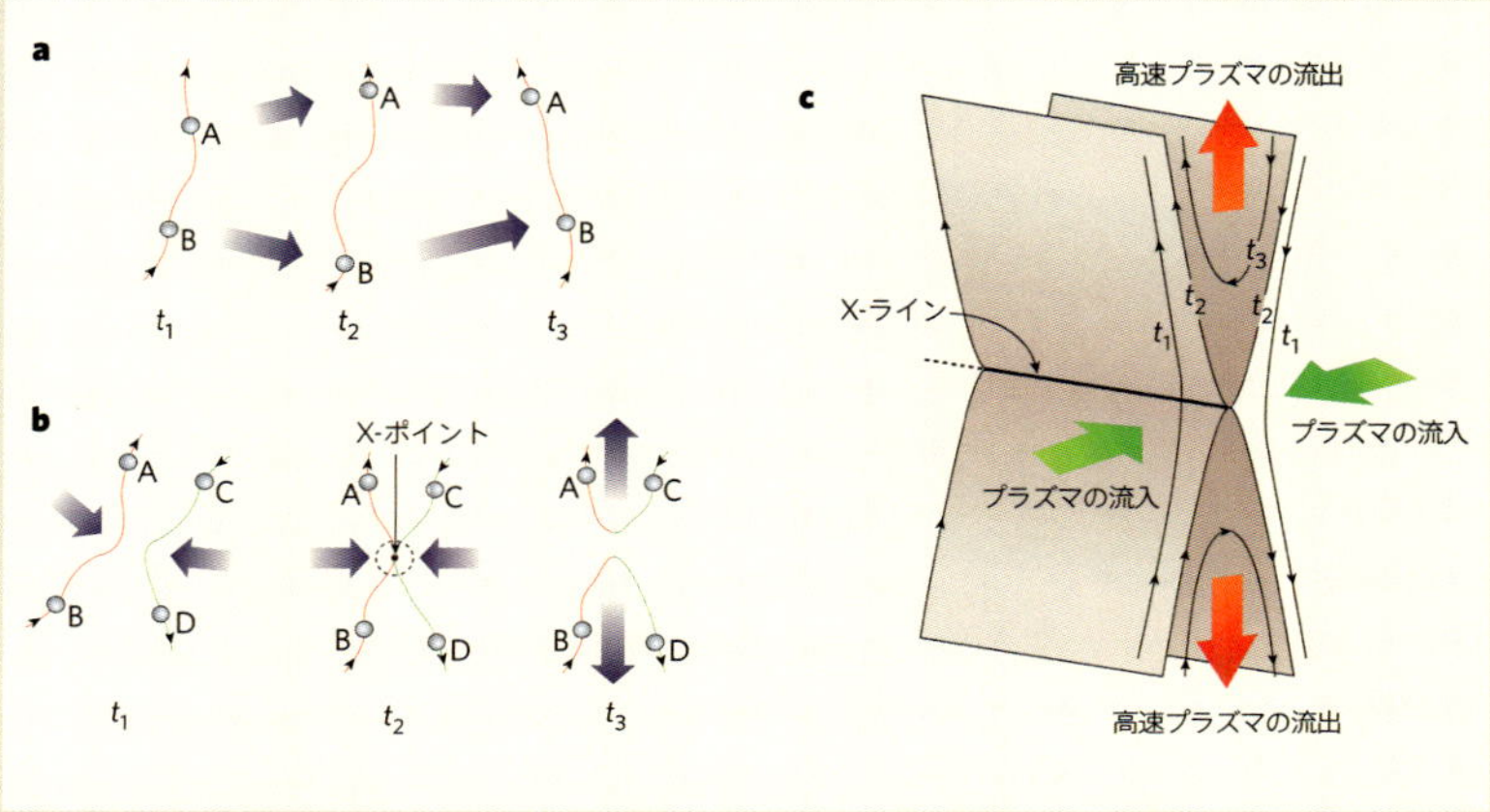

図１　磁気リコネクションの詳細

ａ：磁力線は通常プラズマの流れ（青線）のなかに凍結しているので、時刻 t_1 で磁力線によって結びつけられた２つの荷電粒子ＡとＢは、その後も同じ磁力線によって結びつけられたままである。

ｂ：それぞれが粒子ＡとＢおよび粒子ＣとＤで識別される反対方向を向いた２本の磁力線は、時刻 t_1 で互いに近づく方向に動いている。時刻 t_2 で接触すると、いわゆるＸポイントで２本の磁力線は分裂し、交差して結合（リコネクト）する。その結果、時刻 t_3 で粒子ＡとＣ、および粒子ＢとＤが結びつけられる。大きく曲がった磁力線はパチンコ（ゴムを利用して石を飛ばす道具）のような働きをし、プラズマが高速でこの領域から流れ出る。

ｃ：Ｘラインに沿ってリコネクトした磁力線の透視図（緑の矢印がプラズマの流入、赤の矢印が高速プラズマの流出を示す）。時刻 t_1 から t_3 は、図ｂで示される過程の同じ段階に対応する。Phan たちは太陽風中のＸラインの長さを調べた。

2. *Dungey, J. W.* Phys. Rev. Lett. 6*, 47-48 (1961).*
3. *Petschek, H. E. in* AAS-NASA Symp. Physics of Solar Flares *(ed. Hess, W. N.) 425-439 (NASA, Washington DC, 1964).*
4. *Sonnerup, B. U. Ö.* J. Plasma Phys. 4*, 161-174 (1970).*
5. *Paschmann, G. et al.* Nature 282*, 243-246 (1979).*

では、磁力線はプラズマに対してすべり、分裂して「Xポイント」で交差し結合する（図1b）。こうなると、磁力線は鋭く湾曲し、ゴムで石を飛ばすパチンコのような働きをして、蓄えられているエネルギーを粒子に分け与え、粒子を高速ではじき出す。これが磁気リコネクション（磁力線のつなぎ変わり）として知られる現象である。[2〜4]

隣接した面内にある磁力線もつなぎ変わる可能性があり、その結果、多数のXポイントを結びつける「Xライン」ができる（図1c）。つまるところ、これが、太陽風が地球の磁場に遭遇するときに起きている現象である。太陽風は太陽の磁場を惑星間空間に運ぶので、凍結原理が守られるならば、太陽風は地球磁場内に侵入できない。しかし、直接的・間接的な観測によって、凍結状態は太陽風と地球磁場を分ける磁気圏界面で破れることが示されている。[5〜7] このため、地球の磁力線は太陽の磁力線と直接結びつくようになり、太陽風のプラズマは結合した磁力線に沿って地球の磁気圏に流れ込むのである。

しかし、リコネクションは太陽風のなかでも起こりうるのだろうか。太陽表面の近くの状態は空間的・時間的に複雑に変動しているため、太陽風の密度と速度は急激に変化し、これに伴って太陽風の磁場の方向が回転する。凍結原理が破れなければ、このような遷移の両側にあるプラズマが混じり合うことはないであろう。凍結原理が破れれば、必然的に磁気リコネクションが起こる。太陽風内に配置された宇宙機は、プラズマと太陽風の急激な特性変化だけではなく、リコネクションに特有の高速プラズマ流によっても遷移領域の通過を調べられると考えられる。NASAのACE衛星（Advanced Composition Explorer）は最近、まさにこのような

6. *Sibeck, D. G. et al.* Space Sci. Rev. 88, *207-283 (1999).*
7. *Phan, T. D. et al.* Space Sci. Rev. 118, *367-424 (2005).*

現象を観測した。[8,9]

▼3機の宇宙機によって太陽風中のXラインの長さを測定

しかし、それはACE衛星1機のみによる観測だったため、プラズマ流を発生させるXラインの長さは測ることができなかった。また、リコネクション層が太陽風の速度で宇宙機を通り過ぎるのに要する時間は数分間だが、リコネクションが活動的であった時間がこれより長かったのかどうかも明確にはならなかった。Phanたちは、[1]3機の宇宙機（NASAのACE衛星とWind衛星、そしてヨーロッパ宇宙機関の4つのクラスター衛星のうちの1つ）が思いがけない配置をして、広いベースラインでの測定が可能なことを利用し、これらの未解決問題に取り組んだ。2002年2月2日、3機の宇宙機は次々とリコネクション層の通過を記録したが、これらの宇宙機によって観測された特徴は基本的に同一であり、特にプラズマと磁場の正味の変化とプラズマ流に関してはまったく同じであった。観測されたプラズマ流は、リコネクション層の前後での磁場の変化と局所的なプラズマの密度に基づく理論予測と定量的に一致していた。Phanたちは簡単な幾何学的な検討によってXラインの方向を推測し、Xラインの長さは少なくとも250万km、地球の直径のほぼ200倍になるはずだと算定した。さらに、3機の宇宙機を通過した時間の間隔から、リコネクションは爆発的ではなく、少なくとも2時間半は安定して起きていたことがあきらかになった。磁気リコネクションの空間的・時間的特性についてのPhanたちの観測結果[1]は、この現象が何に似ているかとか、この現象によって

8. *Gosling, J. T. et al.* J. Geophys. Res. 110, *A01107 (2005).*
9. *Gosling, J. T. et al.* Geophys. Res. Lett. 32, *L05105 (2005).*

何が起こるかといったことについての、ときとして加熱しがちな議論を刺激することになるであろう。さらに、2006年後半に打ち上げ予定のNASAのSTEREO衛星によって、より広いベースラインが利用できるようになり、太陽風リコネクションの研究がより大きなスケールで展開できると期待されている。もっとも小さなスケールの現象については、2013年打ち上げ予定のNASAのMMS（Magnetospheric Multi-Scale）衛星によって、凍結した磁場を崩壊させてリコネクションを起こすXライン近傍における運動論的なプラズマ過程を調べることができるだろう。磁気リコネクションの本質、小さなスケールの現象と大きなスケールの現象を結びつける能力、そしてさまざまな宇宙環境で果たす大きな役割が最終的に解明されることに、大きな期待が寄せられている。

Götz Paschmann はマックス・プランク地球外物理研究所（ドイツ）に所属している。

超大型ブラックホールの作り方

Making black holes from scratch

Marta Volonteri　２０１０年8月26日号　Vol.466 (1049-1050)

多くの銀河の中心に存在する超大質量ブラックホールが、どのようにして生まれ、成長するのかは、まだほとんどわかっていない。今回、大質量の銀河どうしの衝突によって、超大質量ブラックホールが自然にできることが数値シミュレーションでわかった。

ブラックホールはその強力な重力のため、光さえも逃げ出せない天体だが、見られないわけではない。周囲に及ぼす効果により発見できる。超大質量ブラックホールは太陽質量の数百万倍～数十億倍もの質量をもち、銀河の中心にある。銀河系中心部の星は非常に速く運動しているが、大質量の暗い天体が銀河系の奥深く潜み、操っているからだ。研究者たちは、若い宇宙での大質量銀河の合体の際に、超大質量ブラックホールの「種」が形成する条件を数値シミュレーションで調べ、誕生時にすでに、非常に大質量であるブラックホールが残る可能性のあるプロセスを検証。２つの若い大質量銀河の衝突と合体によって大質量のガス円盤ができること、ガス円盤は不安定な配置で生まれ、円盤の中心へ質量を運ぶ渦巻きパターンを伴うことを見い出した。

▼超大質量ブラックホールと銀河の両方が1つのメカニズムによって形成される

ブラックホールは強力な重力を備え、何ものも（光でさえも）逃げ出すことができない天体だ。しかし、ブラックホールは目に見えないわけではない。ブラックホールが周囲に及ぼす効果を通じて見つけることができる。以前から、恒星ほどの質量のブラックホールが存在し、これらは大質量星の進化の最終段階であることがわかっていた。しかし、今では、超大質量ブラックホールと呼ばれる、別のグループのブラックホールが存在している証拠が得られている。これらは太陽質量の数百万倍、ときには数十億倍の質量をもち、銀河の中心にある。私たちの銀河系（天の川銀河）の中心には、太陽質量の４００万倍のブラックホールがあると考えられている。銀河系の中心部にある星は非常に速く運動しており、銀河系の光を発する物質が作る重力ポテンシャルだけではこの運動を説明できない。大質量の暗い天体が、銀河系の奥深くに潜み、周囲の星の運動を操っているに違いない。超大質量ブラックホールは、近隣の銀河にも遠方の銀河にも存在していると推定されているが、それらが形成する仕組みはまだほとんど謎に包まれている。

チューリヒ大学理論物理学研究所（スイス）のLucio Mayerらは、若い宇宙での大質量銀河の合体の際に、超大質量ブラックホールの「種」が形成する条件を高分解能数値シミュレーションで調べ、『Nature』２０１０年８月26日号１０８２ページに報告した。[1] Mayerらは、誕生時にすでに非常に大質量であるブラックホールが残る可能性のあるプロセスを研究した。この新たに生まれた超大質量ブラックホールの種が成長を始めると、それが埋め込まれている高

1. *Mayer, L., Kazantzidis, S., Escala, A. & Callegari, S.* Nature 466, *1082-1084 (2010).*

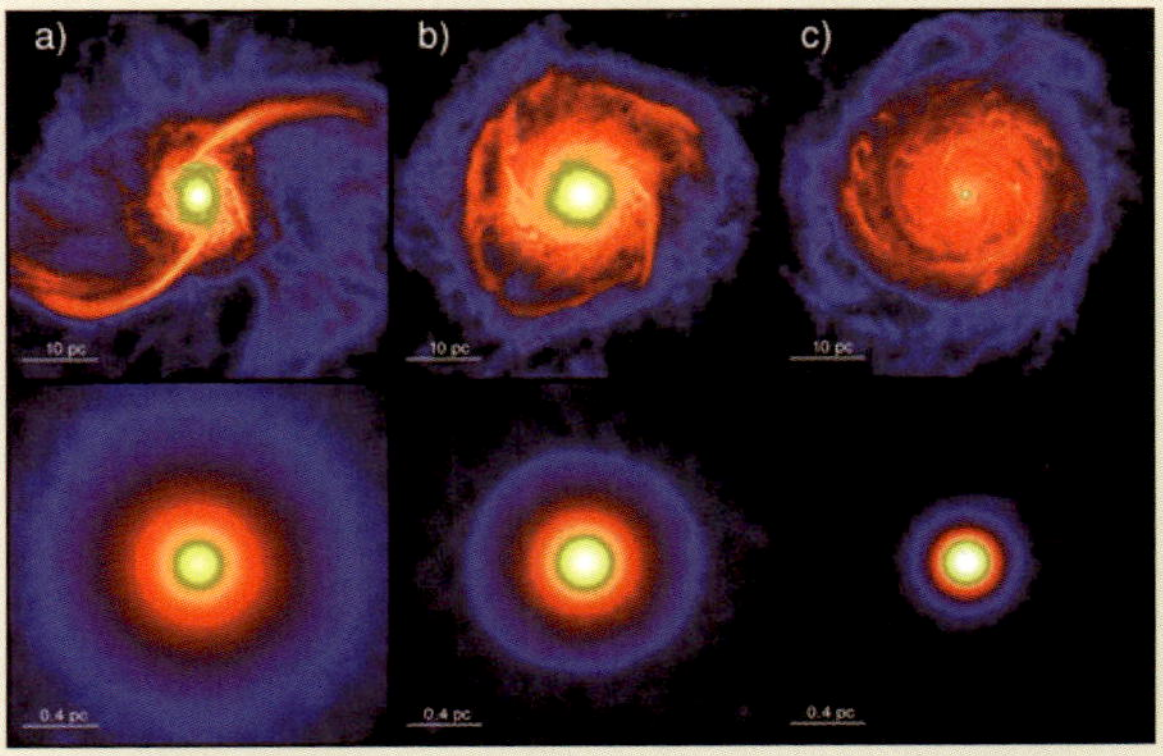

図1　超大質量ブラックホール形成過程のシミュレーション結果
図は、２つの銀河の合体で生まれるガス円盤の時間発展を、ガス円盤の形成から、中心部の崩壊の始まりまで示している。左の列の図は、銀河の合体から約9000年後、中央の列は約７万5000年後、右の列は約10万年後。上段の図の１辺は約160光年で、下段の図は上段の図の中心部を約25倍に拡大したもの。色の明るい部分ほど物質の密度が高い。ガス円盤に渦巻きパターンが生じ(左上)、数光年の大きさの中心部に質量が集まる(下段中央と下段右)。[『Nature』掲載論文より]

密度のガス雲から物質を降着（落下付着）させるため、私たちはそれをクエーサーとして見つけることができるはずだ。クエーサーは、星ほどの大きさくらいに小さいのに、銀河全体と同じくらい明るい天体だ。超大質量ブラックホールは、クエーサーにエネルギーを供給する「エンジン」であり、超大質量ブラックホールに飛び込む物質が放出するエネルギーが、そのエネルギーの源と考えられてきた。このとき、落下する物質の質量の約10パーセントがエネルギーに変換される。

しかし、超大質量ブラックホールは、常にクエーサーのように活発であるわけではない。クエーサーは、初期の宇宙（宇宙が現在の年齢である約１４０億年の約40パーセントに至るまでの期間）では、とてもありふれていた。しかし、クエーサーはゆっくりと消えていき、あとに静穏な超大質量ブラックホールを残した。近くの銀河の静穏な超大質量ブラックホールの質量は、そのブラックホールを擁する銀河の特性と相関関係にあり[2]、この事実は、超大質量ブラックホールと銀河の両方が1つのメカニズムによって形成されることを示している。しかし、クエーサーと超大質量ブラックホールの進化を扱う銀河形成モデルの大半は、超大質量ブラックホールを形成する物理過程の研究を軽視し、単純な取り扱いにとどめている。この物理過程は解明されていないが、きわめて重要な要素だ。最初の超大質量ブラックホールの種に関する知識は、超大質量ブラックホールがそのホスト銀河とともに宇宙時間の経過につれてどのように成長するかを調べる際に欠かせないからだ。

▼「クワジスター」の存在と、銀河の合体で形成する超大質量ブラックホールの種

Mayer らはこの問題に取り組み、超大質量ブラックホールの種が形成する可能性のある環境を重点的に調べた[1]。彼らは、2つの若い大質量銀河の衝突と合体によって大質量のガス円盤ができること、このガス円盤は不安定な配置で生まれ、円盤の中心へ質量を運ぶ渦巻きパターンを伴うことを見いだした。太陽質量の1億倍を超える質量のガスが、わずか10万年以内で円盤の中心領域に蓄積され、高密度のガスの雲を形成する。この雲の核はやがて、太陽質量の数万倍かそれ以上の質量をもつ超大質量星につぶれ、その星の核は最後は超大質量ブラックホールの種へつぶれる。雲形成の時間スケールは、円盤のガスが星に変わるのに必要な10^8年よりもはるかに短い。このため、ガスは星を形成するためになくなってしまうことはなく、超大質量

2. *Gültekin, K. et al.* Astrophys. J. *698, 198-221 (2009).*

ブラックホールの形成に使われる。だから、銀河どうしの合体によって起こるガス崩壊という今回のモデルは、これまでの孤立した銀河の崩壊モデルが抱えていた困難を解決してくれる。これまでのモデルでは、蓄積されたガスを星形成が消費してしまうことを防ぐため、星形成を人為的に抑制しなければならなかった。

　非常に動的で、平衡から外れた状態にある銀河の合体と、ガス落下の詳細を研究するには、Mayer らが使ったような数値シミュレーションを使うしかない。[1] Mayer らの研究結果は、コロラド大学ボールダー校宇宙物理学共同研究所（JILA、米国）の Mitchell C. Begelman らが提案している、ガス落下速度が1年で約1太陽質量という大きな閾値《いきち》を超えるとき、超大質量星が形成するというモデルとよく一致する。[3,4] Begelman らのモデルによると、星の核はブラックホールに崩壊するが、物質は星の表面に積み重なり、ブラックホールに効率的に質量を供給することができる。[3,4] このブラックホールをエネルギー源とする星は、クワジスター（quasi-star）と呼ばれている。[3]

　Mayer らは、そのような大きなガス落下速度が、銀河の合体で確かに実現することを見いだした。[1] さらに、彼らのガス落下プロセスと、Begelman らが提案したクワジスターモデルを組み合わせると、宇宙が現在の年齢の10分の1だったときに強力なクエーサーが存在した理由を説明できる。[5] これらの明るいクエーサーにエネルギーを供給することができるのは、太陽質量の数十億倍の超大質量ブラックホールだけだ（ちなみに、銀河全体でもこれらの超大質量ブラックホールよりも質量が小さい銀河が存在する）。ビッグバン後、10億年もたっていない時

3. *Begelman, M. C., Volonteri, M. & Rees, M. J.* Mon. Not. R. Astron. Soc. 370*, 289-298 (2006).*
4. *Begelman, M. C.* Mon. Not. R. Astron. Soc. 402*, 673-681 (2010).*
5. *Fan, X. et al.* Astron. J. 122*, 2833-2849 (2001).*

期に、そのような超大質量ブラックホールが存在した理由を説明することは容易ではなく、超大質量ブラックホールが非常に着実に成長したか、種が非常に大質量であったかのどちらかが必要だ。Mayerらの結果は、この意味でとても魅力的だ。銀河の合体で形成する超大質量ブラックホールの種は、確かに誕生時にすでに非常に大質量だからだ。

しかし、Mayerらが提案したブラックホール形成メカニズムが有効なのは、宇宙時間の初期にすでに大質量だった銀河の場合だけであるように思える。そうした銀河は、銀河系かそれ以上の大きさの天体に進化すると考えられる。今回の成果は、大半の超大質量ブラックホールは大きな銀河にあるという観測結果とおおむね一致するが、超大質量ブラックホールは矮小銀河（星の数が銀河系の100分の1未満）にも見つかっている[6]。もちろん、質量の小さな銀河にある、比較的小さな超大質量ブラックホールは、最初の世代の星の名残として生まれるなど、別のメカニズムで形成した可能性はある[7]。これらの星は、太陽の数百倍までの質量があったと考えられていて、その生涯の終わりに「ほぼ大質量」のブラックホールを残しただろう。

ハッブル宇宙望遠鏡の後継機であるジェームズ・ウェッブ宇宙望遠鏡、国際X線天文台（IXO）などの将来のX線宇宙望遠鏡計画、宇宙重力波望遠鏡LISAは、初期の宇宙のクエーサーと超大質量ブラックホールを検出できる性能を備えている。これらの計画で、超大質量ブラックホールが生まれるプロセスの理解がさらに深まるはずだ。

Marta Volonteriは米国ミシガン州アナーバーのミシガン大学天文学科に所属している。

---

6. *Gallo, E. et al.* Astrophys. J. 714*, 25-36 (2010).*
7. *Rees, M. J.* IAU Symp. Proc. 77*, 237-242 (1978).*

プランク衛星の最初の成果

First results from Planck observatory

Uroš Seljak　２０１2年2月23日号　Vol.482 (475-477)

プランク衛星による初期の観測データから、銀河系および遠方の銀河のダストや、宇宙最大級の銀河団のガスの性質に関する情報がもたらされた。

宇宙にある恒星の大半は、ダスト（塵）を含む不安定な雲のなかから生まれる。だが、ダストに覆い隠された領域にある若い恒星は、光学望遠鏡では見えない。また遠方の銀河のダストに包まれた領域は、ほとんどの波長で見ることができない。プランク衛星は３つの周波数チャネルで観測を行ない、宇宙赤外線背景放射の異方性を示した。異方性は球状の構造として見え、ダストに包まれた銀河が大きなスケールで集まっていることに対応している。周波数を変えれば、異なる時代の宇宙の姿が見えてくる。２１７GHzでの観測からは、約１３７億年前の宇宙創生以来20億年未満しか経過していない時代に形成された、宇宙最古の銀河を見ることができる。２０１４年、宇宙マイクロ波背景放射の観測からビッグバン直後の重力波の痕跡も見つかるかもしれない。

▼電波からX線までの多波長観測を行なうプランク衛星

天文学者はかなり前から、宇宙にある恒星の大半がダストを含む不安定な雲のなかで生まれてくることを知っていた。[1] しかし、ダストに覆い隠された領域にある若い恒星は、光学望遠鏡では見ることができない。そこで、電波からX線までの多波長観測を行なうことで、銀河系内の恒星の形成過程を解明してきた。しかし、遠方の銀河（宇宙で最初に形成された銀河のいくつかもこれに含まれる）のダストに包まれた領域は、本質的に、ほとんどの波長で見ることができない。1つの例外は、可視光の約1000倍の、遠赤外線とマイクロ波に相当する波長である。これは、若い恒星が周囲のダストを約20Kまで加熱しているからだ。20Kという温度は、恒星の温度に比べると格段に低いが、ダストがマイクロ波や遠赤外線を放射するには十分なのである。この温かいダストの痕跡は宇宙赤外線背景放射と呼ばれ、現在、大勢の天文学者からなる研究チームがプランク衛星からのデータを解析して観測を行なっている。[2] そして、彼らは今回、この研究の成果をはじめとする26本の論文を『Astronomy & Astrophysics』で発表した（go.nature.com/au8vap 参照）。

プランク衛星は、2009年に欧州宇宙機関がハーシェル衛星と一緒のロケットで打ち上げた衛星だ。ロケットは、2基の人工衛星が太陽と地球に対して静止し、地球の陰に入って太陽光を遮光できるように、太陽－地球系のラグランジュ点L2（地球から見て太陽の反対方向に150万㎞離れたところ）に投入した。ハーシェル衛星も宇宙赤外線背景放射の観測を行なったが、[3] プランク衛星による今回の観測は、[2] これまでのどの観測よりも高い精度で行なわれた。

1. *Shu, F. H., Adams, F. C. & Lizano, S.* Annu. Rev. Astron. Astrophys. 25, *23-81 (1987).*
2. *Planck Collaboration* Astron. Astrophys. 536, *A18 (2011).*
3. *Amblard, A. et al.* Nature 470, *510-512 (2011).*

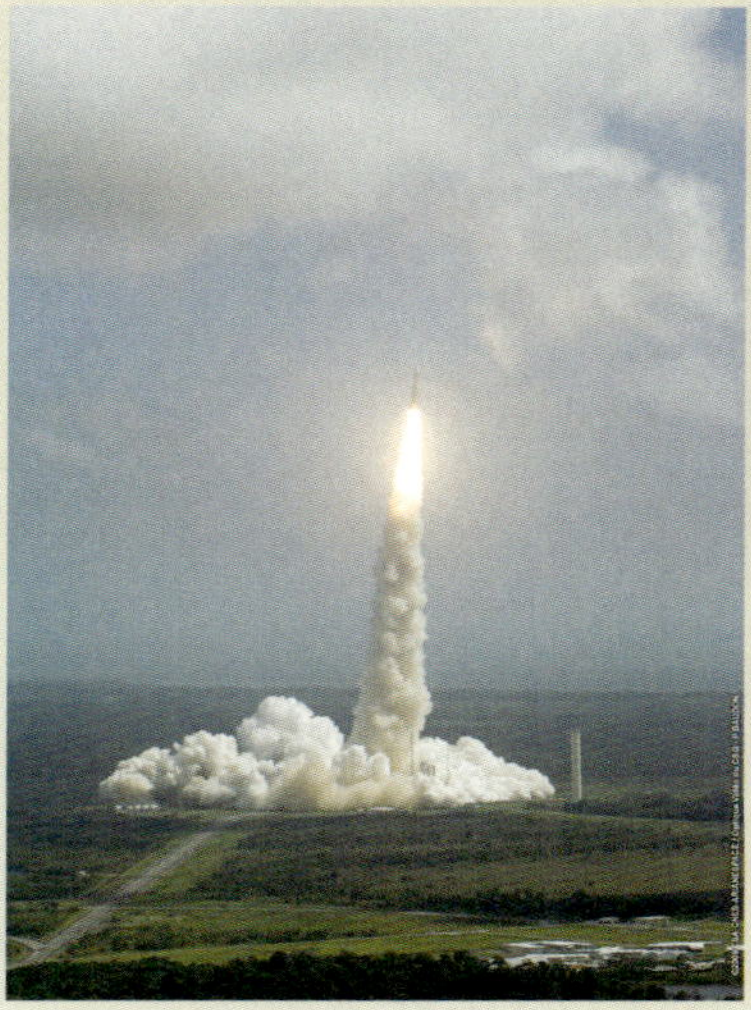

図1　プランク衛星のイメージ図（上）とその打ち上げ（左）。［ESA/AOES Medialab, CSG, P.Baudon］

プランク衛星は、温かいダストからの放射を観測できる複数の波長帯でマイクロ波を検出する（図1）。宇宙は膨張していて、光の波長はこの膨張に伴って引き伸ばされるため、我々が観測する光の波長は光源から出たときよりも長くなっている。つまり、ダストの温度が同じであれば、ダストからの放射をより長い波長で観測するということは、より小さかった時代（すなわち、より若かった時代）の宇宙を観測することに相当するのだ。プランク衛星は、異なる波長でダストを観測することで、星が形成されている銀河からの放射を宇宙年齢の関数として追跡することができる。プランク衛星の観測結果[2]は、長波長帯での放射のほとんどが、宇宙が誕生してから20億年未満しか経過していない時代に形成された銀河からきていることを示唆している。ちなみに、現在の宇宙の年齢は約１３７億年だ。

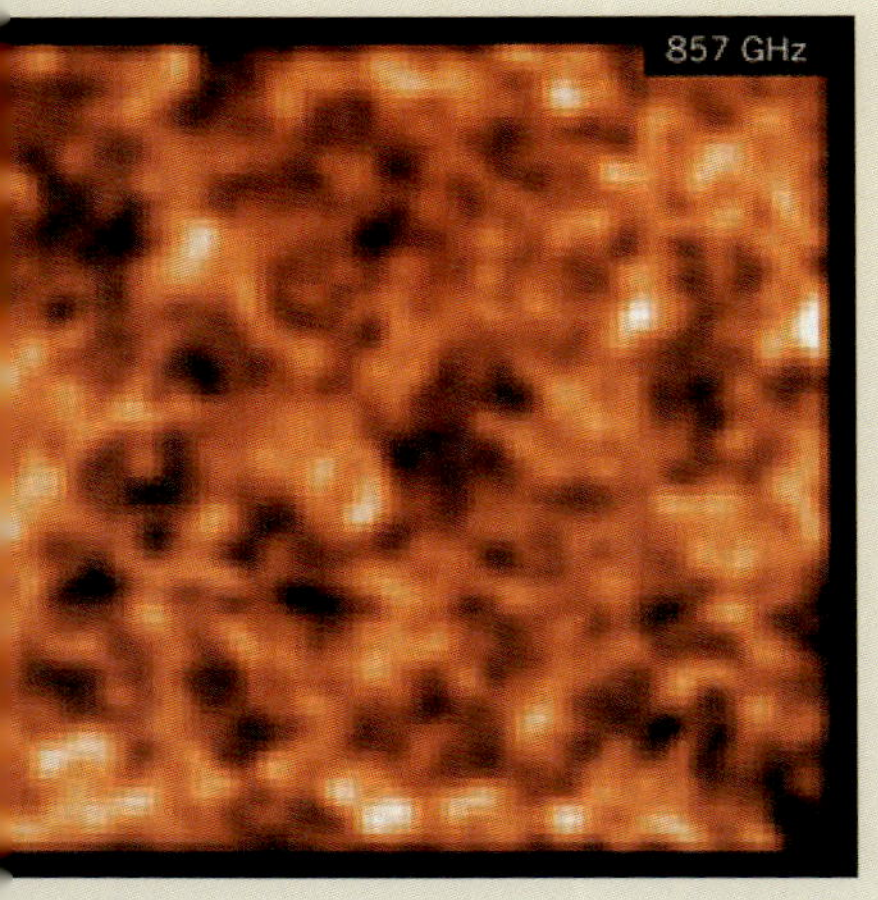

図２　宇宙赤外線背景放射
画像は、プランク衛星[2]が空の26度×26度の範囲を３つの周波数チャネル（217GHz、353GHz、857GHz）で観測したときの宇宙赤外線背景放射の異方性（不規則性）を示す。異方性は球状の構造として見えていて、ダストに包まれた銀河が大きなスケールで集まっていることに対応している。周波数チャネルを変えると、異なる時代の宇宙の姿が見えてくる。217GHzでの観測からは、宇宙が誕生してから20億年未満しか経過していない時代に形成された宇宙最古の銀河のいくつかを見ることができる。
［ESA/PLANCK COLLABORATION］

▼宇宙赤外線背景放射の成分を他の光源から分離することに成功

この測定のため、プランク衛星チームは成分分離という高度なソフトウェア解析を行なった[2]。この解析が必要だったのは、プランク衛星が観測を行なう波長帯には、遠方の銀河からの放射のほかに多くの光源からの放射が含まれているからだ。そのほとんどが銀河系からのものだが、宇宙マイクロ波背景放射（初期宇宙の残光で、温度は２・７Ｋ）からのものもある。これらの光源の強度は波長の関数になっているが、その変化の仕方には違いがある。研究チームは、プランク衛星の９つの波長帯を外部の観測と組み合わせることで、宇宙赤外線背景放射の成分を他の光源から分離することができた。著者らは、天球のなかで銀河系からの放射が少ない領域をいくつか選び、そうした領域での解析結果がだいたい

4. *Finkbeiner, D. P., Schlegel, D. J., Frank, C. & Heiles, C.* Astrophys. J. 566*, 898-904 (2002).*

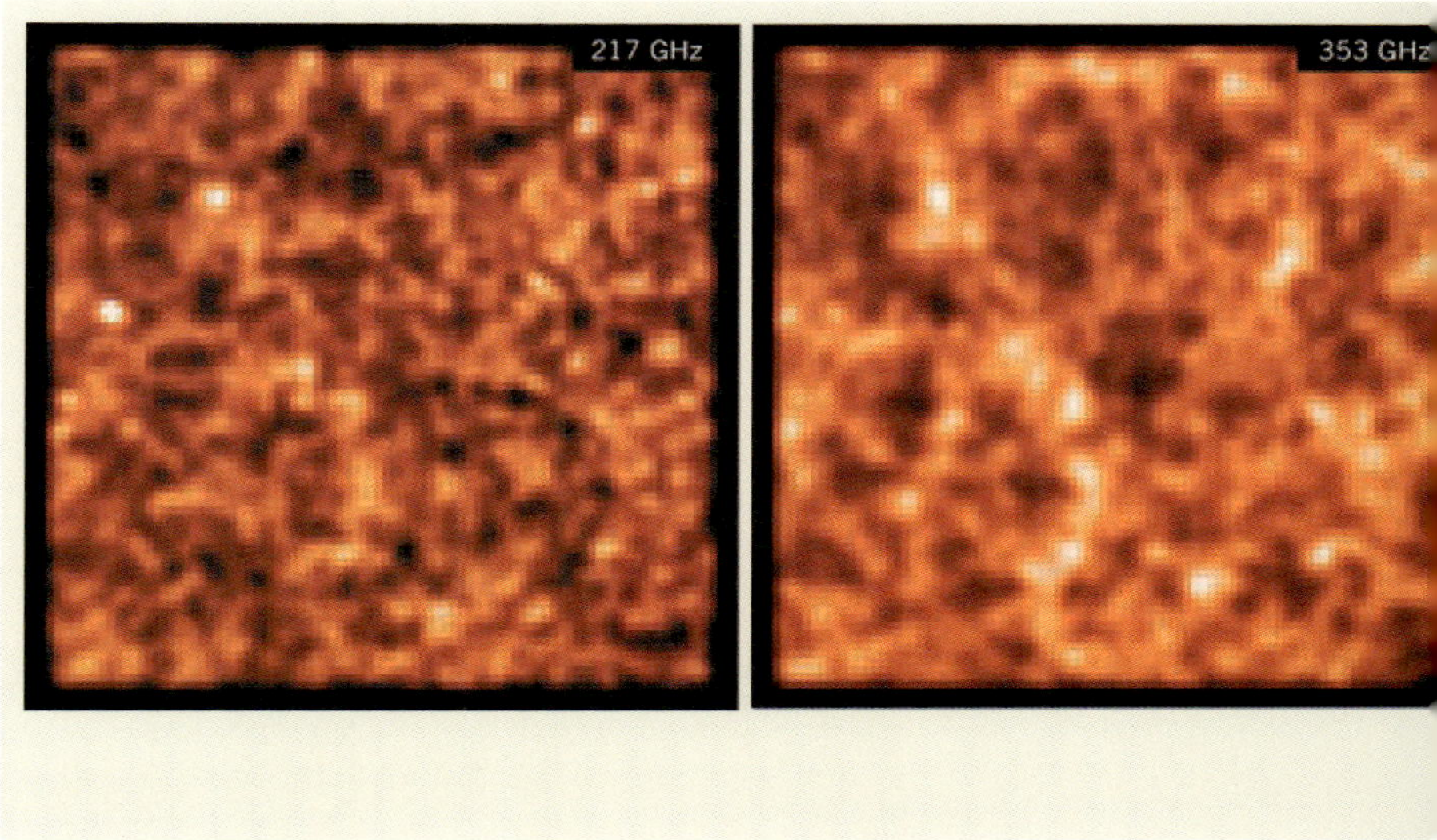

一致していることを確認した。[2] これは、成分分離がうまくいっていることを示している。

銀河系からの放射は、宇宙赤外線背景放射に混入するだけでなく、それ自体が驚くべきものを含んでいる。その1つは、cm（センチメートル）波長領域の「異常マイクロ波放射」だ。これは数年前から知られるようになった放射で、その起源については議論がある。観測により、異常マイクロ波放射は銀河系内の小さなダスト粒子からの放射と相関していることがわかっているが、[4] ダストからの熱放射の単純なモデルでは、その波長依存性を説明することができない。しかし、ダスト粒子が高速でスピンしているなら、その回転数および大きさと関連した波長で放射が生じる。このスピンダストモデルでは、放射は比較的狭い範囲の波長で生じ、その波長はたまたまプランク衛星の最長の観測波長帯と一致してい

5. *Planck Collaboration* Astron. Astrophys. 536, *A20 (2011).*
6. *Sunyaev, R. A. & Zeldovich, Y. B.* Comments Astrophys. Space Phys. 4, *173-178 (1972).*
7. *Planck Collaboration* Astron. Astrophys. 536, *A8 (2011).*
8. *Planck Collaboration* Astron. Astrophys. 536, *A9 (2011).*

る。プランク衛星による銀河系からの放射の観測は、スピンダストモデルを強く裏づけるものだった。[5]

プランク衛星による初期の成果のすべてが、ダストからの放射と関連したものであるわけではない。光が高温のガスのなかを伝わってくるとき、こうした領域を猛スピードで飛び回っている電子に散乱されることがある。このプロセスは、最初に提案した2人のロシア人科学者にちなんでスニヤエフ－ゼルドビッチ（SZ）効果と呼ばれていて、[6]長波長側の光を短波長側へとシフトさせる。宇宙マイクロ波背景放射を背景にして見るとき、より長い波長では空の中でガス塊がある場所が暗い穴になり、より短い波長では同じ場所で明るい光のピークが生じる。

▼SZ効果の確実な検出により、宇宙マイクロ波背景放射とその偏光の地図を作製

多くの波長帯で観測を行なうプランク衛星は、これらの両方を観測することができるため、SZ効果を確実に検出することができる。検出されたSZ効果のシグナルを生じた可能性の高い天体は、宇宙でもっとも高温のガスを大量に含む、非常に重い銀河団だ。プランク衛星チーム[7]は、この手法で200個近い銀河団候補を発見したが、そのうちの20個がまだ知られていないものだった。その後、XMM－ニュートン衛星でのX線観測などの追跡研究により、[8]こうした銀河団の大半が実在していることが確認された。これらのデータを組み合わせて分析することで、銀河団のガス密度と温度分布に関する詳細な情報がもたらされ、銀河団の形成に至るプロセスがより深く理解されることになった。

9. *Carlstrom, J. E. et al.* Publ. Astron. Soc. Pacif. 123*, 568-581 (2011).*
10. *Marriage, T. A. et al.* Astrophys. J. 737*, 61 (2011).*

これまでは、南極点望遠鏡[9]やアタカマ宇宙論望遠鏡[10]（チリ・アタカマ砂漠）を使って天球の小さな区画を観測することでＳＺ効果を見つけていたが、今回の成果[7]は、全天の掃天観測によってＳＺ効果を検出し、銀河団を発見できることを示している。究極的には、ＳＺ効果を利用する手法で、Ｘ線放射の観測などよりはるかに遠くの銀河団を観測できるようになるだろう。ＳＺ効果の興味深い応用法の１つに、初期宇宙で最大の（したがってもっとも希薄な）構造の成長を探ることがある。こうした観測は、宇宙を構成するさまざまな要素を測定したり、のちに銀河や銀河団へと成長する原初の密度揺らぎの大きさを測定したりすることを可能にする。

　プランク衛星がもたらした初期の成果は、衛星が問題なく機能していることを示し、その科学的実力の片鱗を見せつけている。しかし、プランク衛星が真の実力を発揮するのはこれからだ。プランク衛星の主要なミッションは、宇宙マイクロ波背景放射とその偏光の地図をこれまでにない精度で作製することだ。この測定は、初期宇宙を観測するための「窓」を開け、宇宙の構造の最初の種を作ったものの手がかりを与えてくれる。さらにプランク衛星は、宇宙マイクロ波背景放射の偏光の観測を通じて、ビッグバンの直後に発生した重力波の痕跡を検出できるかもしれない。ほとんどの波長帯で、宇宙マイクロ波背景放射はダストなど他の光源からの放射に比べて弱いため、その検出は厄介だ。それゆえ、宇宙マイクロ波背景放射は、その成分を慎重に分離する必要がある。その作業は非常に困難で、今回発表された初期の成果に宇宙マイクロ波背景放射に関する予備的データがいっさい含まれていないことのおもな理由になっている。宇宙マイクロ波背景放射に関する成果は２０１３年初頭に発表される予定である。プランク衛星の初期の成果[2,5,7]を目にして、その性能のすばらしさに強い印象を受けた宇宙論コミュニティーは、さらなる成果を待ち受けている。

Uroš Seljak はローレンス・バークレー国立研究所（米）物理学・天文学部門とチューリヒ大学（スイス）理論物理学研究所に所属している。

物理化学

Physical chemistry

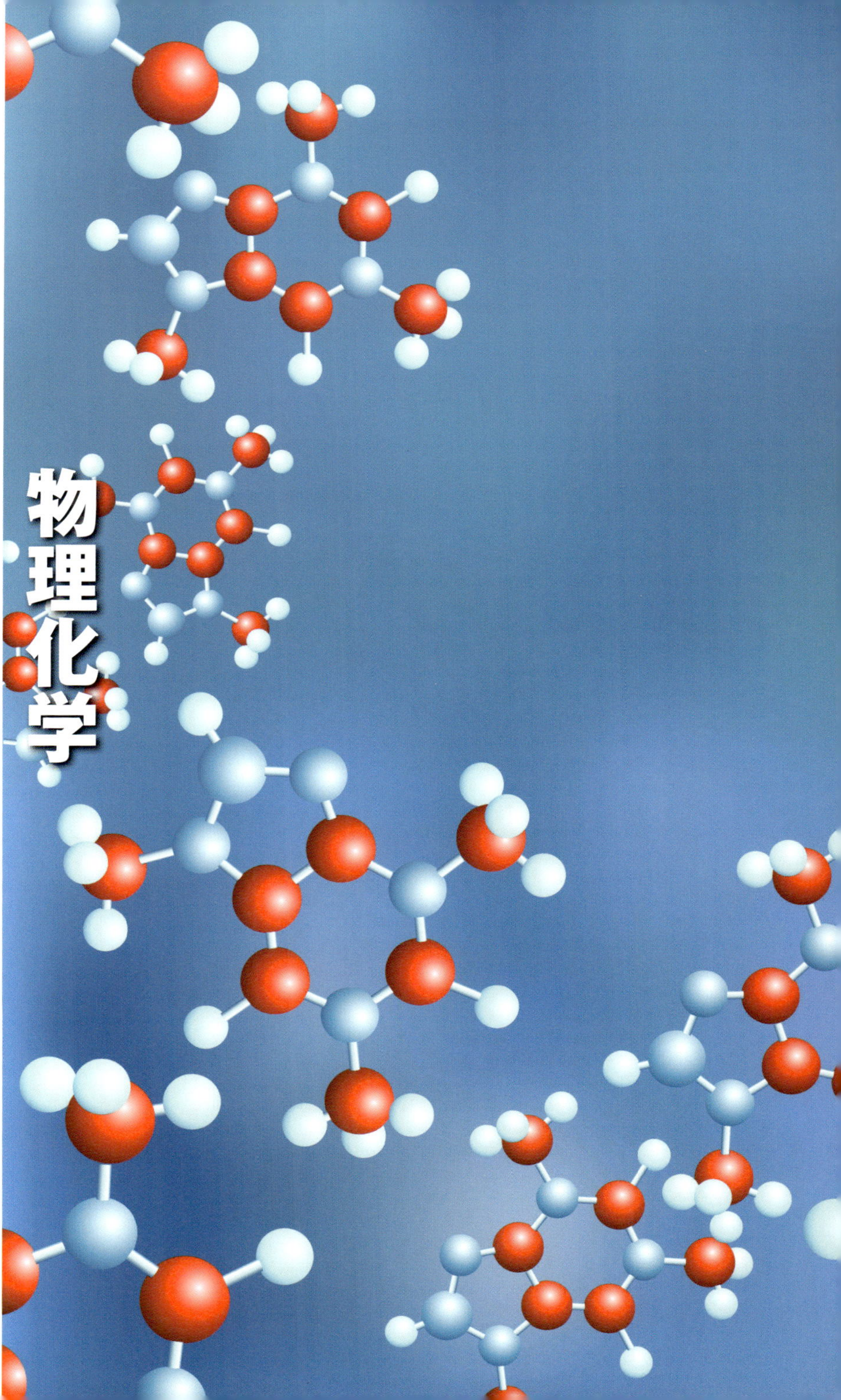

細菌をやっつけるダイオード

A bug-beating diode

Asif Khan　２００６年５月18日号　Vol.441 (299)

従来のどんなダイオードよりも波長の短い光を放射する発光ダイオード（ＬＥＤ）は、有害ではあるが、技術的には非常に有望である。しかし、この期待が確実に実現されるためには、さらなる研究が必要である。

太陽光に含まれる波長の短い紫外線（「ＵＶＣ」領域）は、地球のオゾン層で完全に遮られているため、地球上の生物は紫外線に対する耐性が発達していない。人工的に発生させたＵＶＣ領域の紫外線は、細菌、酵母、ウイルス、カビやキノコなどの菌類の処理や駆除に役立っている。ただ、紫外線源の水銀ランプは環境に悪いだけでなく、キセノンランプ、重水素ランプと同様、高電圧が必要でサイズも大きい。今回、谷保らの研究チームは、窒化アルミニウムをベースにしたＬＥＤを用いて、ＵＶＣ領域の紫外線を発生させた。ＬＥＤの研究・開発にはノーベル物理学賞を受けた日本の３人の科学者らが貢献したが、実用面では、殺菌効果も大いに期待されていた。このＬＥＤは、電圧の低い太陽電池を電力源にできる革命的な技術革新だ。

▼太陽電池を電力源にできるダイオードの革新性

地球のオゾン層は、太陽光に含まれる波長の短い紫外線（「ＵＶＣ」領域）を完全に遮っている。そのため、地球上の生物はこの紫外線に対する耐性を発達させておらず、人工的に発生させたＵＶＣ領域の紫外線は細菌、酵母、ウイルス、カビやキノコなどの菌類の処理や駆除に役立つ手段となっている。いまのところ、水銀ランプ、キセノンランプ、重水素ランプがおもなＵＶＣ領域の紫外線源だが、作動させるには高電圧が必要でサイズが大きいため、水銀が環境に悪影響を与えることとあいまって、消毒や空気・水の浄化手段としても生物医学にも用いられていない。『Nature』５月18日号で、谷保芳孝たち[1]は窒化アルミニウムをベースとした半導体発光ダイオード（ＬＥＤ）を用いてＵＶＣ領域の紫外線を発生させたことを報告しているが、これは革命をもたらす可能性を秘めている。このＬＥＤは、電圧の低い太陽電池を電力源にできるからだ。

一般的に、ＬＥＤは２つの異なるタイプの伝導性をもつ半導体の接合で構成されている。この２つとは電子伝導とホール伝導で、それぞれ負の電荷担体と正の電荷担体の運動に対応する。接合部で、電子とホールが再結合し、エネルギーが光の形で放射される。半導体の窒化アルミニウムインジウムガリウム（AlInGaN）を用いた効率の高い青緑色ＬＥＤは、１９９０年代初期に初めて報告された。[2]その結果、赤、青、緑の３原色すべての小型低電圧光源が初めて手に入るようになり、照明産業とディスプレイ産業に数十億ドルのマーケットが開けたのである。その後続いて、ＵＶＡ、ＵＶＢ、ＵＶＣに分類されるさらに波長の短い紫外線を放射するＬＥ

1. *Taniyasu, Y., Kasu, M. & Makimoto, T.* Nature 441*, 325-328 (2006).*
2. *Nakamura, S. et al.* Jpn J. Appl. Phys. 34*, L797-L799 (1995).*

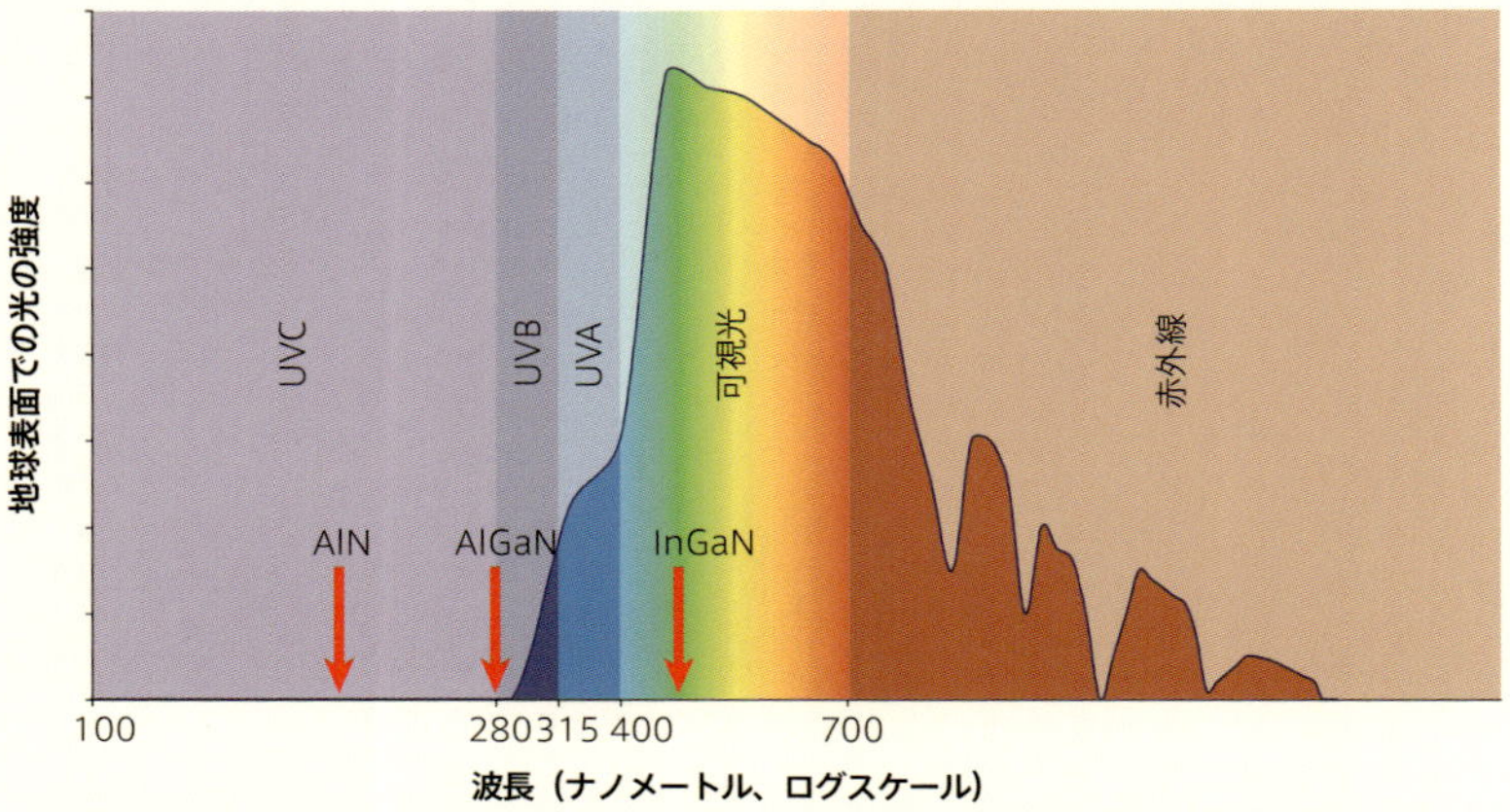

図1　太陽光スペクトルと LED
青線は紫外線から可視光を経て赤外線に至る波長における、地球大気を通過する太陽光のおおよその強度を示す。UVC 領域の短い波長の光は大気中のオゾン層によって完全に吸収され、地球上の生物はその光に対する耐性を発達させなかった。それゆえ、UVC 領域の光を放射する小規模で低出力の光源は殺菌に利用できる。これまでの研究で、青色の光を放射する窒化インジウムガリウム発光ダイオード（LED）[2]とUVB 領域の波長の紫外線を放射する窒化アルミニウムガリウムLED[4] が得られた。しかし、これまで[1]窒化アルミニウムの伝導特性を制御することがむずかしかったため、UVC 領域の波長のLED は製造できなかった。

---

3. *Kinoshita, A. et al.* Appl. Phys. Lett. 77, *175-177 (2000).*
4. *Sun, W. et al.* Jpn J. Appl. Phys. 43, *L1419-L1421 (2004).*

Dが現われた[3,4]（図1）。

青緑色LEDと紫外線LEDの双方を開発するうえでの最大の障害は、適切な光学特性をもつさまざまな窒化アルミニウムインジウムガリウム材料の伝導特性の操作がむずかしいことである。このような材料の伝導性のタイプと程度は、ドーピングと呼ばれるプロセスでシリコンやマグネシウムといった不純物を混合して制御できる。アルミニウムやガリウムを含まない窒化インジウムは可視光と紫外線を吸収し、一般的に良導体である。ドーピングによってその伝導性を操作することも比較的容易だ。同じことが窒化ガリウムにも当てはまるが、この化合物は紫外線のみを吸収し、可視光に対しては完全に透明である。

一般的に、半導体LEDが放射する光の波長は、吸収する光の波長とほぼ同じである。そして、合金中のアルミニウムの割合が多くなると、より波長の短い紫外線領域での透明度が低下する。したがって、窒化インジウムガリウムをベースとしたLEDが可視光を放射するのに対して、窒化アルミニウムガリウムや窒化アルミニウムをベースとしたLEDは、それぞれ太陽スペクトルのUVB領域とUVC領域の波長の紫外線を発生する。しかし残念ながら、アルミニウムの割合が多くなると、ドーピングのむずかしさも増す。何よりも窒化アルミニウムがむずかしく、実際のところ窒化アルミニウムは絶縁体である。

窒化アルミニウムやアルミニウムの割合の多い窒化アルミニウムガリウムを導体に変えることがむずかしい理由はいくつかある。正負の電流キャリアを余分に生成するには多くの不純物原子を混合する必要があるが、高品質の結晶窒化アルミニウム層を成長させるために必要な高温条件で起こる熱振動効果は、混合プロセスを妨げるように働く。さらに、窒化アルミニウム層はサファイアなどの非窒化物材料の上に蒸着されるので、大量の欠陥が生じ、ドーピングを妨げる。混合されたドーパント種の数が多くなりすぎても欠陥が生成され、その結果として実際に伝導性を減少させる自己補償効果が生まれる。最後に、伝導特性に対するドーピング材料の効果は、製造工程の一部で使われる水素ガスのような別の物質の効果によって補償されることがある。

▼さらに求められる効率向上と、動作電圧の低下

谷保たちは標準的な成長条件を変えて、これらの障害の克服に大きく貢献した。[1] 彼らはドーパントの量を精密に制御して自己補償を防ぎ、アニーリング工程を用いて水素などの反応ガスによる補償効果を妨げた。その結果、正負双方の電流キャリアの十分な伝導性を窒化アルミニウムに与えることができた。彼らは2つのタイプの伝導特性をもつ層を組み合わせて、波長210nmのUVC領域の光を放射するLEDを製造した。いまのところ、この波長は電流注入型のLEDのなかでもっとも短い。

このようなUVC LEDをデバイスに使用できるところまで改良するには、2つの分野での進展が必要である。第一に、効率を少なくとも100万倍向上させること、第二に、動作電圧を谷保たちが用いた25V[1]よりもずっと低くすることである。第一の点を解決するには、窒化アルミニウム層の結晶の品位を大きく向上させる必要がある。第二の点については、室温で

の伝導性を１０００倍近く向上させるために、より効率的なドーピングが必要になる。これらの課題は両方ともむずかしい。ＵＶＣ ＬＥＤに対する期待を実現するには、さらに大胆で革新的な研究が必要になるだろう。

Asif Khan はサウスカロライナ大学（米）に所属している。

不安定な反応中間体の結晶構造解析に成功

Molecular crystal balls

Seth M. Cohen　２００９年10月1日号　Vol.461 (602-603)

魔術師は、水晶玉をにらんで未来を占う。現代の化学者たちはいま、この水晶玉と似た道具を手にしようとしている。細孔性結晶という物質を上手に使って、不安定な反応中間体を捕捉し、その結晶構造をあきらかにしたのだ。

分子どうしの反応では、最終生成物ができる前に、中間体を経て進むことが多い。だがこの反応中間体は寿命が短く、不安定だ。このような一過性の化学種を特定できるのは、高速時間分解分光測定法だけだ。しかし川道らの研究チームは、今回、不安定な化学中間体を細孔性結晶材料中に捕捉することによって、その中間体の構造をX線結晶構造解析法できちんと評価することに成功した。細孔性結晶は、その内部で化学反応が生じる〝保護マトリックス〟として振る舞い、反応機構を詳細に調べられるようになるという。有機配位子分子と金属イオンの「配位ネットワーク」を利用してヘミアミナールを捕捉し、子どもたちがジャングルジムに入って遊ぶように、分子もまた、配位ネットワークの格子内で拡散し、相互作用することが可能なのだという。

▼反応中間体を細孔性結晶材料中に捕捉し、X線で構造解析する

分子どうしの反応は、最終生成物が形成される前に、中間体を経て進むことが多い。この反応中間体は寿命が短く不安定であることが多いため、限られた方法でしか特性を評価することができない。一般に、このような一過性の化学種を特定できるのは、高速時間分解分光測定法だけである。しかし、東京大学の川道《かわみち》赳英《たけひで》たちは、不安定な反応中間体を細孔性結晶材料中に捕捉することによって、その中間体の構造をX線結晶構造解析法できちんと評価することに成功した（『Nature』２００９年10月1日号６３３ページ）。このような細孔性結晶は、その内部で化学反応が生じる〝保護マトリックス〟としての役割を果たしており、反応機構を前例のない方法で詳細に調べられるようになる、と著者らは示唆している。

川道らが検討したのは「アミンとアルデヒドを結合させてシッフ塩基を形成する反応」で、有機化学の学生なら誰でも知っている基本的な化学反応だ（図1a）。この反応のメカニズムは、これまで広く研究されてきたものの、はかない中間体であるヘミアミナールが直接観察されることはめったになかった。過去に、酵素の活性サイトに捕捉されたヘミアミナールの結晶構造が報告されているが、[2] タンパク質結晶中における構造決定では、反応中間体を評価する一般的な方法とはいえない。

川道らは、[1] 有機配位子分子と金属イオンの「配位ネットワーク」を利用して、ヘミアミナールを捕捉した。細孔性配位高分子（porous coordination polymer）または金属-有機フレームワーク（metal-organic framework）としても知られる配位ネットワークは、通常、分子成分

1. *United Nations Population Division.* Replacement Migration: Is it a Solution to Declining and Ageing Populations? *(United Nations, 2002).*
2. *Lesthaeghe, R. & Willems, P.* Pop. Dev. Rev. 25, *211-228 (1999).*

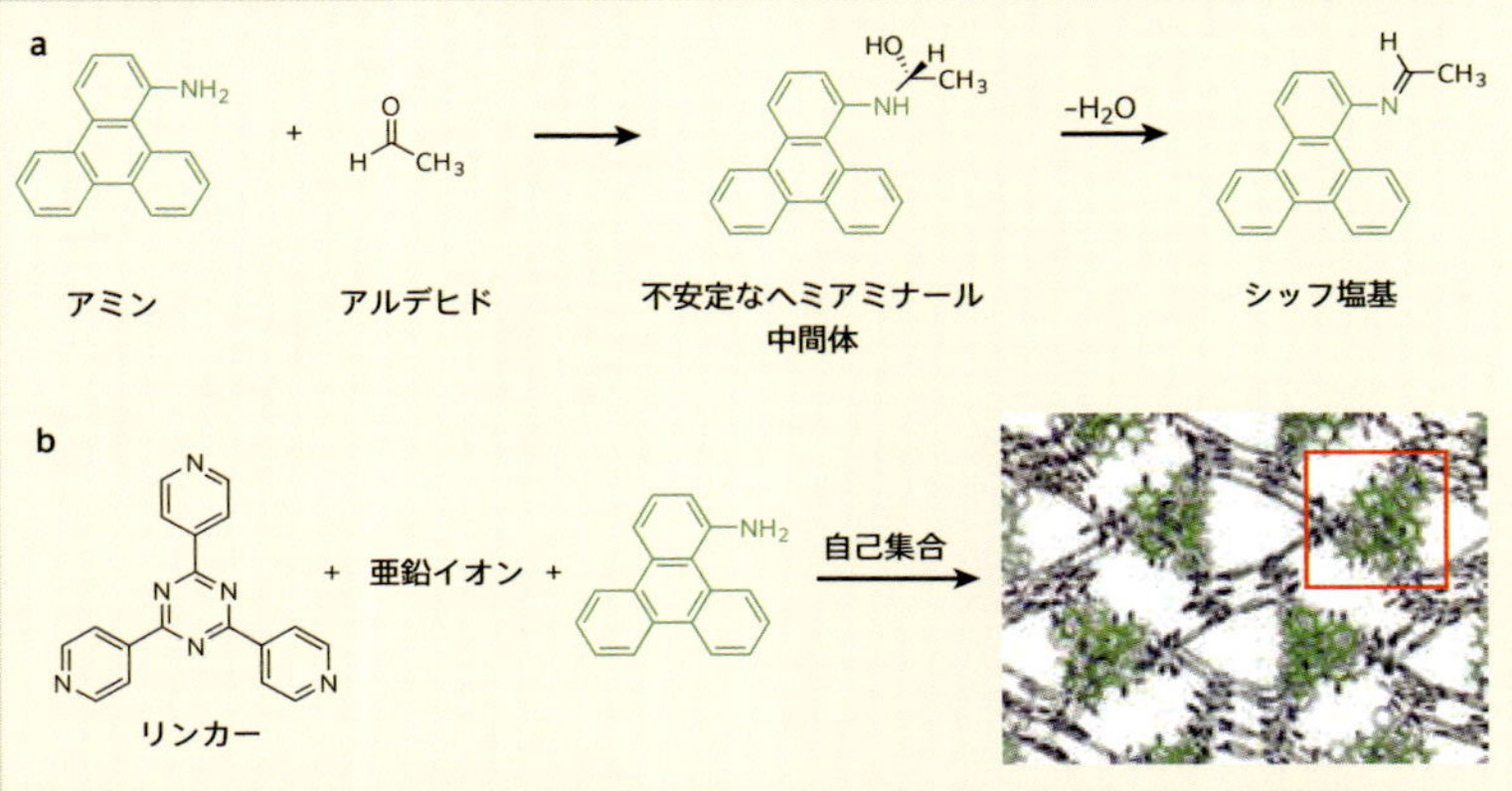

図1　ネットワークに捕まる
a：川道らは[1]、アミンとアルデヒドからシッフ塩基を生成する反応において、過渡的に形成される捕捉困難なヘミアミナール中間体の結晶構造を安定化し、観察することに成功した。
b：低温において、結晶性配位ネットワーク（かごのような分子構造）の限られた規則的な空間の中で、化学反応を起こさせ、このような構造を観察した。構成要素（有機「リンカー」分子、およびリンカーどうしを結ぶ結節点として働く亜鉛イオン）からネットワークが自己集合的に形成する際、アミン反応物をゲスト分子としてネットワーク内に捕捉しておいたのだ。右下のネットワーク構造において、緑色で示しているのがアミン。その1つを赤い四角で強調している。

から自己集合体を形成する固体結晶性の材料だ（図1b）。この材料はジャングルジムとよく似た格子構造をとり、有機配位子（リンカーとして知られる）がジャングルジムの棒、金属イオン（結節点）が棒どうしを接続する固定金具に相当する。したがって、ほとんどが空の空間で構成される大きな構造体となる。子どもたちがジャングルジムに入って遊ぶように、分子もまた、配位ネットワークの格子内で拡散し、相互作用することが可能なのだ。

▼ネットワークによる「安定化」と構造自体の「結晶性」が鍵

ヘミアミナールの観察に成功したのは[1]、ネットワークの2つの特徴をうまく活用したからだった。1つ目は、低温でヘミアミナール中間体を「ゲスト」分子の一部として細孔内に捕捉し、保護された閉鎖空間内でその中間体種を安定化させたこと。2つ目は、ネットワーク構造自体の結晶性が高いため、捕捉された分子もまた特定周期の配列をとることだ。このため、X線結晶構造解析によって捕捉分子の特性評価が可能になった。

具体的には、ゲスト分子としてアミンが強く結合した配位ネットワークの完全な結晶に、低温で、アルデヒド溶液を静かに注いでヘミアミナールを形成させた。この操作を、あらかじめ結晶をディフラクトメーター（回折計）の上に固定化した状態で行なったため、直接ヘミアミナールの構造を決定することができた。化学反応がネットワーク内に限られているので、ヘミアミナール種のX線結晶構造解析も、ネットワーク自体の構造決定と同じくらい容易にできたわけだ。そのあと結晶の温度を上げて、その構造を再度決定した。このとき結晶内で反応が進

3. *Myrskylä, M., Kohler, H.-P. & Billari, F. C.* Nature 460, *741-743 (2009).*
4. *United Nations Development Programme.* Statistics of the Human Development Report *http://hdr.undp.org/en/ statistics/indices (2008).*

み、予想どおりシッフ塩基生成物ができていることが観察できたのである。

配位ネットワーク結晶を可溶性化学試薬で修飾するという川道らのプロセスは、近年、化学者の注目を集めている「合成後修飾」という手法の一例だ。[3,4] この種のネットワーク自体や、そうしたネットワーク内で高秩序構造を損なわずに起こりうる化学反応について、研究するグループが増えている。しかし、ほとんどの報告は、合成後修飾を利用して新たな特徴や機能をもつネットワークを作り出しているのに対して、川道らは、まさに賢明にも、配位ネットワークから明確な規則的閉鎖空間が得られること、そして、そのなかで化学反応を起こすことができるところに、ターゲットを絞り込んだのである。同じグループは、過去の研究[5]において、このネットワークの特性を「単結晶分子フラスコ」と呼んで、その重要性を強調していた。今回の配位ネットワーク[1]利用は、これまでの研究[6]を、論理的かつ独創的に拡張したものである。前回の研究は、やはり有機配位子と金属イオンからなる「個別分子カプセル」のなかで、化学反応性に通常とは異なる制御を加えた研究だった。

川道らの手法は、すべての反応中間体を評価できる万能の方法というわけではない。たとえばこの手法で研究できるのは、いくぶん壊れやすい配位ネットワークを劣化させないような反応（あるいはネットワークを劣化させないような条件で起こる反応）だけである。それでもなお、川道らは、配位ネットワークの合成後修飾が、化学反応中に形成される一過性中間体の単離や特性評価に広く応用可能なツールであると説明している。[1] 今後の研究によって、細孔性ネットワーク内に固定化されたほかの一過性中間体（有機中間体、おそらくは有機金属の中間体であろう）の構造もあきらかになるかもしれない。また、こうした結晶内で化学反応を行なうことによって、溶液中とは異なる新しいパターンの化学反応性[7]があきらかになるかもしれない。さらに、配位ネットワークの合成後修飾は、現実世界での応用にもつながっていくだろう。配位ネットワーク材料の安定性や機能が強化されれば、たとえば水素などの代替輸送燃料用貯蔵タンクなどにも使えるだろう。

Seth M. Cohen はカリフォルニア大学サンディエゴ校（米）化学・生化学科に所属している。

カーボンナノチューブ・トランジスタへの道

ELECTRONICS: The road to carbon nanotube transistors

Aaron D. Franklin　２０１３年６月27日号　VOL.491

カーボンナノチューブ（ＣＮＴ）を精製し、適切に配置することが、ＣＮＴ電子デバイス作製上の課題である。この分野の進展は著しく、高純度・高密度ＣＮＴトランジスタ技術が実現に向かっている。

トランジスタは、現状より小型化するとシリコンでは作製不可能だ。シリコンに替わる材料として、単層カーボンナノチューブ（ＣＮＴ）という直径約１㎚の微小な円筒状分子での作製試案がある。だがＣＮＴは、精製と配置のむずかしさがある。そこに、画期的な高純度半導体ＣＮＴアレイ作製法が開発された。ＣＮＴには金属ＣＮＴと半導体ＣＮＴがあり、通常の作製法だとこれらの混合物が生成する。そこで研究者たちは、チップ上のＣＮＴアレイから、半導体ＣＮＴを傷つけることなく、金属ＣＮＴだけを除去する方法を選択。有機レジスト膜をコーティングしたＣＮＴアレイに電場を印加すると、金属ＣＮＴだけに電流が流れてその部分だけ膜に亀裂が入り金属ＣＮＴがむき出しになる。露出した金属ＣＮＴを酸素プラズマを使って除去できる。

▼シリコンに代わる材料探索下に現われた「CNT」

科学者や技術者は、50年近くにわたって、シリコントランジスタ（すべての計算を担う構成要素）を小型化することによって何とか技術革新を推し進めてきた。今、トランジスタは、これ以上小型化するとシリコンでは作製不可能になるという根本的な限界に近づきつつある。このため、現在、シリコンに代わる材料が探索されている。もっとも有望な選択肢の1つとして、単層カーボンナノチューブ（CNT）という直径約1nm（ナノメートル）の微小な円筒状分子でトランジスタを作製するアプローチがある。だが、CNTには精製と配置がむずかしいという欠点があるため、CNTトランジスタへの道が阻まれてきた。ところが最近、Jinら[1]によって画期的な高純度半導体CNTアレイ作製法が開発されるなど、CNTの精製方法と配置方法にかなりの進歩が見られ、CNTエレクトロニクスの未来に光が射しつつある。

CNTトランジスタには、低電圧で動作可能なのでチップ電力の節約が可能[2]、CNTチャネルの長さが10nm未満でも並外れた性能を示す[3]という特長があることから、コンピューティング技術にCNTトランジスタを利用しようとする動きが高まっている。CNTには大きく分けて金属CNTと半導体CNTの2種類が存在する。通常の作製法だとこれらの混合物が生成するため、純粋に半導体ナノチューブだけを分離することが大きな関心事となっている。1個のチップ上に数十億個ものトランジスタを集積する高性能論理素子の場合、不純物（つまり金属CNT）の割合を0・0001パーセント未満に抑える必要があるだろう。統計分析によると、全CNTの33パーセントは金属CNTとのこと。したがって、0・0001パーセント未満と

1. *Jin, S. H. et al.* Nature Nanotechnol. 8, *347-355 (2013).*
2. *Ding, L. et al.* Appl. Phys. Lett. 100, *263116 (2012).*
3. *Franklin, A. D. et al.* Nano Lett. 12, *758-762 (2012).*

いう数値は、気の遠くなるような目標といえる。

Jin[1]らは、チップ上のCNTアレイから、半導体CNTを傷つけずに金属CNTだけを選択的に除去する方法を開発した。まず土台となる基板上に、長いCNTを平行に配置したアレイを作製した後、アレイの両端に電極を形成した。次に、熱変動に敏感な厚さ25nmの特殊有機レジスト膜でCNTアレイをコーティングした。CNTに電流が流れるとジュール熱が発生するため、その部分だけレジスト膜が変質する。すると、レジスト膜に亀裂が入って溝ができ、CNTがむき出しの状態になる。Jinらは、こうした有用な熱物理学的現象が起こるレジスト材料を「サーモキャピラリー・レジスト」と呼んだ。重要なのは、CNTアレイに電場を印加すると、金属CNTだけに電流が流れ、半導体CNTは電気的にオフ状態になることだ。したがって、金属CNTの真上だけに溝が形成され、金属CNTのみが露出することになる。露出した金属CNTは、酸素プラズマを使って除去することができる。

この手法の利点は、(1)金属CNTのみを高い選択性で除去できる、(2)CNTの直径の影響を受けない、(3)不要な金属CNTを全長にわたって除去できることだ。これまでの方法では、3項目をすべて満たすことができなかった。Jinらの手法に電磁誘導加熱を適用すれば、金属CNTに電流を流すための金属電極が不要になるかもしれない。

▼2020年の要求性能を実現するにはCNTこそが

CNTトランジスタの究極の目標という視点から見れば、Jinらの画期的な成果について議論しやすいだろう。業界展望では、２０２０年代初頭までに最小加工寸法７nm未満のトランジスタの生産が見込まれている。こうした用途向けにもっとも実現可能性の高い選択肢が、ＣＮＴだ。溶液分散系での半導体ＣＮＴ単離技術に多くのブレークスルーがなされ、[4] ２０２０年までに目標純度（０・０００１パーセント）達成の流れに乗るような有望な進展が見られた（図１）。しかし、こうした全溶液系プロセスは、ＣＮＴ配置技術との相性が課題になる。これに対して、Jinらのサーモキャピラリー・レジスト法は、すでにアレイ状に配置したＣＮＴに適用されるので期待が持てる。ただし、ＣＮＴの高密度化に対応できるよう、レジストを薄く、溝の幅（現時点で２５０nm）を狭くするなどの改良が必要である。Jinらの手法は、高密度化がそれほど要求されないディスプレイ用薄膜トランジスタなどの用途には優れたアプローチで、高性能ＣＮＴトランジスタ技術へと発展する可能性がある。

　工学的応用の場合、要求される電流を流すために、各トランジスタに何本かの平行ＣＮＴチャネルを配置する必要があるだろう。したがって、狭い間隔（ピッチ）で密にＣＮＴを配置して、トランジスタ幅当たりの電流を最大にしなければならない。石英基板上にＣＮＴを成長させる方法は、[5] 高い密度（１µm当たり最高55本）の平行ＣＮＴが得られるため、非常に好都合である。しかし、その方法ではＣＮＴの間隔を等間隔にできず、トランジスタ当たりのＣＮＴチャネル数が一定となるような高密度集積システムを実現できない。

　２０００年代半ば、ＣＮＴを特定分子でコーティングすれば、さまざまな表面との引力を調節できることが示された。[6] 最近、この性質を活用することによってＣＮＴ間の距離を制御し、

4. *Liu, J. & Hersam, M. C.* MRS Bull. 35, *315-321 (2010).*
5. *Wang, C. et al.* Nano Res. 3, *831-842 (2010).*
6. *Hannon, J. B., Afzali, A., Klinke, C. & Avouris, P.* Langmuir 21, *8569-8571 (2005).*

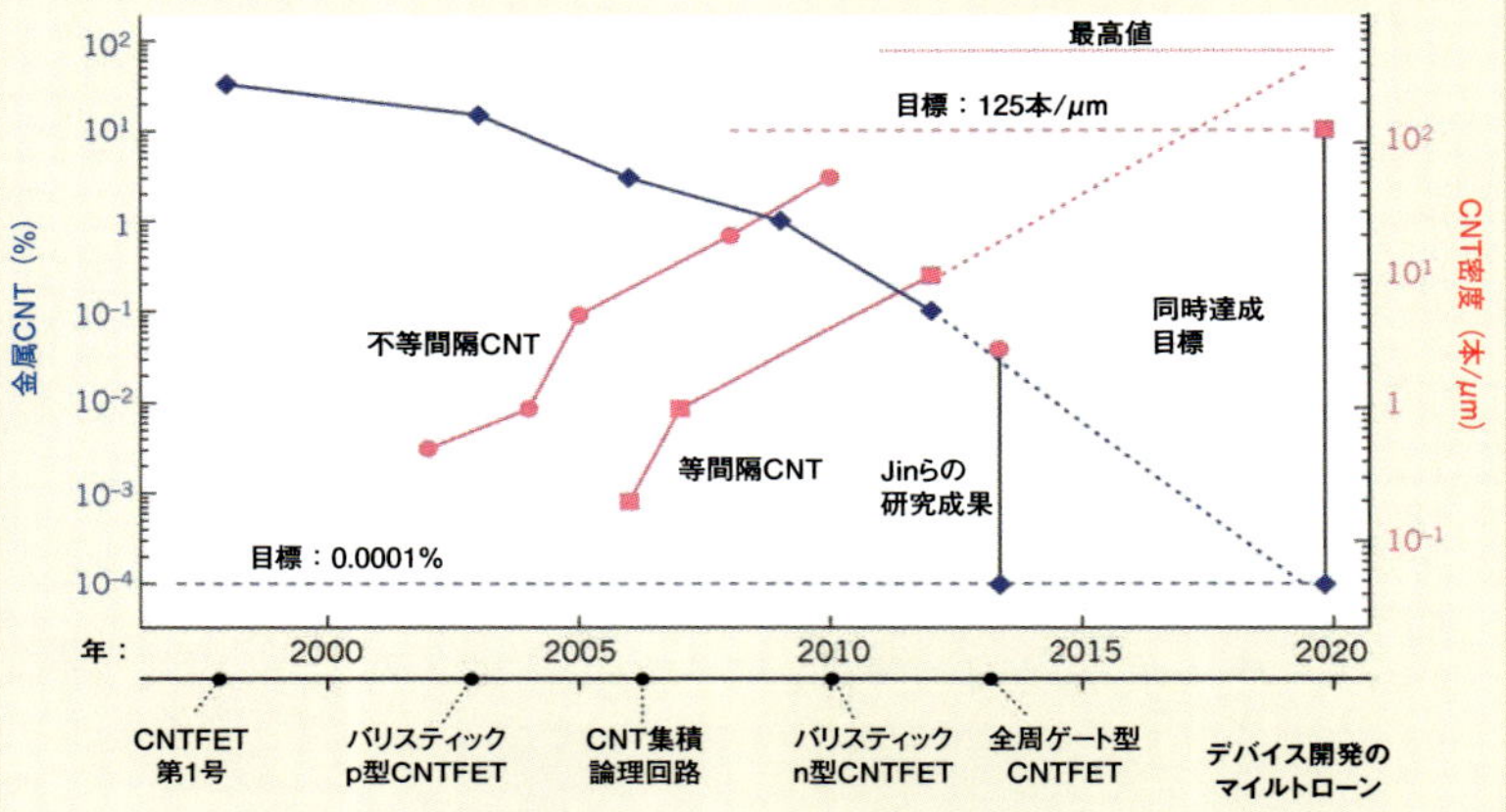

図1　カーボンナノチューブ（CNT）トランジスタの目標
グラフは、1998年にCNT電界効果トランジスタ（CNTFET）が初めて実証されてから、CNTトランジスタ技術がどのように進歩してきたかを表わす。半導体CNT材料の純度は、金属CNT不純物の割合をプロットすることによって表わした。CNT配置密度は、CNTの間隔（ピッチ）が等しい場合と、そうでない場合について示した。CNTを隙間なく詰めれば1μm当たり最高で500本配置できるが、目標は1μm当たり125本と定められている。過去10年間の高純度化と高密度化の傾向は、このペースで科学的な努力が続けられれば、2020年になる前に目標を達成できることを示唆している。Jinらの手法は、配置の点ではほどほど（CNTは等間隔でなく、密度もそれほど高くない）だが、純度の点では非常に優れている[1]。最終的には、純度0.0001%未満を実現する手法と125本／μm以上の等間隔CNTを実現する手法が両立可能でなければならない。

最高密度10本／㎛でCNTを配置できることが報告された。[7] 等間隔CNTの高密度化の傾向を見ると、半導体CNTの高純度化の傾向と同様、2020年になる前に基本目標の125本／㎛を達成できそうな勢いが読み取れる（図1）。

シリコンベースのデバイスでは2020年の要求性能を実現できないことを、われわれは何年も前から知っている。[8] 図1に示した過去10年間の軌跡から推測すれば、CNTなら間に合うことがうかがえる。だが、科学界の相当な努力がなければ、この傾向は間違いなく横ばいに転じるだろう。要求される目標はどれも根本的に達成不可能とは言えないが、十分な取り組みなくしては達成できない。Jinらの研究のように多くの発見をもたらす科学的取り組みが、世界的規模で持続的に、いやいっそう盛んに行なわれることが不可欠だ。うまくいけば、10年もしないうちに、この「News & Views」記事がCNTトランジスタ駆動の電子機器を使って読まれるようになるかもしれない。道は目の前にある。要は、その道を選ぶかどうかだ。

Aaron D. Franklin はIBM・TJワトソン研究センター（米）に所属している。

7. *Park, H. et al.* Nature Nanotechnol. 7*, 787-791 (2012).*
8. *Service, R. F.* Science 323*, 1000-1002 (2009).*

結晶化せず分子構造を決定の「結晶スポンジ法」

One size fits most

Pierre Stallforth & Jon Clardy　２０１３年3月28日号　Vol.495 (456-457)

「結晶スポンジ」を使うと、小さな分子を規則正しく配列させせることができ、サンプルを結晶化させずにX線結晶構造解析法で分子構造を解明できることが実証された。しかも、サンプルもナノグラムオーダーの微量化合物ですむという。

分子の構造を解明するには、X線結晶構造解析法ほど優れたものはない。ただ、1mgに満たないサンプルを結晶化することはむずかしい。猪熊らの研究グループは、この問題を克服する「結晶スポンジ法」という、驚くほどシンプルな手法でサンプルの結晶化を回避した。まず、多孔性のホスト結晶を作製。ホスト結晶は無数の穴が互いにつながった構造をとっており、サンプル溶液から小分子を吸い上げることができる。小分子がホスト結晶の穴に捕捉されるのにちょうどいいサイズと形状をもつ場合、ホスト結晶内部で小分子が規則正しく配列するため、X線結晶構造解析法でその分子構造を調べることが可能になる。その結果、ng（ナノグラム）オーダーの微量化合物でも、X線結晶構造解析が可能になったのだ。

▼サンプルの結晶化が必要なＸ線結晶構造解析法

科学の世界では、分子など目に見えないものの形や様子が普通に説明される。そうした分子の構造を実際にあきらかにする方法はいくつかあるが、Ｘ線結晶構造解析法ほど優れたものはない。[1]ただ、この解析法は、サンプルがほんの少量しか得られない場合、サンプル調製も解析もむずかしくなる。しかし今回、猪熊泰英《いのくまやすひで》らは、こうした問題を克服する「結晶スポンジ法」という新しい手法を報告した。[2]この手法のおかげで、Ｘ線結晶構造解析の適用範囲は大幅に拡大するだろう。

Ｘ線結晶構造解析は、抗生物質、工業用触媒、人工甘味料、脳内で信号として働く神経伝達物質など、多くの小分子の構造解明に不可欠である。Ｘ線結晶構造解析に関する論文が雑誌のインパクトファクターに大きな影響を及ぼすことからも、この解析法の重要性がわかる。たとえば、小分子Ｘ線データの解析にもっとも広く用いられるプログラムに関する論文が[3]２００８年に発表されると、発表年には２・０５であったその雑誌のインパクトファクターは、２００９年に49・９３、２０１０年に54・３３に急上昇した。その後、２０１１年には２・０８まで落ち込んでいる。

これほど大きな注目を集めるＸ線結晶構造解析だが、意外にも大きな欠点がある。それはサンプルの結晶が必要だという点だ。結晶中では、分子が規則正しい繰り返し配列をとることによって、そこに照射されたＸ線が、その繰り返し単位に応じた回折を示す。そこで回折を受けたＸ線を回折点として測定し、その強度データをコンピュータで処理することにより、結晶中

1. *Blow, D.* Outline of Crystallography for Biologists *(Oxford Univ. Press, 2002).*
2. *Inokuma, Y. et al.* Nature 495*, 461-466 (2013).*
3. *Sheldrick, G. M.* Acta Crystallogr. A 64*, 112-122 (2008).*

の分子の画像が生成される。ところが、結晶化していない分子の場合、分子構造を決定するための十分な回折点が得られず、この構造決定手法はほとんど役に立たなくなってしまうのだ。

もちろん、質量分析法や核磁気共鳴法など、別の手法を用いて分子構造を求めることもできる。だが、それらは、候補を除外する推論過程を経て分子構造を絞り込んでいく手法であり[4,5]、分子像が得られるX線結晶構造解析法とは根本的に異なる。しかし、質量分析法や核磁気共鳴法のメリットは、X線結晶構造解析法よりもはるかに少ないサンプルで測定できること、そして何より重要なのは、サンプルの結晶化が不要なことだ[6]。

単結晶X線解析法は、シンクロトロンによる高強度X線ビーム、散乱されたビームを測定する効率のよい方法、分子像を作成するコンピュータ処理に有効なアルゴリズムといった技術開発の恩恵を受けてきた。こうした進歩のおかげで、測定に必要な結晶サイズは小さくてすむようになった。しかし、結晶が不要かどうかまで検討した例はこれまでなかった。結晶の作製は、わずかな一般原則と膨大な試行錯誤に基づく作業であり、知的技能よりも職人的技能が求められる。サンプルは、少量しか得られないことがほとんどであるため、結晶化は困難を極める。通常、1㎎に満たないサンプルを結晶化することは非常にむずかしい。

▼サンプルの結晶化が必要ない「結晶スポンジ法」

今回、猪熊らは、「結晶スポンジ法」という驚くほどシンプルな手法でサンプルの結晶化を回避した。まず、多孔性のホスト結晶を作製する。ホスト結晶は、内部で無数の穴が互いにつ

4. *Nuzillard, J.-M. & Massiot, G.* Tetrahedron 47, *3655.3664 (1991).*
5. *Lederberg, J. et al.* J. Am. Chem. Soc. 91, *2973-2976 (1969).*
6. *Molinski, T. F.* Nat. Prod. Rep. 27, *321.329 (2010).*

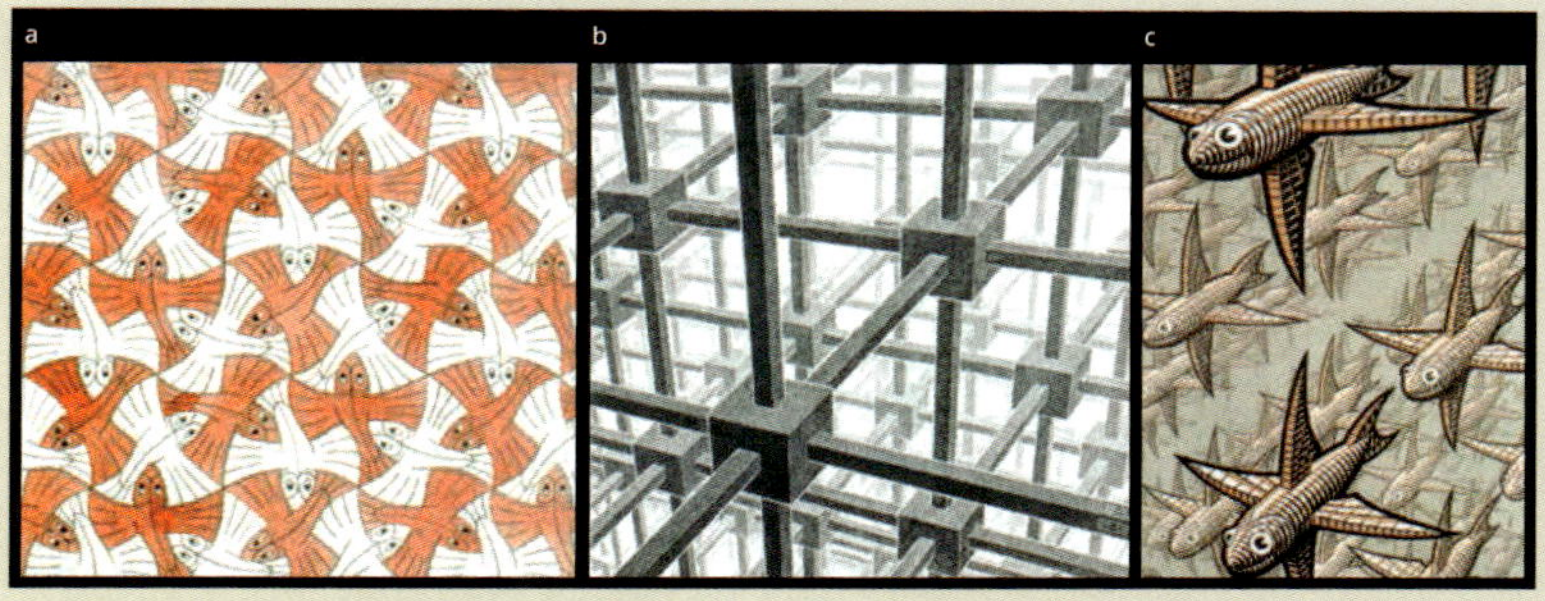

図1　骨格が秩序を作る
M. C. エッシャーの絵画は、さまざまな結晶構造の特徴を表わしている。
a：たいていの結晶は、Symmetry Drawing の魚のように分子がぎっしり詰まっている。
b：しかし、結晶スポンジは、Cubic Space Division に見られるような規則正しく穴のあいたネットワーク構造をとる。
c：猪熊ら[2]は、分子を結晶スポンジの穴の中に捕らえることによって、Depth の魚に似た配列で分子を格子状に並べた。これにより、ナノグラムオーダーの微量化合物のX線結晶構造解析が可能になった。
[The M.C. Escher Company;www.mcescher.com]

ながった構造をとっており、サンプル溶液から小分子を吸い上げることができる。小分子がホスト結晶の穴に捕捉されるのにちょうどいいサイズと形状をもつ場合、ホスト結晶内部で小分子が規則正しく配列するため、X線結晶構造解析法でその分子構造を調べることが可能になる。

混雑する空港の出発ゲート前の様子を考えると事情がよくわかる。出発ロビーには、座席が二次元格子状に配置されている。搭乗客は、いろいろな入り口から空港に入り、別の便の搭乗客と混ざり合いながら通路や施設を通って出発ゲート前ロビーに向かってくる。そして、出発の少し前の段階では、出発予定の便の乗客だけが席の大部分を占めるわけだ。このたとえでは、規則正しく配置された空の座席が、ホスト結晶中の穴に相当する。正しい搭乗券をもつ乗客、つまり適切な形状をもつ分子だけが、しかるべき場所に落ち着くことができる。

猪熊らがホスト結晶として用いた材料は、金属有機構造体、多孔性材料など、いろいろな名前で呼ばれているものだが、今回の用途には結晶スポンジと呼ぶのがもっとも適当と思われる。[7] 結晶スポンジの構造は、M・C・エッシャーのモザイク画のような、球体がぎゅうぎゅうに詰め込まれた構造の図（図1a）ではない。むしろ、建設中のビルの足場のようなもので、内部に空洞がある（図1b）。この図で、桁が交差する部分は金属原子に相当し、桁は長く剛直な直鎖状有機分子に相当する。内部の空洞の特性は、接続基の特性（長さなど）に依存する。

分子を選択的に吸収するよう結晶スポンジを設計できることは、すでに知られていた。今回、猪熊らは、適度の無選択性（特定のものだけを選択する性質の逆）をもつ結晶スポンジについて報告している。こうした結晶スポンジは、さまざまな形状の分子を収容する無選択性と、一方向を向いた状態で分子を保持する選択性を併せもつ。また、分子は、可逆的な結合が可能な程度に緩く閉じ込められる。このため、分子はいろいろな結合方向を試したあと、エネルギーが最低になる結合方向へと落ち着く。つまり、結晶スポンジは、ゲスト分子の大部分を溶液から引っ張り出して、規則正しい配列で保持することができる。だから、X線結晶構造解析法で明確な分子構造が得られるのだ（図1c）。

▼ごく微量なサンプルでも分子構造をあきらかにする

7. *Kitagawa, S., Kitaura, R. & Noro, S.-I.* Angew. Chem. Int. Edn 43, *2334-2375 (2004).*

猪熊らは、結晶スポンジ法を用いて、さまざまな分子の構造を見事に解明した。ほかの方法では、完全な解析が不可能だった天然物ミヤコシンAの構造も、解明できた。また、研究者の1人が被験者となったブラインド試験では、6種類の分子構造を正しく決定できた。さらに驚異的なのは、解析に必要なサンプル量を、従来のX線結晶構造解析法に必要な量の約1000分の1まで減らせることである。

ただし、何パーセントの分子に結晶スポンジ法を適用できるのかは、いまのところ不明である。また、分子はスポンジの穴にぴったり収まる必要があるが、ミヤコシンAは今回の結晶スポンジを利用できる上限のサイズに近いようである。今後、結晶スポンジ法が広く採用されるためには、猪熊らが開発した結晶スポンジを、たとえば供給業者から、容易に入手できるようにする必要がある。ただ、今回の初期成果が一般に適用可能になれば、新しい分子構造の報告が増え、新しい結晶スポンジがどんどん合成されるようになるだろう。そんな時代が目に浮かぶ。近い将来、研究者たちは、分子を結晶化するなんて面倒なことはしなくてすむようになる。結晶スポンジセットを使って分子を吸収すればいいからだ。どのスポンジを使えばもっとも明瞭な分子像が得られるか、X線解析でどんどん試していけばいい。

Pierre Stallforth と Jon Clardy はハーバード大学医学系大学院（米）生化学・分子薬理学科に所属している。

環境に優しい電気分解製鉄法

Iron production electrified

Derek Fray　２０１３年5月16日号　Vol.497 (324-325)

科学者たちは長い間、電気を使って溶融酸化鉄から鉄と酸素を作ることを夢見てきた。今回、高温と腐食性化学物質に耐えるアノード（陽極）材料が開発され、電気分解による製鉄工程に使えるかもしれない。

鉄の製造工程では、CO_2 が発生する。２０１１年、全世界の鉄生産量は約10億ｔだが、大気中の CO_2 増加量の約５パーセントは、製鉄工程に伴うものだ。研究者たちはこのたび、安価なアノード（陽極）材料を用いて、電気分解（電解）で鉄鉱石を還元する方法を開発した。これは、CO_2 排出の低減につながり、環境に優しい製鉄法が実現するかもしれない。彼らはすでに、電解質に溶けにくい表面酸化物膜を形成する金属合金の候補として、１２００℃以上でも酸化物を形成しないイリジウムがアノード材料として適当なことを見いだしていた。今回、安価なクロム－鉄合金を調べ、溶融電解質中における酸化鉄還元に必要な条件で、この合金がアノード材料として酸化に耐えることが発見されたのだ。

▼電気分解で鉄鉱石を還元し、CO_2の排出を抑える

２０１１年の世界の鉄生産量は約10億ｔである。[1] 残念なことに、鉄の製造工程では二酸化炭素（CO_2）が発生し、その量はこの年の大気中CO_2増加量の約５パーセントを占めている。[1] ただ、これは鉄１ｔ当たりのCO_2発生量が多いからではない。ほかの金属と比較すると、鉄の製造工程におけるCO_2発生量はむしろ低いほうだ。大気中CO_2への影響がこれほど大きいのは、鉄の生産量自体が膨大だからである。Antoine Allanoreら[2]はこのたび、安価なアノード（陽極）材料を用いて、電気分解（電解）で鉄鉱石を還元する方法を開発した（『Nature』２０１３年５月16日号３５３ページ）。この研究成果を利用すれば、CO_2排出低減につながる環境に優しい製鉄法が実現するかもしれない。

製鉄工程では、普通、１６００℃の溶鉱炉のなかで、鉄鉱石（酸化鉄）が炭素によって化学的に還元される。その結果、炭素で飽和した液体の鉄と、CO_2と一酸化炭素（CO）の混合ガスが生成する。[3] 生成したCOは通常、燃やされて熱とCO_2に変わる。溶鉱炉から取り出した鉄（銑鉄《せんてつ》）は、炭素が多く含まれていて脆《もろ》く、用途は少ない。有用な鉄鋼製品を得るためには、銑鉄中の炭素をCO_2やCOとして除去し、炭素とともに混入した不純物を取り除く工程が必要である。

別の製鉄法として、酸化鉄を水素で還元する方法がある。その水素を発生させるおもな方法には、メタンと水を反応させる方法と水を電気分解する方法があるが、[3] いずれにしても、水素発生過程と酸化鉄還元過程の２段階が必要になる。論理的には、ここでの水素発生過程を

1. *www.worldsteel.org*
2. *Allanore, A., Yin, L. & Sadoway, D. R.* Nature 497,*353-356 (2013).*
3. *Habashi, F.* Handbook of Extractive Metallurgy *(Wiley-VCH, 1997).*

図1　電気分解（電解）による金属の抽出
アルミニウム製錬所を見れば、電解槽の部品は、過酷な状況に耐えなければならないことがよくわかる。今回 Allanore ら[2]が開発したアノード材料は、高温と腐食性化学物質に耐えることができ、電気分解による製鉄工程に使えるかもしれない。

省略して、酸化鉄を1段階で還元できる製鉄法のほうが好ましいことになる。だから、Allanore らの方法のように、電気で鉄鉱石を直接還元する方法は理にかなっているわけだ（図1）。

還元反応の条件としては、金属生成物（鉄）と電解質（酸化鉄を溶かす材料）の両方が液体として存在する条件が好ましい。その理由は、液体のほうが固体よりも一般的に扱いやすいからである。液体の生成物が好ましい理由はもう1つある。溶融電解質から固体の鉄が析出する場合、酸化されやすい微粉末状の鉄ができてしまうのだ。すると、目的の反応が逆戻りしてしまうおそれがある。これらのことをすべて合わせて考えると、酸化鉄から液体鉄（炭素を含まない）と酸素を生成する電気分解方法を開発することが、全体的な課題となる。

酸化鉄は、金属酸化物の融液にただちに溶解し、おもにイオン伝導性の混合物を形成する。この混合物中では、鉄は鉄（II）イオンまたは鉄（III）イオンとして存在する。この融液から液体金属が分離しても、固体金属析出の場合ほど大きな問題は起こらないと考えられる。そこで、開発のおもな課題は、適切なアノード材料を見いだすことになる。アノードは、導電性が高くなければならず、融液の影響や1600℃における遊離酸素の影響で変質してはならない。そうしたアノード材料の候補としては、金属、導電性セラミックス、サーメットの3種類が考えられる。金属は、概して、導電性は高いが酸化される可能性がある。導電性セラミックスは、融液に溶解してしまう可能性があり、展性がない。サーメットは、金属とセラミックスの混合物である。[4]

▼安価なアノード材料を見つける

今回Allanoreらが集中的に研究したのは、電解質に溶けにくい表面酸化物膜を形成する金属合金だった。過去に同じ研究グループが、1200℃以上でも酸化物を形成しないイリジウムがアノード材料として適当であることを報告している。[5] つまり、電気分解中、イリジウムは酸化によって腐食することなく、金属の状態を維持し続けるのだ。だが、イリジウムは高価で希少なので製鉄工業には使えない。

Allanoreらは今回の研究で、安価なクロム－鉄合金を調べた。そして、溶融電解質中における酸化鉄還元に必要な条件で、この合金がアノード材料として酸化に耐えることを見いだし

4. *Sadoway, D. R.* J. Metals 53, *34-35 (2001).*
5. *Kim, H., Paramore, J., Allanore, A. & Sadoway, D. R.* J. Electrochem. Soc. 158, *101-105 (2011).*

たのだ。この合金のもう1つの利点は、アノード溶解が起こらないので不要な物質が鉄中に混入しないことである。じつを言うと、微量のクロムの混入は好都合である。鉄の酸化を遅らせるためにクロムを添加する場合が多いのである。

クロム-鉄合金が酸化されると、表面に酸化物膜が形成される。この膜の主成分は、通常は、合金に含まれる元素の酸化物である。ところが、Allanoreらの研究では意外な現象が見られた。電気分解中に形成された酸化物層は、酸化クロムと酸化アルミニウムの固溶体だったのだ。この酸化アルミニウムは、電解質に由来する。電解質は、酸化鉄（III）、酸化カルシウム、酸化アルミニウム、酸化マグネシウムの混合物なのである。

さらに不思議なことに、電圧をかけずにクロム-鉄アノードを電解質に浸すと、酸化カルシウムと酸化アルミニウムからなる別の混合層が、酸化クロム-酸化アルミニウム層の上に形成された。この観察結果は従来の酸化理論に反するものだ。ひょっとすると、電圧をかけると正電荷をもつカルシウムイオンがアノードの正電位に反発して、表面酸化物に含まれないようになるのかもしれない。

今回の研究結果を受けて、酸化鉄の電気分解用の安価な合金の開発がさらに進むだろう。また、試験的な大型反応槽についても、設計方法が検討されるようになるだろう。しかし、Allanoreらの成果を商業利用で可能にするには、なお相当な技術開発が必要である。たとえば、従来の製鉄工程の化学反応は3次元的に起こるが、電気分解反応は常に電極表面で2次元的に起こる。したがって、電解反応槽で溶鉱炉の空時収量（単位時間、単位空間当たりの収量）に対抗するのはむずかしいだろう。

また、アノードとカソード（陰極）の距離が長すぎると電解質における電圧損失が大きくなり、逆に短すぎると、各電極で生じる生成物（鉄と酸素）が接触して反応し、酸化鉄が再生成されてしまうおそれがある。このため、電解槽の設計の際、両極が適度な距離となるよう調節する必要がある。さらに、高い生成速度を維持するためには、系の電流密度を高く維持しなければならない。

なすべきことは山のようにあるが、理論的には、既存技術よりも環境に優しい工程が実現する可能性がある。こうした電気分解法は、鉄以外の金属の抽出にも適用できるかもしれない。ほかにも、おもしろい分野への応用が期待される。このプロセスを金属酸化物から酸素を作る方法として見れば、宇宙探査に非常に役立つ技術になる。もしこの方法を月で実施したら、生成した酸素は、ロケットに必要な燃料－酸素混合物に使えるし、生命を維持するためにも使えるのだ。[6,7] これによって、人類の「太陽系への移住」構想も現実味を増すかもしれないというわけだ。

Derek Fray はケンブリッジ大学（英）材料科学・冶金学科に所属している。

6. *Sanderson, K.* Nature *http://dx.doi.org/10.1038/news.2009.803 (2009).*
7. *Schwandt, C., Hamilton, J. A., Fray, D. J. & Crawford, I. A.* Planet. Space Sci. 74*, 49-56 (2011).*

カーボンナノチューブでコンピュータを試作

The carbon-nanotube computer has arrived

Franz Kreupl　２０１３年９月26日号　Vol.501 (495-496)

シリコン製トランジスタよりもエネルギー効率が高いとされる、カーボンナノチューブ製トランジスタを使ったコンピュータが製作され、複数本の半導体ナノチューブを平行に配置した各トランジスタは、完璧に動作したという。

次世代のマイクロチップとして注目されてきた、カーボンナノチューブ製トランジスタを使った、初のカーボンナノチューブ・コンピュータが試作された。研究者たちはそのため、まず、基板上にカーボンナノチューブを成長・配列させるノウハウと経験を積み重ねた。基板上で金属カーボンナノチューブをすべて無効にする方法を開発し、基板表面に半導体カーボンナノチューブだけが並んだアレイを作製。次に、可能な限り単純なコンピュータ設計を選び、ハードウエア回路の複雑度を低くし、トランジスタの少数化を図った。１ビットで演算を行ない、１つの命令を用いるコンピュータを選択した結果、そのナノチューブ・コンピュータは、数え上げアルゴリズムと整数ソーティングアルゴリズムを同時に実行できたのだ。

▼エネルギー効率が高いが不安定なカーボンナノチューブ製トランジスタ

次世代のマイクロチップとして、カーボンナノチューブ製トランジスタが注目されてきた。その理由は、シリコン製トランジスタよりも、エネルギー効率が高いからである。しかし、カーボンナノチューブ製デバイスには不完全性がつきものであり、大型電子回路に組み込むのがむずかしく、技術はなかなか進歩しなかった。しかし、今回、初のカーボンナノチューブ・コンピュータがスタンフォード大学（米国カリフォルニア州）のShulakerらによって製作され、[1] 新たな段階を迎えた。

通常、正常に動作するコンピュータを1から設計・製作するには、大勢の技術者が必要である。だから、この小さな研究グループがどのようにしてナノチューブ・コンピュータを製作したのか、注目に値する。Shulakerらは2本柱のアプローチを採用した。1本目の柱は、基板上にカーボンナノチューブを成長・配列させる技術ノウハウと経験を積み重ね、それに基づいて製作を進めることだった。

半導体カーボンナノチューブに金属カーボンナノチューブが混ざると、システムに必要な半導体特性が損なわれる。この問題を解決するため、彼らは基板上で金属カーボンナノチューブをすべて無効にする方法を開発した。その結果、基板表面に半導体カーボンナノチューブだけが並んだアレイを作ることができた。次に、先進的なトランジスタレイアウト設計とリソグラフィー法を駆使して、複数本の半導体ナノチューブを平行に配置したトランジスタを作製し、各トランジスタが完璧に動作することを確認した。

1. *Shulaker, M. M. et al.* Nature 501*, 526-530 (2013).*

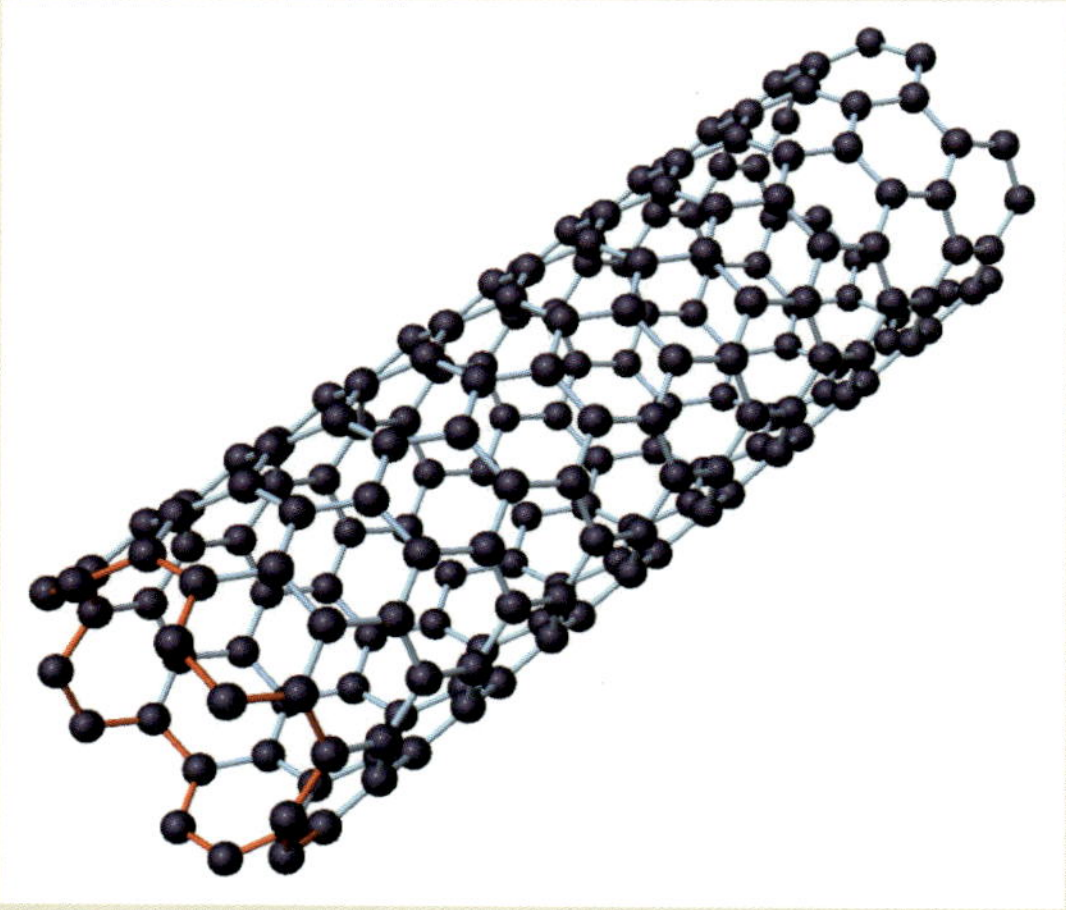

図1　CNTの3Dモデル

さらに、Shulakerらは、ナノチューブ製トランジスタを配線でつなぎ、任意の論理素子と論理回路を作ることに成功した。デバイスの基本論理は、初期の半導体トランジスタで用いられたp型金属酸化膜半導体（ＰＭＯＳ）論理と同じものである。ＰＭＯＳトランジスタは、制御（ゲート）電極に負電圧を印加するとオン状態になる。ちなみに、１９７０年ごろからＰＭＯＳに代わってn型金属酸化膜半導体（ＮＭＯＳ）が主流になったが、ＮＭＯＳのほうは、ゲートに正電圧を印加するとオン状態になる。

Shulakerらのアプローチの2本目の柱は、可能な限り単純なコンピュータ設計を選ぶということだった。したがって、ハードウエア回路の複雑度は低くなり、トランジスタの数が少なくてすんだ。Shulakerらは、１ビットで演算を行ない、１つの命令を用いるコンピュータを選択した（ちなみに、現代のコンピュータは、通常、32ビットまたは64ビットであり、多くの命令を用いている）。複数の1ビット演算を行なうことによって、時間はかかるが、あらゆるnビット演算が可能になる。したがって、Shulakerらの方法は、一般性に関しては妥協していない。

このコンピュータが実行する唯一の命令は、SUBNEG（減算し、その結果が負であれば分岐する）コマンド2である。今回の設計では、たった20のナノチューブ製トランジスタで実装できる。SUBNEGは、第1のメモリアドレスの内容を読み取り、それを第2のメモリアドレスの内容から減算し、その結果を第2のメモリアドレスに格納する。この減算の結果が負であれば、第3のメモリアドレスに行く、というものである。この条件文を含むため、チューリング完全が保証される。つまり、コンピュータに十分な使用可能メモリがあれば、あらゆる計算ができる。言い換えると、その命令によって、万能コンピュータの実現が可能になる。[2] Shulakerらのナノチューブ・コンピュータは、この命令1つで、数え上げアルゴリズムと整数ソーティングアルゴリズムを同時に実行できた。

▼まだまだ進化し続けるナノチューブ・コンピュータ

性能の点からは、このコンピュータは、現在の標準的なコンピュータの足元にも及ばない。だが、もしこれが1955年に作られていたとしたら、あるいは対抗できたかもしれない。Shulakerらが採用したPMOS論理だけでは、スケーラビリティーに限りがある。最大のト

2. *Gilreath, W. F. & Laplante, P. A.* Computer Architecture: A Minimalist Perspective *(Springer, 2003).*

ランジスタ幅を最小のトランジスタ幅の約20倍以上にしなければならないからだ。そのうえ、基本回路にいつも電流が流れているので、つねに電力を消費する。現代のシリコン系コンピュータマイクロチップは、直列接続したほぼ同じ幅のPMOSトランジスタとNMOSトランジスタを用いた相補型金属酸化膜半導体（CMOS）技術で動作する。CMOS論理を採用すれば、スケーラビリティーが大幅に向上し、PMOS論理やNMOS論理より消費電力を少なくできるのである。

カーボンナノチューブ回路にCMOS論理を実装するのは容易である。[3,4] 製作工程数を2倍にするだけでよいからだ。しかし、もし工程数を増やしていたら、製作歩留まり（動作するトランジスタの数）は低下していたであろう。こうした歩留まり低下は、どの工程でも一定確率でデバイスに欠陥が生じるという事実に起因する。つまり、工程数を増やせば、動作しないデバイスができる確率が増えるのだ。しかし、チップ製造の歴史が物語るように、歩留まり向上は基本的に努力の問題である。したがって、CMOS設計のナノチューブ系回路の製造に障害はないといえる。

Shulakerらが用いた最小のトランジスタの幅は、ナノチューブ成長プロセスの統計的性質ゆえに、およそ8㎛（マイクロメートル）である。これは小さいとは言い難い。果たしてカーボンナノチューブで究極のスケーラビリティーを実現できるのだろうか。現行のシリコン技術と同等以上の水準に到達できるのだろうか。その答えは、基板上にどれほど精密にナノチューブを配置できるかにかかっている。幸いにも、この分野の進歩は止まっておらず、[5] 近い将来、

3. *Chen, C., Xu, D., Kong, E. S.-W. & Zhang, Y.* IEEE Electron Dev. Lett. 27, *852-855 (2006).*
4. *Wang, C., Ryu, K., Badmaev, A., Zhang, J. & Zhou, C.* ACS Nano 5, *1147-1153 (2011).*
5. *Franklin, A. D.* Nature 498, *443-444 (2013).*

1㎛当たり500本のナノチューブという密度が実現される可能性はある。[6] もしShulakerらのナノチューブ・コンピュータのスケールアップ版（64ビット）やスケールダウン版（20 nm〔ナノメートル〕サイズのトランジスタ）の実現に研究努力が注がれるなら、ほどなくカーボンナノチューブ・コンピュータを使える時代が来るのかもしれない。

Franz Kreuplはミュンヘン工科大学（ドイツ）に所属している。

6. *Cao, Q. et al.* Nature Nanotechnol. 8, *180-186 (2013).*

ヨウ素原子にタキシードを着せる

A tuxedo for iodine atoms

Phil S. Baran & Thomas J. Maimone
２００７年2月22日号　Vol.445 (826-827)

ヨウ素原子に分子の上着を着せることで、単純な炭素鎖を、ヨウ素を含む複雑な分子へと転換する反応を制御できるようになった。このような反応は、以前は酵素にしかできなかったものである。

ホペン分子の生合成では、酵素が触媒する魔法のような反応を見ることができる。炭素分子が単純に連なったしなやかな鎖が、環化酵素の働きによっていくつもの分子環が整列した、明確な3次元構造をもつ複雑な系に一瞬に変化する。今回、石原らの研究チームは、ハロゲン原子が誘導する非酵素的で高収率、エナンチオ選択性のある環化反応に初めて成功。ヨウ素を使って、概念的にはキラルなH^+複合体に似た試薬を設計した。新試薬は、ヨウ素原子に着せる分子のタキシードのようにその周囲を取り囲んでキラルな環境を作り、その反応性を高め、組み立て活性化のためルイス塩基（電子対供与体）を利用した。この「ハロ環化酵素」は、酵素に近いエナンチオ選択性をもち、単純な炭化水素にヨウ素を加え、炭素環を含む構造物に変えたのだ。

▼ハロゲン原子が誘導する、非酵素的、高収率、エナンチオ選択性のある環化反応に成功

ホペン分子の生合成では、酵素が触媒する魔法のような反応を見ることができる。炭素原子が単純に連なったしなやかな鎖が、環化酵素の働きにより、いくつもの分子環が整列した明確な3次元構造をもつ複雑な系へと、一瞬にして変化するのである。[1,2] この環化過程により、５つの炭素ー炭素結合と９つの立体中心（不斉炭素原子。これを制御下で合成することは非常に困難である）が生成する。さらに、この反応にはエナンチオ選択性があり、２つの鏡像異性体がある分子（キラルな分子）の一方の鏡像異性体だけが生成するのである。化学者はこれまで、分子レベルのこの精密な制御過程を羨望のまなざしで見るしかなかった。

驚くべきことに、同様の反応はほかにもある。この反応は、生体分子を作り出すために自然に起きている数百種類にも及ぶ同様の反応の１つにすぎないのである。こうした反応に共通するのは、酵素の水素原子が反応生成物の決まった位置に受け渡されていることである（図１ａ）。けれどもほかに、酸素や、変わったところではハロゲン（塩素、臭素、ヨウ素）などの原子も、酵素を使ってこの位置に導入できる可能性がある。化学者はすでに、こうした環化過程のある側面を模倣することには成功しているが、ハロゲン原子の導入は非常に手強《てごわ》かった。臭素が誘導する環化過程が最初に観察されたのは40年以上も前のことであるが、[3] それは副反応にすぎず、エナンチオ選択性もなかった。『Nature』２００７年2月22日号では、石原とその同僚が、[4] 大きな成果について報告している。彼らは、ハロゲン原子が誘導する、非酵素的で、高収率で、エナンチオ選択性のある環化反応に初めて成功したのである。

1. *Wendt, K. U., Schulz, G. E., Corey, E. J. & Liu, D. R.* Angew. Chem. Int. Edn 39, *2812-2833 (2000).*
2. *Yoder, R. A. & Johnston, J. N.* Chem. Rev. 105, *4730-4756 (2005).*
3. *van Tamelen, E. E. & Hessler, E. J.* Chem. Commun. *411-413 (1966).*
4. *Sakakura, A., Ukai,A. & Ishihara, K.* Nature 445, *900-903 (2007).*

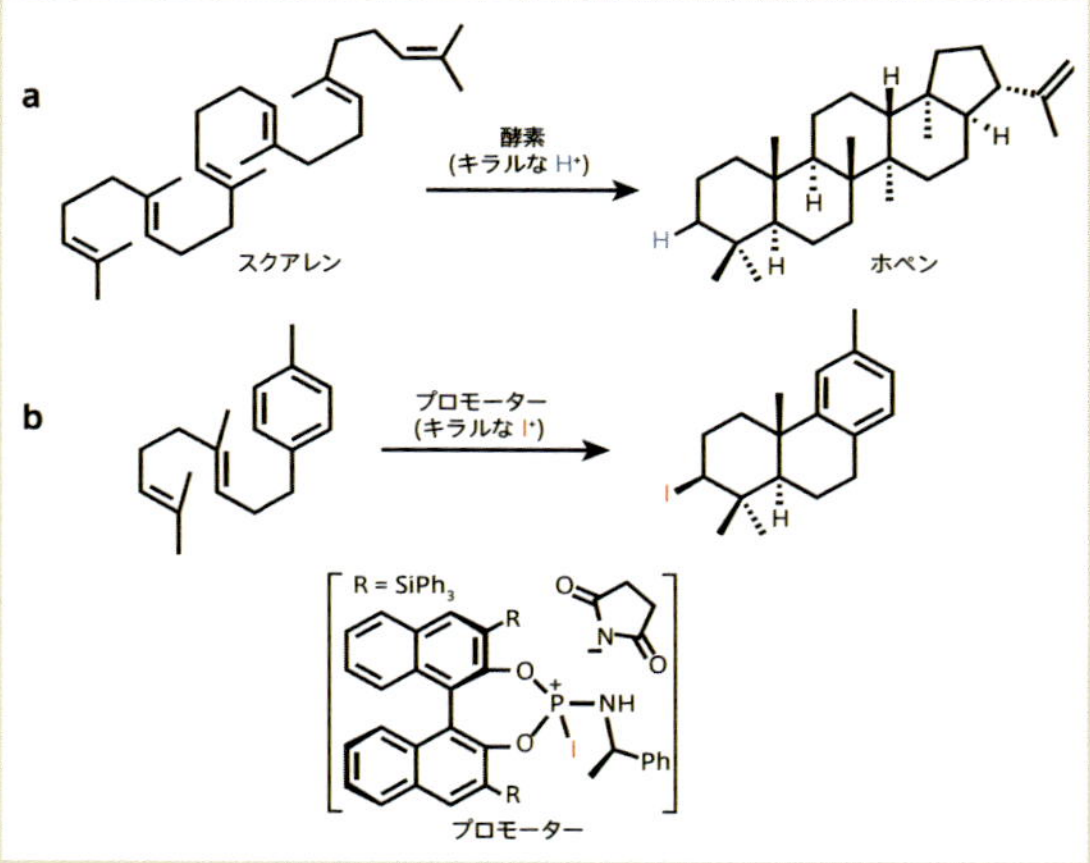

図1　酵素反応と人為的な環化反応
a：細菌は、キラルな水素イオン（H+）に相当する酵素を使った環化反応により、スクアレンからホペンを生合成する。
b：石原ら[4]は、基質にヨウ素イオン（I+）を受け渡すキラルな分子を設計して同様のハロ環化反応を成功させ、有機化学の積年の夢を実現した。この反応では２つの可能な鏡像異性体のうちの一方のみが生成する。

近年では、化学者はこうした反応における酵素の役割をかなりのところまで再現できるようになっている。実際、石原と山本のグループ[5]はすでに、キラルな水素イオン（H^+）に相当する分子を利用して基質を環状化し、一方の鏡像異性体を他方よりもやや多めに生成させることに成功している。これは、ホペンの生合成の模倣といってよい。彼らは人工の環化酵素を設計し、基質の一方の側からのみH^+を受け渡せるようにした。この人造酵素は、H^+イオンに着せるタキシードのようなものである。すなわち、H^+イオンの周囲を分子で取り巻くことにより、天然の環化酵素にみられるようなキラルな環境を再現するのである。組み立て過程の全体を活性化するためには、ルイス酸（ほかの分子から電子対を受け取る分子）を添加して、H^+イオンの酸性度と反応性を大幅に高めるという方法が採用され

5. *Ishibashi, H., Ishihara,K. & Yamamoto, H.* J. Am. Chem. Soc. 126*, 11122-11123 (2004).*
6. *Butler, A. & Carter-Franklin, J. N.* Nat. Prod. Rep. 21*,180-188 (2004).*

た。

ここまではいいが、目標がまだ1つ残っていた。それは、いわゆる「ハロ環化」を実現することである。ハロ環化は、上述の反応と同じ種類の反応であるが、H^+イオンの代わりにハロゲン原子を利用する。自然界の物質からは数千種類にも及ぶ風変わりなハロゲン化物が単離されており、その多くがさまざまな疾患の治療薬のリード化合物となることが期待されている。こうした化合物のいくつかは、ホペンの環化過程に似ているが、H^+ではなくハロゲン原子により開始された酵素反応によって生じたと考えられる構造をもっている。[5] この理由から、人為的なハロ環化には大きな期待が寄せられている。けれども、実験室でこの反応を成功させるためには、多くの問題を解決する必要がある。このことが、今回の石原らの成果[4]をいっそう興味深いものにしている。

▼互いに向かい合ってから握手する出発物質とヨウ素原子

著者らは、ハロ環化反応において基質にハロゲンを受け渡し、キラルな反応生成物のうち1種類の鏡像異性体のみを作るような、反応性の高い試薬を必要としていた（図1b）。彼らはヨウ素を使って、概念的には前述のキラルなH^+複合体に似た試薬を設計した。この新しい試薬は、ヨウ素原子に着せる分子のタキシードのように、その周囲を取り囲んでキラルな環境を作り、その反応性を高める。組み立てを活性化させるためには、ルイス酸ではなくルイス塩基（電子対供与体）を利用した。こうしてできた「ハロ環化酵素」は、酵素に近いエナンチオ選択性をもって単純な炭化水素にヨウ素を付加し、炭素環を含む構造物に変えることができる。著者らは、このすばらしい選択性が生じる理由を、2人の人が互いに向かい合ってから握手をするように、出発物質とヨウ素原子が互いに最適な配置をとってから反応が始まるからではないかと提案している。

あらゆる画期的な研究がそうであるように、この研究にはさらなる課題が残っている。まずは、今回のハロ環化は臭素からも開始できるが、ヨウ素を使った場合にしかエナンチオ選択性が見られないという問題がある。著者らは、反応生成物のキラルな形に影響を及ぼすことなく（これが肝心だ）、ヨウ素原子をほかのハロゲンに変換できることを示すことで、この問題を回避した。次に、この反応には1モル当量のキラルなプロモーターが必要であるという問題もある。基本的には少量のプロモーターで十分であるはずなので、これは効率が悪い。これに対して著者らは、ほかの単純なプロモーターを触媒として利用できることを示すことで（ただしエナンチオ選択性はない）、この領域の今後の発展への道を開いた。最後に、さらなる「ハロ環化酵素」が必要であるという問題がある。今回の研究で報告されたハロ環化の多くは最初の環が形成されたところで終わっており、残りの環を形成するには、酸に触媒された第2の段階を必要とするのである。

この研究の前には、酵素の精密なエナンチオ選択性に迫るハロ環化の方法はなかった。ここまで微妙なコントロールは、複雑な生物学的触媒にしかできないようにも思われていた。石原らの方法は、比較的単純な試薬を使ってこの反応を実現した点で、強い印象を与えるものである。ヨウ素に着せるためのキラルなジャケットが手に入った今、この反応を触媒的に改変したり、自然界にあるハロゲン化物を合成したりするための基礎が打ち立てられたのである。

Phil S. Baran & Thomas J. Maimoneare はスクリプス研究所（米）に所属している。

塩素が手助け

Chlorine lends a helping hand

D. Karl Bedke & Christopher D. Vanderwal　２００９年1月29日号　Vol.457 (548-549)

普通とは違った複雑な分子を合成する経路の開発からは、化学反応性について驚くべき知見が得られることが多い。このほど、初めて合成に成功したクロロスルホリピドという海洋生物毒素からも、まさにそのような知見が得られた。

貝毒は人々を死に至らしめたりするが、一方で有機化学の歴史で中心的な役割を果たしてきた。その複雑な構造が格好の合成目標だったからだ。２００１年、アドリア海産のイガイから、クロロスルホリピドという新しい海洋生物毒素が単離された。分子は複数の塩素原子が付加された炭化水素であり、塩素原子の３次元的・空間的な配置（立体化学構造）は厳密に決まっていた。この貝毒はイガイからごく微量しか得られず、効率よく合成できれば、毒素の作用機序などの解明に役立つ。研究者たちは、クロロスルホリピドを実験室で合成することに初めて成功。そして、ポリ塩化炭化水素の予想外の反応性についても教訓を与えてくれた。この合成法で、毒性メカニズムの研究に必要な量のクロロスルホリピドを供給できる。

▼少量しか採れないイガイの毒を合成し、研究に役立てる

貝毒は、それに汚染された食品を摂取した人々を病気、さらには死に至らしめたりするほか、魚類やほかの海洋生物の集団にも影響を及ぼしうる。[1] 意外かもしれないが、これらの化合物は有機化学の歴史においても中心的な役割を果たしてきた。なぜなら、その複雑な構造が格好の合成目標となり、有機化学の限界を押し広げただけでなく、それをきっかけにして新しい反応が開発され、別の場面で利用されていったからである。これは、宇宙開発競争のなかで生み出された技術が、ほかの多くの分野で利用されるようになったのとよく似ている。

2001年に、アドリア海産のイガイ Mytilus galloprovincialis から新しい海洋生物毒素が単離された。[2] この毒素は、クロロスルホリピド（図1）という新しいクラスの構造をもっていた。のちに、同じ生物から、より複雑な構造をもつほかのクロロスルホリピド毒素も単離された。[3,4] これらの分子の構造には注目すべき要素が含まれている。それは複数の塩素原子が付加された炭化水素であり、塩素原子の3次元的、空間的な配置（立体化学構造）は厳密に決まっている。この化合物はイガイからはごく微量しか得られないため、これを効率よく合成できるようになれば、毒素の作用機序の研究や検出方法の開発に役立つはずである。Nilewski らは[5]『Nature』2009年1月29日号573ページで、クロロスルホリピドを実験室で合成することに初めて成功したと報告している。彼らの発見は、ポリ塩化炭化水素の予想外の反応性についての教訓も与えてくれた。

クロロスルホリピドには、毒素として以外の生物学的役割があるのかもしれない。この化合

1. *Campàs, M., Prieto-Simón, B. & Marty, J.-L.* Talanta 72, *884-895 (2007).*
2. *Ciminiello, P. et al.* J. Org. Chem. 66, *578-582 (2001).*
3. *Ciminiello, P., Dell'Aversano, C., Fattorusso, E., Forino, M. & Magno, S.* Pure Appl. Chem. 75, *325-336 (2003).*
4. *Ciminiello, P. & Fattorusso, E.* Eur. J. Org. Chem. *2533-2551 (2004).*

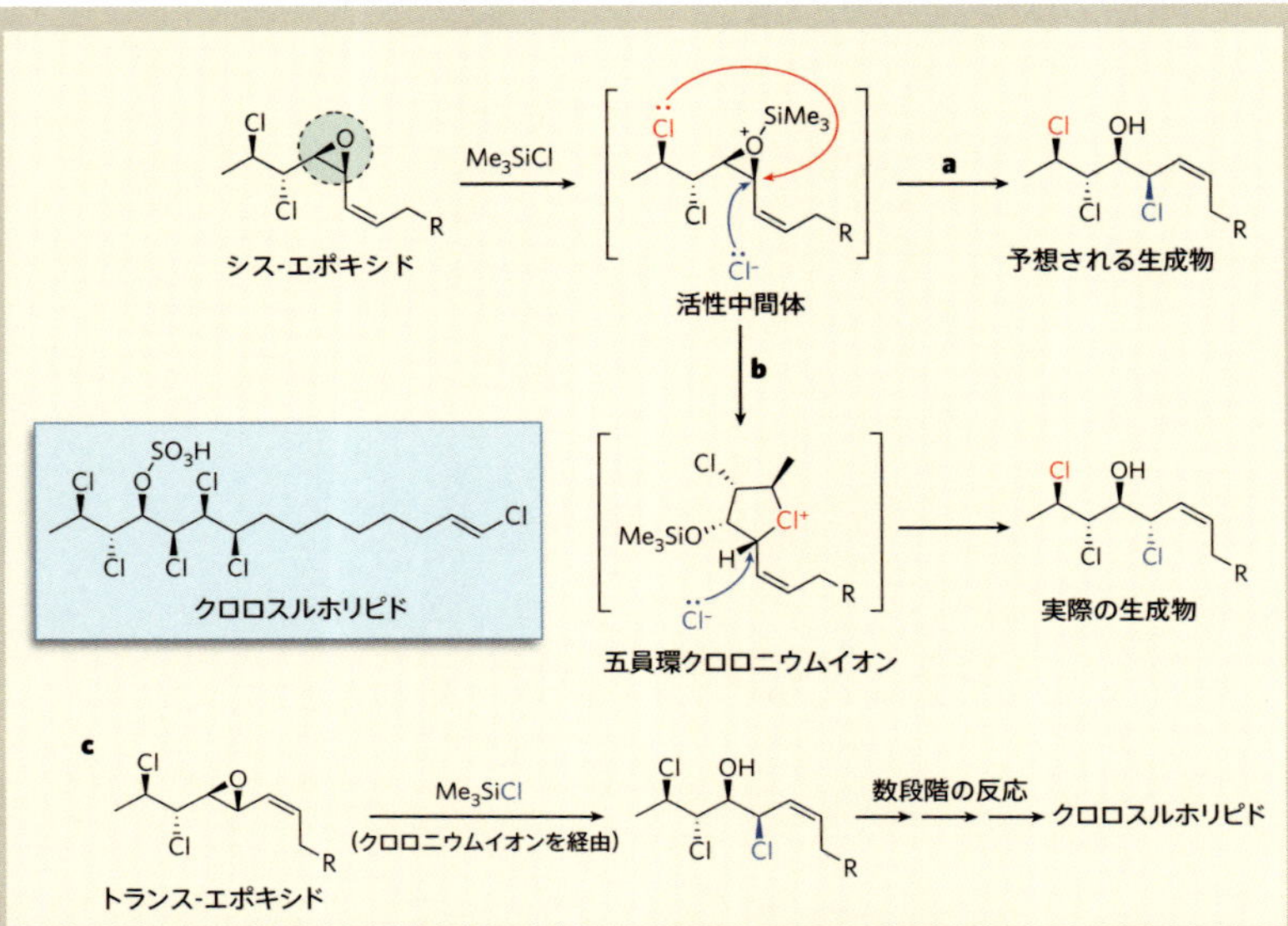

図1　予想外の反応を含む海洋生物毒素の合成

Nilewski ら[5]は、海洋生物毒素であるクロロスルホリピドを初めて全合成することに成功したと報告した。彼らは当初、シス - エポキシド分子（エポキシド基は丸で囲んである）から出発し、これを塩化トリメチルシリル（Me_3SiCl）と反応させて“活性”中間体を形成させた。

a：著者らは、塩化物イオン（Cl^-、Me_3SiCl から生成したもの）が中間体と反応してできた生成物では、新たに付加された塩素原子（青）が頁の平面から手前に突き出す向きになっていると予想した（新たに形成された結合は、くさび形で図示する）。

b：実際には、異なる物質が生成し、新たに付加された塩素原子は頁の平面から向こう側に突き出す向きになっていた（結合は点線で図示する）。著者らは、活性中間体の中の塩素原子（赤）が最初にエポキシド基を攻撃し、五員環クロロニウムイオンを形成したのではないかと提案する。続いて塩化物イオンがクロロニウムイオンを攻撃し、観察されたような生成物が形成されたのであろう。

c：Nilewski らは、当初とは異なる反応物（トランス - エポキシド）から出発し、この予想外の反応を利用して、クロロスルホリピドを合成することに成功した。Me はメチル基、R は最終生成物の右側に図示するような構造に変換できる側鎖である。

5. *Nilewski, C., Geisser, R. W. & Carreira, E. M.* Nature 457, *573-576 (2009).*

物がイガイで発見されるよりもずっと前に、関連した構造をもつ脂質が Ochromonas danica という藻類から分離されているからである。[6,7] これらの脂質はこの藻類の細胞膜の主要な構成成分となっていて、おそらくリン脂質（通常は細胞膜の構成成分であるが、この藻類には欠けている）の代わりになっている。進化の観点からは、これはきわめて珍しいことである。さらに、この藻類の脂質分子の構造は非常に変わっていて、リン脂質が分子の一端に1つだけ極性基をもっているのとは対照的に、分子の一端と途中の2カ所に極性基である硫酸基をもっている。これでは、分子の途中にある硫酸基が細胞膜の非極性領域の内部深くに埋もれているという、考えにくい配置になってしまい[7]、この分子が二重層からなる典型的な細胞膜を形成する方法を理解するのが困難になる。有毒なイガイから単離されたクロロスルホリピドの構造は、藻類の脂質の構造に似ているため、これらも藻類に由来している可能性がある。藻類の爆発的増殖（それは常にイガイの毒性と関係している）が起きたときに、濾過摂食生物に蓄積したのかもしれない。

クロロスルホリピドのように複数の塩素原子の立体化学構造が厳密に決まっている化合物を合成する方法が知られていないという事実はいうまでもなく、その起源や生物活性、ヒトへの危険性についてこんなにも多くの疑問があることだけでも、この化合物の合成に挑戦する動機としては十分である。クロロスルホリピドの実験室での全合成に初めて成功したとする Nilewski らの今回の論文[5]は、この魅力的な化合物の合成に関する論文としては3番目に発表されたものである。[8,9] 彼らの戦略は単純で直接的であるが、成功に至るまでには苦労して試行を

6. *Elovson, J. & Vagelos, P. R.* Proc. Natl Acad. Sci. USA 62, *957-963 (1969).*
7. *Haines, T. H.* Annu. Rev. Microbiol. 27, *403-412 (1973).*
8. *Shibuya, G. M., Kanady, J. S. & Vanderwal, C. D.* J. Am. Chem. Soc. 130, *12514-12518 (2008).*
9. *Yoshimitsu, T., Fukumoto, N. & Tanaka, T.* J. Org. Chem. 74, *696-702 (2008).*

重ねたようである。論文では、ほかにも複数の論理的なアプローチについて言及されているが、これらはいずれも失敗したようである。おそらくそれは、複数の塩素原子をもつ分子の反応性の低さのせいである。

▼予想外だった塩素の働き

著者らはすべての極性原子（硫酸塩の酸素と塩素）を炭素‐炭素二重結合（C＝C結合）に付加することで、これらを分子の塩素付加部分に導入した。詳しくいうと、彼らは2つのアルケン二塩素化反応（C＝C結合の2つの炭素原子のそれぞれに塩素原子を1個ずつ付加する反応）とエポキシド形成／開環反応シーケンス（中間体のエポキシドが塩化物イオンにより攻撃されて、C＝C結合の炭素の一方に酸素原子、他方に塩素原子が付加された生成物を得る反応：図1a）を利用した。

エポキシド開環反応に取り組んだNilewskiらは、それまで正当に評価されていなかったプロセスを再発見した。それは、五員環クロロニウムイオン（図1b）として知られる反応中間体が形成されるように見えるプロセスである。これらのイオンは1967年に最初に記載され[10]、その数年後にはエポキシドからの形成プロセスが解明されたが[11]、その後はほとんど話題にならなかった。Nilewskiらは、彼らのエポキシド開環反応の1つにより、塩素原子が立体化学的に好ましくない配置になった生成物ができることを発見した。これは、出発物質中の遠位の塩素原子がエポキシドを攻撃し、反応途中の中間生成物として五員環クロロニウムイオンを形成

10. *Peterson, P. E. et al.* J. Am. Chem. Soc. 89, *5902-5911 (1967).*
11. *Peterson, P. E., Indelicato, J. M. & Bonazza, B. R.* Tetrahedron Lett. 12, *13-16 (1971).*

したと考えることで説明できる。

著者らは当初、この予想外の結果に悩まされたが、これらをうまく利用できることに気がついた。彼らは、最初の試みで用いた反応物とは異なる向きに配置された基を含む別のエポキシドを用意して、これまでと同じ条件下で反応させたのである（図1c）。今度は、遠位の塩素原子の干渉が役に立ち、塩素原子が立体化学的に好ましい配置になった生成物が形成された。最初に位置が決まった塩素原子は、残りの位置に塩素原子が付加される反応を制御し、最終的には5つの塩素原子のすべてを3次元的に望ましい相対位置に配置することができた。

Nilewski らが開発した合成法[5]は、毒性メカニズムの研究に必要な量のクロロスルホリピドを供給することを可能にする。合成脂質が入手可能になったことは、これらの毒素を発見して分析する方法の開発を可能にし、疾患の予防に役立つだろう。さらに、決まりきった反応だろうと予想されていた反応のなかに普通とは違ったプロセスが見つかったことは、ほかの化学者へのよい教訓となるだけでなく、多数の塩素原子を含む化合物の合成に役立つアプローチを提供する。最後に、今後の研究がうまくいけば、藻類の細胞膜におけるクロロスルホリピドの役割や、多数の塩素原子を含む分子の生合成経路も解明できるかもしれない。

D. Karl Bedke と Christopher D. Vanderwal はカリフォルニア大学アーバイン校（米）に所属している。

炭化水素の新しい超伝導体が発見された

Hydrocarbon superconductors

Matthew J. Rosseinsky & Kosmas Prassides　２０１０年３月４日号　Vol.464 (39-41)

有機物質としては10年ぶりに、新しい高温超伝導体が発見された。ピセンという炭化水素（芳香族の５環式縮合炭化水素）で、特に珍しい物質ではないが、この予想外の発見は、新たな超伝導研究の展開を予感させる。

たとえば飽和炭化水素アルカンはガソリンなどの燃料の主成分だが、このような炭化水素は日常生活で欠くべからざる物質だ。ただ、電気材料としては注目されてこなかったため、三橋らの研究チームによるピセンという炭化水素系超伝導体の発見は、予想外だった。分子超伝導体とは、分子が、固体構造の基本構成単位となっている超伝導物質のことをいう。彼らは今回、アルカリ金属を炭化水素ピセンの結晶格子に挿入し、最高18ＫというTc（転移温度）値をもつ超伝導体が形成されることを見つけたのだ。これは、有機成分が炭素原子と水素原子のみからなる分子超伝導体としては、初めての例である。この発見を契機に、ほかのアセン（ピセンが属する芳香族化合物群）の電子特性について研究が展開されるだろう。

▼新たな時代を開く超伝導体として再発見されたピセン

炭化水素は日常生活で不可欠の物質だ。たとえば飽和炭化水素アルカン（C_nH_{2n+2}）はガソリンなどの燃料の主成分である。しかし、電気材料という面では、炭化水素はそれほど注目されてこなかった。したがって、今回のピセンと呼ばれる炭化水素系超伝導体の発見は、ある意味で予想外だった。三橋了爾《りょうじ》ら[1]による『Nature』3月4日号76ページの報告は、超伝導研究に新たな道を切り開いたといえる。

アルカン中の炭素原子と水素原子は、単結合（σ《シグマ》結合）でつながっている。こうした単結合では、電子がきつく束縛されているため、電気を流すことはできない。一方、不飽和炭化水素では、炭素原子間に二重結合または三重結合が含まれる。これらの多重結合は、σ結合と1つまたは2つのπ結合から構成されていて、このπ結合では、電子がσ結合ほどきつく束縛されていない。そのため、π電子は電気伝導や光学的過程に関与でき、有機エレクトロニクスの基礎となって、ディスプレイや照明、太陽電池などへの応用が期待されている。[2]

分子超伝導体とは、分子が、固体構造の基本構成単位となっている超伝導物質のことだ（金属や合金では基本単位は原子であり、セラミックスではイオン）。最初に見つかった分子超伝導体の主成分は、拡張π結合系をもつ分子だった。ただし、そのなかで電荷キャリアとなっていたのは、炭素原子からではなく、主としてイオウやセレン原子に由来する電子だった。[3]また単純な有機分子固体単独でも、高い圧力をかけると超伝導体になりうるが、[4]その場合も、炭素以外のほかの元素（ヨウ素や酸素）が含まれていた。

1. *Mitsuhashi, R. et al.* Nature 464, *76-79 (2010).*
2. *Peet, J., Heeger, A. J. & Bazan, G. C.* Acc. Chem. Res. *42,1700-1708 (2009).*
3. *Saito, G. & Yoshida, Y.* Bull. Chem. Soc. Jpn 80, *1-137(2007).*
4. *Iwasaki, E. et al.* Synth. Metals 120, *1003-1004 (2001).*

純粋に炭素原子からのπ電子に基づく超伝導は、グラファイトKC_8で初めて観測された。これは、カリウム原子を平面状炭素原子層の間に挿入（インターカレート）したものである。KC_8が超伝導体になる転移温度（Tc）は0・125Kだが、カリウム原子の代わりにカルシウム原子が入ったCaC_6では、転移温度が11Kまで上昇した。[5] さらに、固体のバックミンスターフラーレン（C_{60}：フラーレン）にアルカリ金属をインターカレートすることによって、グラファイト化合物より高いTc（Cs_3C_{60}で最高38K）が得られている。[6] これらの物質は、C_{60}が球形なので対称性の高い3次元構造をとる。

三橋ら[1]は、今回、アルカリ金属が炭化水素ピセンの結晶格子にインターカレートして、最高18KというTc値をもつ超伝導体が形成されることを報告した。これは、有機成分が炭素原子と水素原子のみからなる分子超伝導体としては、初めての例である。ピセン（$C_{22}H_{14}$：図1b）は、辺を共有して縮合した5つのベンゼン環からなる平面状分子だ。したがって、三次元のC_{60}分子とは異なり、グラファイトシート1枚が断片になったような物質である。ピセン分子は平面なので、複数のπ電子が分子全体にわたって重なり合っている。

三橋ら[1]は、アルカリ金属蒸気と固体ピセンを反応させて、超伝導体を作製した。ピセン結晶中の分子間相互作用は弱いため、アルカリ金属原子が分子間の間隔を広げて格子に入り込める。ピセンには、低い非占有π電子状態が存在する。そのため、アルカリ金属から電子を受け取ることができ、超伝導に必要な電荷キャリアが生じるわけだ。この機構は、金属ドープグラファイトやC_{60}化合物におけるキャリア発生と同じ仕組みである。

5. *Weller, T. E. et al.* Nature Phys. 1, *39-41 (2005).*
6. *Ganin, A. Y. et al.* Nature Mater. 7, *367-371 (2008).*

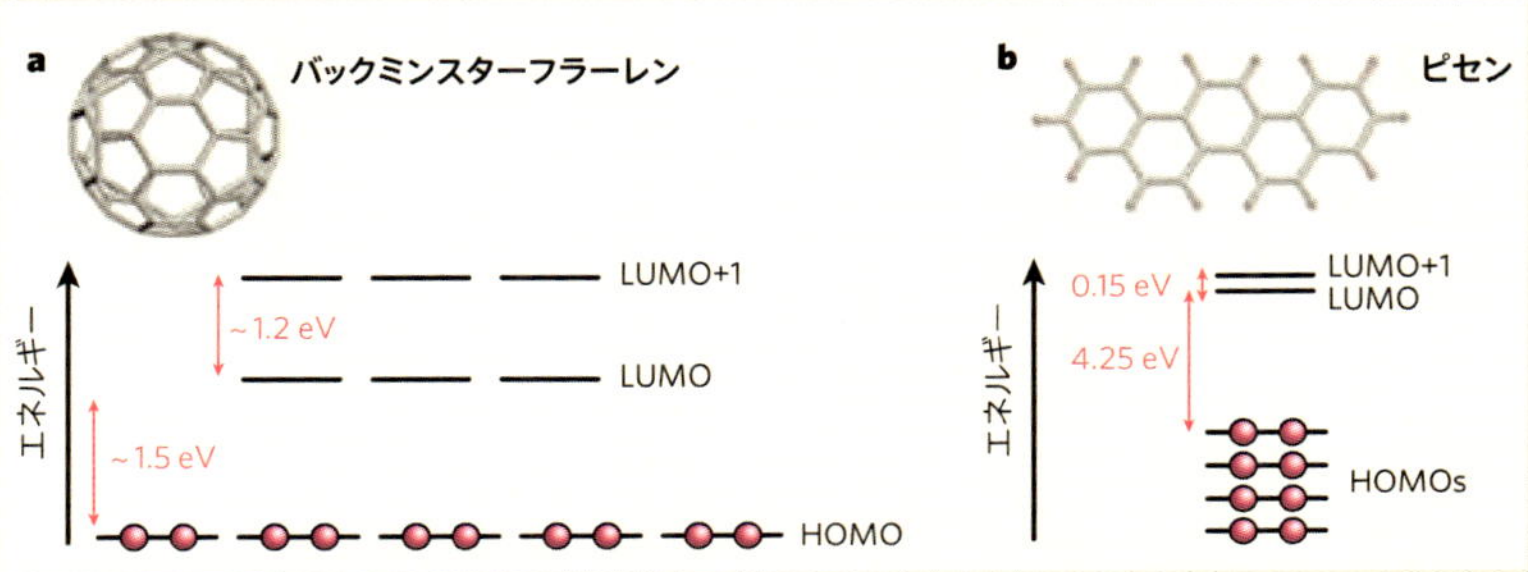

図1　π電子を含む系の電子構造
アルカリ金属（A）原子を固体のバックミンスターフラーレン（C_{60}：フラーレン）にドープすると、超伝導物質 A_3C_{60} が得られる。三橋ら[1]の報告によると、炭化水素ピセン（$C_{22}H_{14}$）にアルカリ金属をドープしても超伝導体になる。ピセンとフラーレンの「フロンティア分子軌道」、すなわち最高被占分子軌道（HOMO）と最低空分子軌道（LUMO）の比較から、両者の類似点があきらかになっている。
a：フラーレンのLUMOは、三重縮退しており、エネルギーの等しい３つの軌道からなる。ドープされたアルカリ金属原子は、フラーレン分子のLUMOに電子を供与し、金属伝導に必要な電荷キャリアを発生させる。LUMOが半分満たされると、超伝導物質が得られる。赤い丸は電子を表わしており、LUMO+1は２番目に低い空分子軌道である。
b：ピセンでは、LUMOとLUMO+1がエネルギー的にほぼ等価であり、偶然に二重縮退が起こる。ピセンにおいても、これらの軌道が化合物中にドープされたアルカリ金属から電子を受け取ったときに、超伝導電荷キャリアが発生する。フラーレンとピセンにおける電子受容軌道の縮退（あるいは擬縮退）は、フェルミ準位での高密度電子状態の発生に不可欠であり、超伝導転移温度を上昇させる。

▼ピセンがもつエキサイティングな可能性

では、ピセン系物質は、ほかのπ電子系超伝導体と比べてどこが違うのか。これを理解するには、電子を受け入れる軌道の性質を検討する必要がある。C_{60}は対称性が高いので、電子受容軌道が三重縮退し、同じエネルギーの軌道が3つ存在する（図1）。しかしピセンは、分子の対称性が低すぎるため縮退不可能である。ところが、三橋らの計算によって興味深い事実があきらかになった。ピセンの2つの最低エネルギー軌道がほぼ同じエネルギーをもち、偶然に縮退が起こるため、C_{60}系の電子構造と関連性があると考えられるのである。

次に、この金属ドープしたピセンの超伝導相の、分子構造と組成はどうなっているのかを検討した。炭化水素に供与される電子の数は、ピセン1分子当たりの金属原子数によって決まる。そして、最低エネルギー軌道を満たして電荷キャリアの候補になる電子が、何個になるかも決まる。ピセンの電子構造を考えると、最高で4個までの電子がピセン分子の擬縮退最低エネルギー空軌道に入るようである（図1）。もし2個の電子を受け入れたとすれば、3個の電子を受け入れて半分満たされた状態の超伝導C_{60}（C_{60}の3つの縮退軌道は、6個の電子を受け入れられる）とよく似た状態が得られるであろう。

三橋らの超伝導体では、ピセン分子の充填状態によって、電荷を担う電子がとる道、特に、どれほど強く局在化するかが決まる（局在化は電子の移動度を低下させる）。概して、ピセン分子間の相互作用は弱いため、電子伝導帯がむしろ狭くなり、超伝導状態と競合する絶縁状態（電荷密度波、スピン密度波、モット－ハバード状態など）を安定化させる可能性があるとみられる。しかし、この超伝導相の構造に関する情報は、現時点ではまだ不十分である。たとえば、この相が結晶なのかアモルファスなのかは、あきらかではない。また、異なるピセン分子上の不対電子どうしが対になって炭素－炭素結合を形成し、分子どうしがつながってしまい、小さなオリゴマーユニットやポリマーユニットを形成することもありうる。こうした過程は、あるC_{60}化合物で観測されたことがある。[7]

　新種の超伝導体が発見されると、電子のクーパー対（超伝導電流の電荷キャリア）が形成される機構に、常に大きな関心が寄せられる。つまり、どういう仕組みで負電荷をもつ電子どうしの反発力を克服しているかだ。さらに、ほとんどの超伝導理論では、Tcを敏感に左右するのは、フェルミ準位（金属では占有電子状態の最高エネルギー）における電子状態密度である。ピセン分子の外殻軌道の間で予想される弱い重なりは、フェルミ準位での高い電子状態密度につながると思われ、このことが、観測されたTc値が比較的高い[1]理由の1つかもしれない。

　銅酸化物[8]（Tc≦155K）や鉄ヒ素酸化物[9]（Tc≦55K）などでは、一部、超伝導相付近で磁気秩序状態が発生することが知られており、磁化またはそれにつながる電子－電子反発相互作用が、クーパー対形成機構において中心的役割を果たしていることを示唆する。最近の研究[10]では、そうした磁気秩序がフラーレン超伝導体Cs_3C_{60}の超伝導状態付近でも起こることが示されており、ピセン系[1]における磁化の役割も慎重に調べるべきであろう。しかし、この研究は、超伝導相の構造と組成を特定する複雑な作業が完了したあとの話だ。

　三橋ら[1]は、今回、化学組成が意外と単純に思える予想外の分子超伝導体について発表した。

7. *Bendele, G. M. et al.* Phys. Rev. Lett. 80, *736-739 (1998).*
8. *Lee, P. A., Nagaosa, N. & Wen, X.-G.* Rev. Mod. Phys. 78, *17-85 (2006).*
9. *Kamihara, Y., Watanabe, T., Hirano, M. & Hosono, H.* J. Am. Chem. Soc. 130, *3296-3297 (2008).*
10. *Takabayashi, Y. et al.* Science 323, *1585-1590 (2009).*

これは、超伝導研究者にとってまさにエキサイティングなニュースであり、これを契機として、ほかのアセン（ピセンが属する芳香族化合物群）の電子特性について、幅広い研究が展開されるはずである。そうした化合物では、分子軌道エネルギーと充填パターンをピセンとは異なるように系統的に調節できる。したがって、化学ドーピングによってほかのアセンにも超伝導を誘発できれば、既存のπ電子系超伝導体と同じくらい興味深い特性をもった、さまざまな超伝導体が作られていくはずだ。

Matthew J. Rosseinsky はリバプール大学（英）、Kosmas Prassides はダラム大学（英）に所属している。

変装させて反応させる

Disguise gets a reaction

Danielle M. Schultz & John P. Wolfe

２０１２年3月1日号　Vol.483 (42)

すべての有機分子は多くの炭素－水素（C－H）結合をもっているため、そのなかから1つだけ取り出して、反応させることはむずかしい。しかし、ありふれた化学基を「変装」させ、おとりにすればこの問題は解決できる。

医療品や日用品などに含まれる有機小分子の有用な特性は、分子内の水酸基やアミノ基などの〝官能〟基の位置と種類に左右される。一般的には目的の官能基を分子内に導入するため、相互変換反応で別の基と交換するが、この反応ステップの多さがネックだった。研究者らは、イリジウム触媒を用いて分子内の特定のC－H結合をC-OH結合に直接変換し、官能基相互変換反応ステップを何段階も少なくできることを示した。彼らは、アルコール基（OH）を1，3－ジオール（3個のC原子で隔てられた2つのOH、つまりHO-C-C-C-OHをもつ）に変換する、きわめて有効な方法を見いだした。1，3－ジオールは、複雑な構造をもつ多くの天然化合物の「骨格」であり、ポリマー材料や医薬品中の重要な化学モチーフである。

▼官能基相互変換反応ステップを何段階も減らす

医薬品、材料、日用品などに含まれる有機小分子の有用な特性は、分子内の化学基、特に水酸基（-OH）やアミノ基（$-NH_2$）などの〝官能〟基の位置と種類に左右される。目的の官能基を分子内に導入するためには、既存の反応基を、相互変換反応によって別の基と交換する方法が一般的である。しかし、このような合成方法は反応ステップが多くなり、時間とコストがかかる。

Simmons と Hartwig は『Nature』3月1日号で[1]、イリジウム（Ir）触媒を用いて、分子内の特定位置のC－H（炭素－水素）結合をC-OH（炭素－水酸基）結合に直接変換し、官能基相互変換反応ステップを何段階も少なくできることを報告している。彼らは、アルコール（OHを1つもつ）を1,3－ジオール（3個のC原子で隔てられた2つのOH、つまりHO-C-C-C-OHをもつ）に変換するきわめて有効な方法を見い出した。1,3－ジオールは、複雑な構造をもつ多くの天然化合物の「骨格」となるばかりでなく、ポリマー材料や医薬品中にも見られる重要な化学モチーフである。

Simmons と Hartwig が報告した反応は、遷移金属触媒によるC－H結合官能基化反応[2]の例であり、反応性に乏しいC－H結合の水素原子を、直接官能基に置き換える合成手法である。このような反応は、複雑分子の合成効率を向上させる強力な手段となるが、実際に実現するのはむずかしい。一般的に、有機分子はさまざまなC－H結合をもつため[3]、数あるC－H結合のなかから1つだけを選んで反応させるのは非常にやっかいである。さらに、分子内の各C－H

---

1. *Simmons, E. M. et al.* Nature 483, *70-73 (2012).*
2. *Wencel-Delord, J. et al.* Chem. Soc. Rev. 40, *4740-4761 (2011).*
3. *Newhouse, T. et al.* Chem. Int. Edn. 50, *3362-3374 (2011).*
4. *Chen, M. S. et al.* Science 318, *783-787 (2007).*

結合は、それぞれ反応性の程度が異なっている。触媒を用いることで、もっとも反応性の高いC－H結合を反応性の低いC－H結合よりも先に官能基化することはできるが[4]、反応性の低い結合を選択的に官能基化することは容易ではない。

この問題を解決する方法の1つは、分子内の官能基を配向基として利用する方法である[5]。配向基とは、金属触媒と結合することによって特定のC－H結合を反応させるよう舵取りをする基のことである。ただし、この方法にも欠点がある。このような特殊な配向基は合成経路の対象生成物中に存在しない場合が多く、したがって、外から配向基を導入し、さらにそれを除去するための追加の合成ステップが必要になるのだ。

そのため、有機分子内でよく見られるありふれた官能基（水酸基、アミド基、カルボン酸基など）を配向基として利用することに、大きな関心が寄せられた[6,7]。そして、ベンゼン環上にある比較的反応性の高いC－H結合の官能基化反応については、ありふれた官能基を配向基としてうまく使えることが判明した[7,8]。しかし、飽和炭化水素鎖（アルキル鎖）にある反応性の低いC－H結合を選択的に官能基化することは、非常にむずかしく、これまで単純な分子でしか成功したことがなかった[6]。

今回SimmonsとHartwig[1]が開発したのは、アルキル鎖上の水酸基を用いて高選択的にC－H結合を官能基化する反応である（図1）。水酸基は、イリジウムなどの遷移金属と弱い結合しか作らず、また金属触媒が多く存在すると不要な副反応を起こす傾向があるため、この方法は注目すべき成果だといえる。

5. *Lyons, T. W. et al.* Chem. Rev. 110, *1147-1169 (2010).*
6. *Engle, K. M. et al.* Acc. Chem. Res. *http://dx.doi.org/10.1021/ar200185g (2011).*
7. *Huang, C. et al.* J. Am. Chem. Soc. 133, *17630-17633 (2011).*
8. *Simmons, E. M. et al.* J. Am. Chem. Soc. 132, *17092-17095 (2010).*

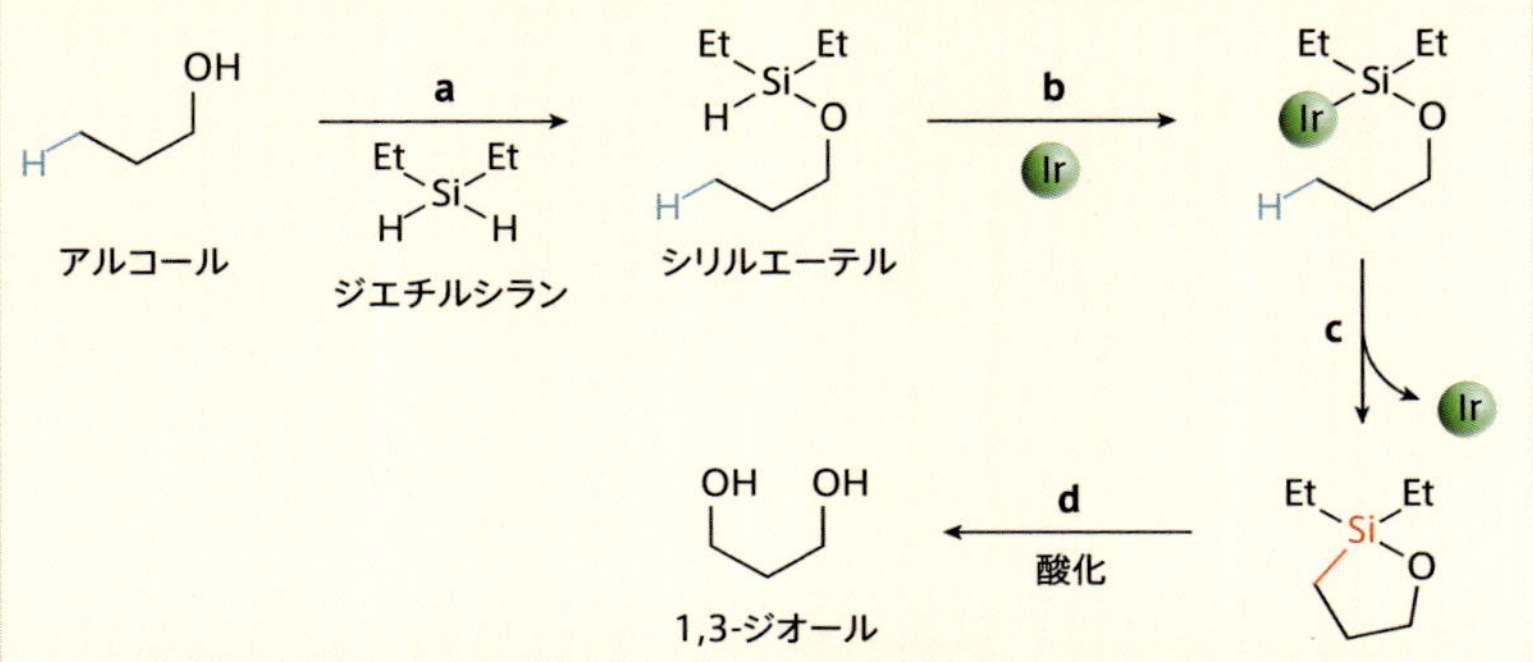

図1　イリジウム触媒を用いたC-H官能基化反応
Simmons と Hartwig[1] は、特定のC-H結合をC-OH結合で置き換えることによって、アルコールを有用な1,3-ジオールに変換する反応を報告している。
a：出発物質のアルコールは、まず、ジエチルシランとの反応によってシリルエーテルに変換される（Et はエチル基）。
b．c：シリルエーテルはイリジウム（Ir）触媒（緑色の球）と強く結合し、特定のC-H結合（青色）とC-Si結合（赤色）の置換を導く。C-Si結合が形成されるとイリジウム触媒は切り離される。
d：ステップa～cと同じフラスコ内で反応生成物を精製せずに次の酸化反応が行なわれ、目的の1,3-ジオールが得られる。

9. *Plé, K. et al.* Eur. J. Org. Chem. 2004, *1588-1603 (2004).*
10. *García-Granados, A. et al.* J. Org. Chem. 72, *3500-3509 (2007).*

▼反応物の水酸基をシリルエーテルに「変装」させる

成功の鍵は、反応物の水酸基を「変装」させることであった。つまり水酸基を、金属触媒と結合するシリルエーテル（ケイ素Siを含む基）に変換したのだ（図1）。シリルエーテルはイリジウム触媒と強く結合し、反応物内の別の場所にある特定のC－H結合とC-Si結合を形成する。つまり、シリルエーテルが配向基としての機能を果たしている。そして、同じ反応容器内で行なう次のステップで、C-Si結合をC-OH結合に酸化してシリルエーテルを除去すると同時に、1,3－ジオールユニットを有する目的生成物が得られる。

SimmonsとHartwigは、単純な構造のものから複雑な構造のものまで、さまざまなアルコールを1,3－ジオールに変換することによって、この方法の有効性を実証した。反応性の高いC－H結合が分子内に存在する場合であっても、つねに配向基から炭素原子3個隔てたC－H部位でのみ官能基化が起こった。印象的なのは、複雑な構造をもつ天然物を反応させても、高い部位選択性を維持していたことである。したがって、彼らは入手が容易な水酸基を有する天然物を、入手しにくい別の天然物に変換させることができたし、新しい天然物類似体を作り出すこともできた。

なかでも、ヘデラゲン酸メチル（抗炎症性、抗真菌性、抗腫瘍性を持つ天然物へデラゲニンの前駆体[9]）の合成は見事である。出発物質は49個のC－H結合をもつ市販のオレアニン酸メチルだが、これらのC－H結合のうち1つのC－H結合のみが、3段階の反応で選択的に官能基化されている。これまでもっとも効率のよかったヘデラゲニン合成[10]でも、オレアニン酸メチルと近縁の出発物質から10段階の反応が必要であった。

Simmons と Hartwig の方法は、水酸基を1つだけ含む基質の官能基化に非常に有効だが、水酸基を複数もつ分子に利用できればもっと応用が広がるであろう（そのような系で選択性が得られるかどうかは、現時点で不明である）。彼らの革新的変換法によって、ありふれた化学基をC－H結合官能基化反応に利用できることがあきらかになった。すなわち、複雑な有機分子の中に1,3－ジオールユニットを作る新しい、かつ効率のよい方法がもたらされたのである。

Danielle M. Schultz と John P. Wolfe はミシガン大学（米）化学科に所属している。

工学・ロボット

Engineering . Robot

ナノファイバーはどうやって伸びる？

Nanotechnology: How does a nanofibre grow?

Pulickel M. Ajayan　２００４年1月29日号　Vol.427 (402-403)

カーボンナノファイバーが炭素を含む蒸気からできてくる原子スケールの仕組みは、数十年の研究にもかかわらず解明されていなかった。そこに今回、高分解能の電子顕微鏡を使い、炭素分子が凹凸上を動いていく様子があきらかにされた。

カーボンナノファイバーはナノメートルサイズの直径をもつ繊維状炭素で、ナノテクノロジーの分野で重要な役割を果たしている。あらかじめ決めたとおりの構造や機能をもつカーボンナノファイバーを製造するためには、その成長機構を理解している必要があるが、科学者たちの努力にもかかわらず解明はなかなか進まなかった。研究者たちは２００４年に、in situ 高分解能透過型電子顕微鏡法によりカーボンナノファイバーの成長をリアルタイムでとらえることに成功し、ニッケル触媒粒子がメタン蒸気と反応してその形状が急激に変化することによりナノファイバーを成長させることをあきらかにした。この研究をきっかけに、カーボンナノフィラメントの成長過程の解明が進み、その合成をよりよく制御できるようになるだろう。

▼カーボンナノファイバー成長の様子が初めて撮影された

D'Arcy Thompson は歴史的な研究書『On Growth and Form』[1]のなかで「物体の形は成長を支配する力を図解している」と書いた。しかしながら、多くの場合、成長と形態の関係は複雑すぎて特定できない。気相中のカーボンフィラメントの成長はその適例である。

この問題についての論文は多く、魅力的で変化に富んだ例は十分あるにもかかわらず、カーボンナノファイバーの成長についての決定的なモデルはできていない。首尾一貫した実験データが欠けているためである。[2,3] この材料が工業技術に大きな影響を及ぼすであろうことを考えれば[4]、成長機構を理解し、洗練された特性をもつナノファイバーを製造できるようにすべきである。『Nature』2004年1月29日号426ページに発表されたHelveg らの研究[5]によって、長年待たれていたナノファイバーの成長の謎を解く鍵が示された。

ナノスケールのカーボンファイバーは、金属触媒ナノ粒子と炭化水素の蒸気とが高温下で相互作用することで成長する。炭化水素分子は触媒と蒸気の界面で解離し、炭素が凝結して、円筒の形をしたグラファイトの尾、多層ナノファイバーになる（図1）。

どのようにしてナノファイバーが形成されるかはまったくわかっていない。触媒粒子はナノファイバーの成長端にとどまっている（先端成長）かもしれないし、開始端にいすわっている（基部成長）かもしれない。[6] 成長過程における（構造や形状といった）粒子自体の状態もまたわかっていないが、粒子の大きさとファイバーの直径は同じぐらいである。

実験的には、ナノファイバーの成長を原子スケールで直接観察するのに十分な時間・空間分

1. *Thompson, D'A.* On Growth and Form *(Cambridge Univ. Press,1917).*
2. *Baker, R. T. K. & Harris, P. S.* Chem. Phys. Carbon 14, *83-165(1978).*
3. *Tibbets, G. G. in* Carbon Filaments and Nanotubes: Common Origins, Differing Applications *(eds Biro, L. P. et al.) 63-73 (Kluwer, Dordrecht, 2001).*
4. *Terrones, M.* Annu. Rev.Mater. Res. 33, *419-501 (2003).*

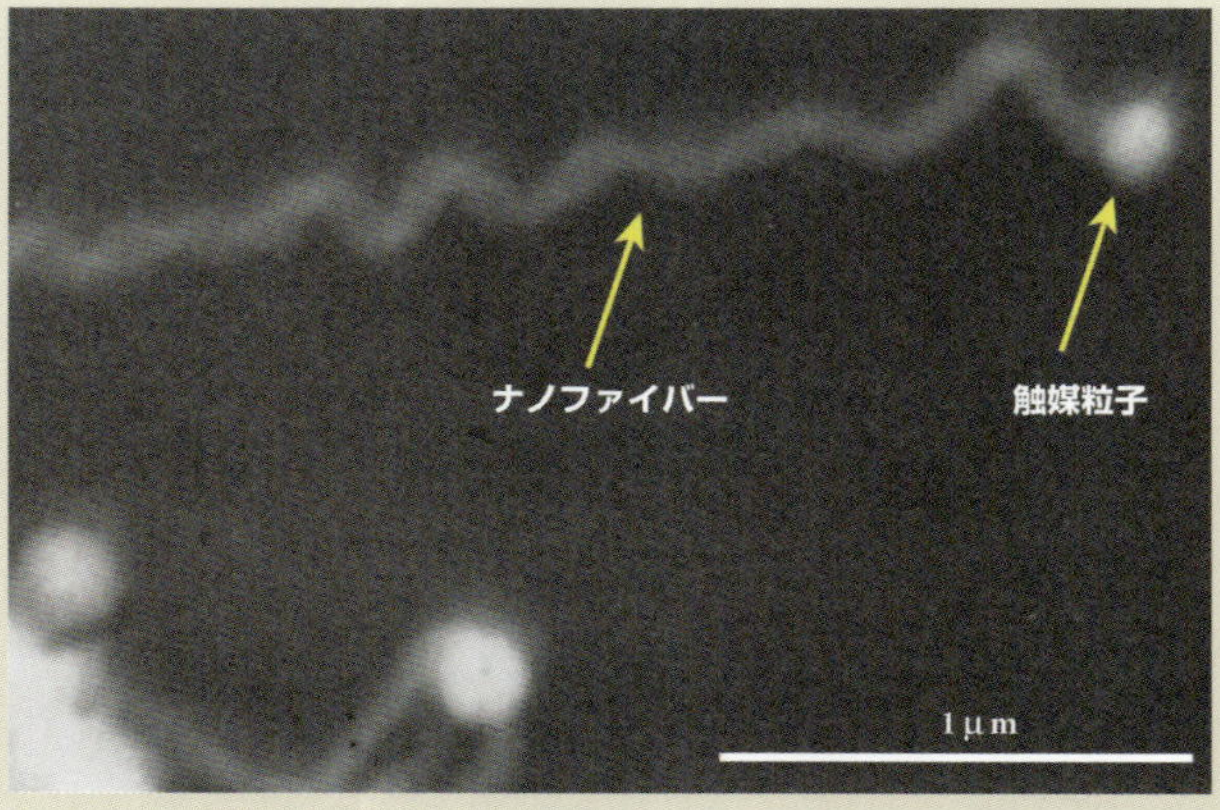

図1 ナノファイバーの成長
高温下で触媒が存在すると気相の炭化水素分子は解離する。この走査型電子顕微鏡像に見られるように、分子中の炭素はナノファイバーになる。Helveg らによってこの過程が研究され、原子スケールの機構があきらかになった。

解能で、この高温での触媒反応のダイナミクスを追跡することは困難であると示されていた。Helveg らが発表したナノファイバーの成長の初期段階をとらえた写真は、in situ の高分解能透過型電子顕微鏡法によって、きわめてすばらしい発達ぶりを明確にとらえたものだ。Helveg らは、高分解能透過型電子顕微鏡の中にあるメタンと担持された（直径5から20nmの）ニッケルナノ粒子間に約500℃で起こった触媒反応をリアルタイムで記録することに成功した。得られた像をフレームごとに解析することによって、ナノファイバーの成長を先導する事象があきらかになった。

触媒粒子は先端成長の処方に従って成長するナノファイバーとともに動いているように思われる。ナノファイバーの成長が触媒粒子の急激な形状変化によって促進されているのは、驚くべきことだ。

5. *Helveg, S. et al.* Nature 427, *426-429 (2004).*
6. *Charlier, J. C. & Iijima, S. in* Topics in Applied Physics Vol. 80 *(eds Dresselhaus, M. S. et al.) 55-80 (Springer, Berlin, 2001).*

粒子の形状は触媒と蒸気の反応によって順番に変わっている。球状と伸張状態との間の形状変化は急激にかつ繰り返し起こる。細長い形をしているとき、粒子はテンプレートの働きをし、粒子表面を炭素原子が拡散することによって整列したグラファイトの層の形成を促進するこの像をより細かく観察すると、核形成とグラファイト層の成長はニッケルナノ粒子の「出っぱったところ」つまり連続的に出たり消えたりしている単原子のステップ端面で起こっていることがわかる。このステップ端面機構には理論計算による裏づけもある。

▼成長過程が詳細にあきらかになってきた

成長過程の間、ニッケル触媒はナノ粒子表面の低エネルギー面に制限されて結晶構造をずっと維持している。形状の変化は、グラファイト層がニッケル表面を覆ったり表面が外に現われたりを繰り返すときに、表面エネルギーのバランスが変わることによって起こる。ニッケル表面の一部が周りを取り巻く蒸気と直接接触し続けることが重要である。粒子がグラファイト層に完全に包まれてしまうと、金属と蒸気の間の反応がそれ以上起こらなくなるため、ナノファイバーの成長が止まる。

Helveg らによる実験は[5]、小さな粒子がナノスケールの成長触媒として用いられるときには、形状の変化が重要であることを示している。それどころか、反応によって引き起こされた金属粒子の再形成は金属ナノ粒子に固有の構造的な不安定性とかなりの類似点がある。[8] ナノファイバーの最終的な形状を決める力のダイアグラムは粒子形状の劇的な変形と密接に結びついてい

7. *Hansen, P. et al.* Science 295, *2053-2055 (2002).*
8. *Ajayan, P. M. & Marks, L. D.* Phys. Rev. Lett. 63, *279-282 (1989).*
9. *Nerushev, O. A., Dittmar, S.,Morjan, R.-E., Rohmund, F. & Campbell, E. E. B.* J. Appl. Phys. 7, *4185-4190 (2003).*
10. *Banhart, F. et al.* Int. J.Mod. Phys. B 15, *4037-4069 (2001).*

る。粒子が大きくなると、形状の揺らぎはエネルギー的に不利になり、大きな粒子はナノファイバーを成長させる効率的な触媒とならないことがわかる。

だが、ここで注意しなければならないこともある。Helvegら[5]が提案した機構は特定の場合にのみ、妥当なのかもしれない。つまり、より細いカーボンナノチューブにまで拡張するのは容易ではない。カーボンナノチューブにおいては、ナノファイバーよりも炭素の格子が規則正しく、触媒粒子がナノチューブ組織に常にくっついているようには見えない。したがって、今回の発見が正しいとしても、ナノスケールのカーボンフィラメントの成長の謎が完全に解けたわけではない。だが今回の研究は相当に大きな実験的障害を克服し、ナノファイバーが成長する様子を初めて直接見ることができた。リアルタイムでナノスケールの観察を最初に行なったものであり、これによってナノテクノロジーの分野でナノファイバー合成をよりよくコントロールできるようになるだろう。

Pulickel M. Ajayan はレンセラー工科大学（米）材料科学工学学部に所属している。

原子の腕時計

しょっちゅう時計を合わせなくてはならないのは億劫なことだ。では、原子時計を腕時計にするというのはどうだろう。製造技術が向上し、時間合わせの方法も進歩したおかげで、それも実現できそうになってきた。

The atomic wrist-watch
Robert Wynands　２００4年6月3日号　Vol.429 (509-510)

原子時計は、原子や分子の特定のエネルギー準位間の遷移を発振器とする時計である。その精度は非常に高く、セシウム原子のマイクロ波遷移を利用する原子時計が秒の定義に使われているほか、精密測定や放送や通信など広範な科学技術の進歩に貢献してきた。高精度の原子時計が安価で小型になれば、さらに幅広い用途が期待される。２００４年には、研究者らが大きさわずか数立方㎜の蒸気セル型周波数標準器を大量生産に適した工程で製造する技術を開発し、別の研究者たちは小型の蒸気セル型原子時計の欠点を解消する新しい動作モードを提案した。その後、原子時計の小型化が進み、チップスケール原子時計の製品化も始まっている。また、マイクロ波時計よりさらに正確な光時計など、新しい方式の原子時計の研究も進んでいる。

▼小型の原子時計を実現する方法が見つかった

正確な計時は現代社会の重要な基盤である。もっとも正確な計時装置、つまり各国の国立計量研究所にある一次原子標準器は大きな洋服ダンスほどの空間を占有し、10^{15}分の1あるいは3000万年に1秒という正確さで時間を記録している。しかし、誰もがこのレベルの性能を必要としているわけではなく、10^{12}分の1程度の安定度ならば靴箱くらいの大きさの時計で実現できる。このような装置は、遠隔通信等でマルチユーザーネットワークにおける高速データ伝送の同期をとるために、世界中で数千台が使われている。原子時計がもっと小さくなり、手ごろな方法で製造できれば、さらに広い範囲で利用されるようになるだろう。

小型の原子時計を実現しようとする際にぶつかる物理的な問題や技術的な問題のいくつかを解決する方法が、今回見つかった。Liew らは Applied Physics Letters[1] や学会発表[2] で蒸気セル型周波数標準器を大量生産に適した数ステップの手順で小型化したと発表した。Physical Review Letters では、Jau ら[3] が小型の蒸気セル型原子時計に固有の欠点を解消する、いままでにない動作モードを提案している。その結果、原子時計は1個当たり100ユーロ（約1万3000円）以下の価格になり、その大きさと電力消費量は携帯端末、さらにはハイテク腕時計にすら利用できるほどになるだろう。

従来の原子時計では、ギガヘルツ（GHz = 10^9 Hz）周波数帯のマイクロ波を原子に照射している。マイクロ波が原子に吸収されることによって、もっとも確率の大きい2つの特定の原子内部エネルギー準位間の遷移を誘導し、マイクロ波の周波数変動が抑えられる。このようにして、

---

1. *Liew, L.-A. et al.* Appl. Phys. Lett. 84, *2694-2696 (2004).*
2. *Kitching, J. et al. in* Proc. 18th Eur. Frequency and Time Forum, Guildford, UK, April 2004 *(IEE, Stevenage, UK, in the press).*
3. *Jau, Y.-Y. et al.* Phys. Rev. Lett. 92, *110801 (2004).*

周波数変動を抑えられたマイクロ波、つまり原子時計の最も重要な出力信号は、原子の内部構造を巨視的に表わすことになる。セシウム時計では、最適周波数は1秒当たり9,192,631,770振動（周波数で9GHzの少し上）であり、したがって出力信号をこの数字で割れば、原子時計の1秒の「チクタク」が得られる。時計を動作させるために通常選ばれるエネルギー準位の特定のペアはセシウムの16に分裂した基底準位の内の中央にある準位である。これらの準位では、そのエネルギーの相違は磁場の揺らぎによって弱い摂動を受けるだけである。小型の時計では、一般的にはセシウム原子は㎝単位の大きさのガラスセルに収められ、室温より若干高い温度で原子蒸気の状態に維持される。

マイクロ波で駆動されるこのような時計は、マイクロ波の波長である3・2㎝よりずっと小さいガイド構造にはマイクロ波がなじまないため1㎝程度までしか小型化できない。しかしこの障害はレーザー光を用いることで克服できる。光ビームが9GHz離れた2つの光学周波数成分をもっている場合、コヒーレントポピュレーショントラッピングと呼ばれるプロセスで2つの原子状態の結合もできる。これに似たやり方で親指大の全光学式時計がかつて製作されたが[4]、今回、Liewらは[1]小型の蒸気セル（図1b）を製造する技術を開発することで、この作業をさらに重要な段階へと進めた。

彼らの最新の成果では[2]、電子部品と電源を除く光学的な仕組みすべて（「物理パッケージ」）を数立方㎜しかないデバイス上に実装している。さらに、すべての加工ステップは既存のウェハースケールの実装加工技術と十分な互換性がある。原理的には、数百または数千の物理パッ

4. *Kitching, J., Knappe, S., Hollberg, L. & Wynands, R.* Electron. Lett. 37*, 1449-1451 (2001).*

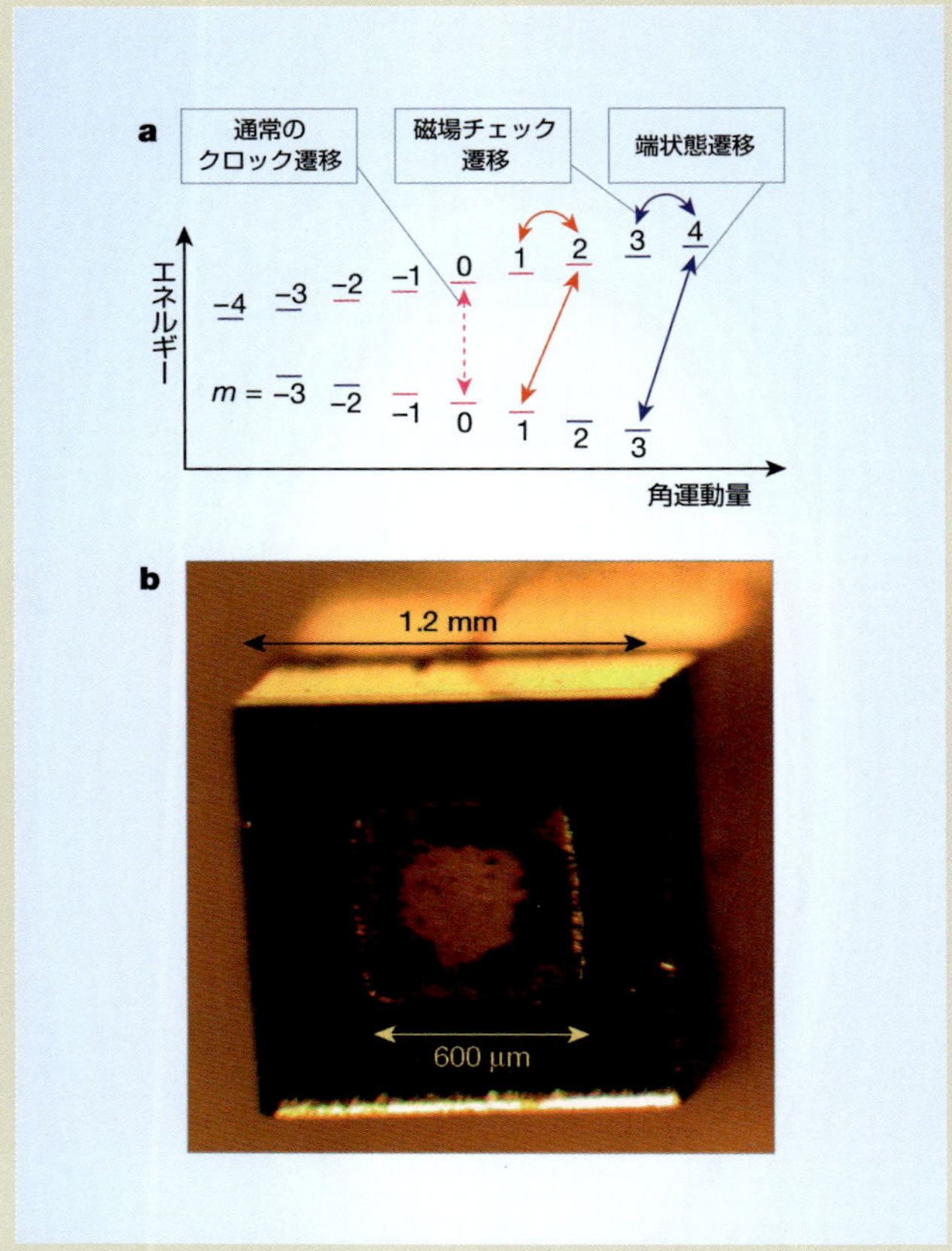

図１　時計の仕組み
a：セシウム原子（青および赤）とルビジウム原子（赤のみ）の基底状態のエネルギー準位、弱い磁場が存在するため分裂している。各準位のエネルギーはm、つまり原子の角運動量に関係する磁気量子数に応じて変わっている。通常のクロック遷移は m=0 の２つの準位間である。しかしながら、Jau ら[3]は（セシウムでは m=3 と m=4 の間、ルビジウムでは m=1 と m=2 の間の）端状態共鳴が小型の原子時計には望ましいと提案している。
b：Liew ら[1]が製作した小さな原子蒸気セル。（厚さ 0.375mm の）シリコン片にあけられた正方形のスルーホールに少量の金属セシウムが充填されており、両側がグラスシートで密封されている。

ケージを同時に製造でき、1ユニット当たりの製造価格を抑えられる。時計全体の総電力消費量は数十ミリワット（mW）になり、電池で動かせるようになると思われる。

▼安定度の低下などの課題はまだある

しかし、小型化には安定度の低下が伴う。安定度は1秒当たり10^{10}分の2、より長期間にわたってはほぼ10^{11}分の1になってしまう。原子時計の安定度は2つのパラメータに依存している。安定度は信号検出時の信号対雑音比（SN比）が増加すると向上し、マイクロ波の共鳴線幅（つまり、9GHzの周波数が最適値からずれうる程度）が広くなると低下するのである。

小型の時計では、蒸気セルは小さいので蒸気密度を増さなければならない。このために、セシウム原子を80℃以上に加熱し、信号を出す原子の総数が通常の蒸気セルと同じになるようにしている。このような高密度では、原子は頻繁に相互に衝突する。おのおのの衝突はスピン交換というプロセスによって原子とレーザー光あるいはマイクロ波との相互作用を妨害し、共鳴線の幅を広くする。また、衝突によってクロック遷移に関係する2つのエネルギー準位から離れたところに原子のエネルギー準位が移り、その結果、信号の発生に関与する有効な原子数が減少し、SN比が低下する。

Jauら[3]は基底多重項状態（図1a）の外側の端にある、これまでとは異なる準位のペアを選んで、この効果に対抗することを提案した。いわゆる光ポンピングは円偏光レーザー光を用いて、ほとんどすべての原子をもっとも外側の準位のどちらかに移し、その結果、信号強度とS

N比が向上する。同時に、端状態の1つにある原子間のスピン交換は（角運動量が保存されるため）有効ではなく、スピン交換衝突は共鳴線の幅を広げない。総合すると、これら2つの効果は時計の安定度を十倍から百倍向上させ、時計の性能を10^{12}分の1よりいいという、価格が5万ユーロほどの既存のデバイスの性能範囲に入れることが可能である。

しかしながら、これらの端状態のエネルギーは磁場強度によって大きく変わるという重大な欠点があり、このために大きな有効体積をもつ原子時計では通常は使われなかった。Jauら[3]は隣接する準位間の高周波遷移を用いて、小型セル中の磁場を正確に測定し、電子回路ループを追加して変化をきめ細かく補正する方法を提案した。複雑さが増すことやわずかな不確実性は、短期安定度に対する潜在的に大きな利益を考えるとおそらく許容できるだろう。

Liewら[1]のような小型の原子時計が商品となるには、いま少し時間がかかるだろう。原子腕時計は本当に望まれているのだろうか。10^{11}分の1という正確さは1日につき1 μs（マイクロセコンド）に相当し、通常の日常的な用途ではそこまで正確でなくてもいいだろう。しかし、サイズが小さく低価格になると思われることから、改良型のＧＰＳ受信機や自立運用を目的として設計されるタイミング依存デバイスといった、時計以外の製品の重要な構成要素となるだろう。Jauら[3]が予測した性能の向上が現実のものとなれば、手ごろな原子時計がマスマーケットに出回ることになるに違いない。

Robert Wynands はドイツ国立物理工学研究所に所属している。

銀でできたナノスイッチ

Silver nanoswitch

Jan Van Ruitenbeek　２００５年1月6日号　Vol.433 (21-22)

イオン伝導体は、センサー、燃料電池や普通の電池などいろいろな使い道がある。イオン伝導体を基盤とするナノエレクトロニクス・デバイスは、今後シリコンに取って代わるのだろうか。

半導体デバイスの微細化と高性能化は限界に近く、新しいナノデバイスの開発をめざして熾烈な競争が繰り広げられている。寺部らの研究チームは２００５年に、電子の代わりに原子の移動を制御することで動作する「原子スイッチ」と、その集積化技術の開発に成功した。彼らの原子スイッチは、固体電解質電極と金属電極の間の約１nmの間隙において金属クラスターの形成と消失を制御するもので、半導体スイッチよりも小さく、消費電力が少なく、不揮発性であるなど優れた特性を示した。また、このスイッチを使って基本論理演算回路を製作し、その動作を確認することにも成功した。原子スイッチの開発は続いており、２０１１年には原子スイッチを使った新しい脳型素子が開発され、たった１個の素子で複雑なシナプス活動が再現された。

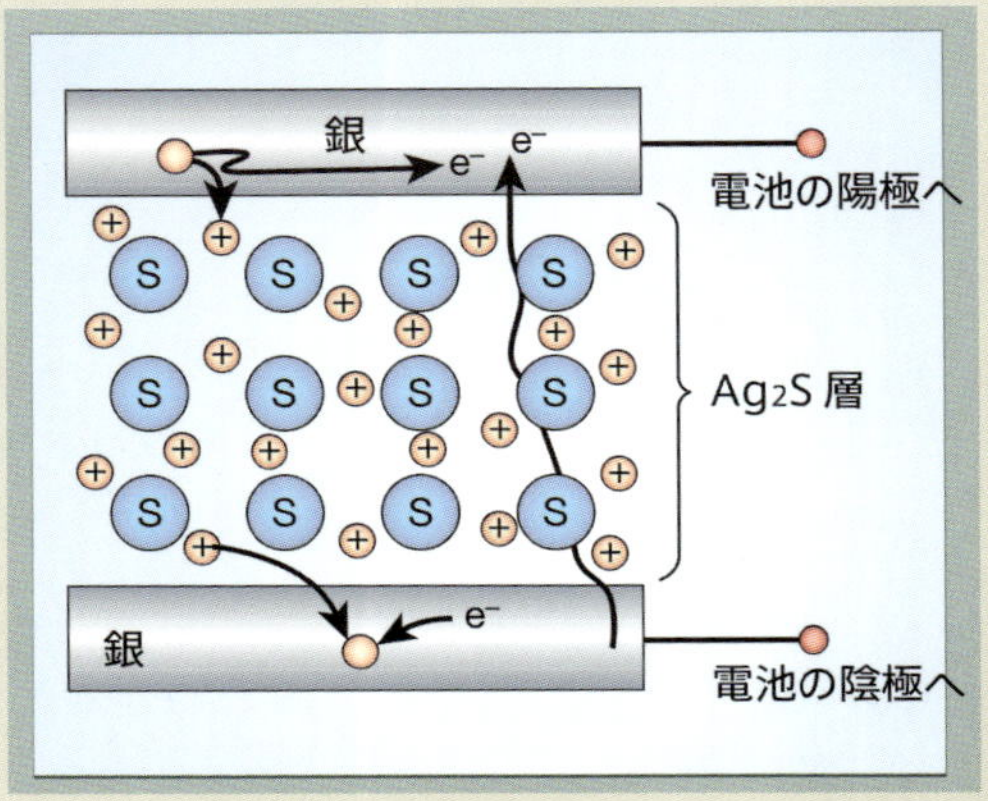

図1　硫化銀：電子・イオン混合伝導体
Ag_2S の上と下に２つの銀接点が接触し、電池につながれている。電流の一部は電子によって運ばれ、一部は硫化物を通って反対方向に拡散するプラスの銀イオン（「＋」を丸で囲んだもの）によって運ばれる。イオンは電極材料の酸化によって陽極で補給され、同時に陰極で銀が還元され析出する。

▼より小さく強力なデバイスへの挑戦

ほとんどの電子機器はデジタルエレクトロニクスを基盤とする。そのデジタルエレクトロニクスは、組織的な連係で動作する数多くのスイッチを本質的に必要とする。このため、既存のシリコン技術を凌駕《りょうが》するような信頼性の高いスイッチング機構を見つけ、さらに小さく、強力なエレクトロニクスを実現することを目指して、多くの研究がなされている。理想的なスイッチとしては、原子サイズまでの縮小が望まれる。消費電力は小さく、メモリーの読み出し・書き込み操作のためにリード線２本のみを必要とする。寺部一弥たちはこの理想スイッチに近づく発明について述べている（原著論文は、『Nature』２００５年１月６日号を参照のこと）[1]。彼らは硫化銀の魅力的な性質を利用した。この物質の電気伝導性は電子と銀イオンの双方が担う。その結

1. *Terabe, K., Hasegawa, T., Nakayama, T. & Aono, M.* Nature 433, *47-50 (2005).*

果生まれたデバイスは高速のメモリー操作だけでなく論理演算にも用いることができ、室温で動作する。

▼室温で動作する、イオン伝導体によるスイッチ

ほとんどの固体では、原子は規則的な結晶格子中の一定の位置に存在する。ところが、寺部らが使った固体イオン伝導体では、一部のイオンが格子の中にいくつもの等価な位置をもつことができ、物質中をさまよい動くことができる。図1は今回の関心の的となっている伝導体 Ag_2S におけるこのようすを図解したものだ。硫化銀を銀のリード線2本で電池に接続すると、硫化銀と銀の陽極との界面に Ag^+ イオンが作られ、もう一方の電極で還元される。つまりこの過程によって銀の輸送が起き、プラスのリード線から銀が取り去られ、マイナスのリード線に同量の銀が析出する。Ag_2S は珍しい固体イオン伝導体で、2つの変わった特徴をもつ。Ag_2S は室温で動作し、電子だけでなくイオンも伝導するのだ。この両方の特徴が、今回、寺部たちが作り出したデバイスにとって肝要なのである。

数年前、寺部たちは走査型トンネル顕微鏡（STM）を用いた際に Ag_2S 結晶の表面にできたナノスケールの銀のコブについて報告している[2~4]。この実験では底面につけた銀の電極はプラチナのSTMチップに対してプラスの電位を保持していた。チップから Ag_2S 表面へポテンシャル障壁を通り抜けた電子の一部は Ag^+ イオンを金属銀として析出させるために使われた。チップを表面から一定の高さに維持すると、チップと試料の間に金属銀の橋が形成された。この過

2. *Terabe, K., Hasegawa, T., Nakayama, T. & Aono, M.* RIKEN Rev. 37, *7-8 (2000).*
3. *Terabe, K., Hasegawa, T., Nakayama, T. & Aono, M.* Appl. Phys. Lett. 80, *4009-4011 (2002).*
4. *Terabe, K., Hasegawa, T., Nakayama, T. & Aono, M.* J. Appl. Phys. 91, *10110-10114 (2002).*

程は電位を逆転させれば反対になり、銀の橋は溶けて硫化物内に戻る。これがスイッチの原理である。つまり、適切な符号の電圧を加えることで、接点をつないだり切ったりできる。近年、STMチップとサブストレートの間に多くのスイッチング機構が発見されているが、個々のデバイスがそれ自身のSTMを必要とするために実用的な価値がほとんどなく、そういった研究はほとんど顧みられなかった。実用化するには、2つの電極間のこのようなトンネル結合をより簡単な、もっと再現性の高い方法で制御できる必要がある。寺部たちはその巧みな解決法を見つけだした。[1] 彼らは必要とされるトンネル間隙をイオン伝導体自らが作り出し、制御する性質を利用したのである。銀線面の上のAg_2S層が厚さ1nmの銀層を介して太いプラチナ線と接

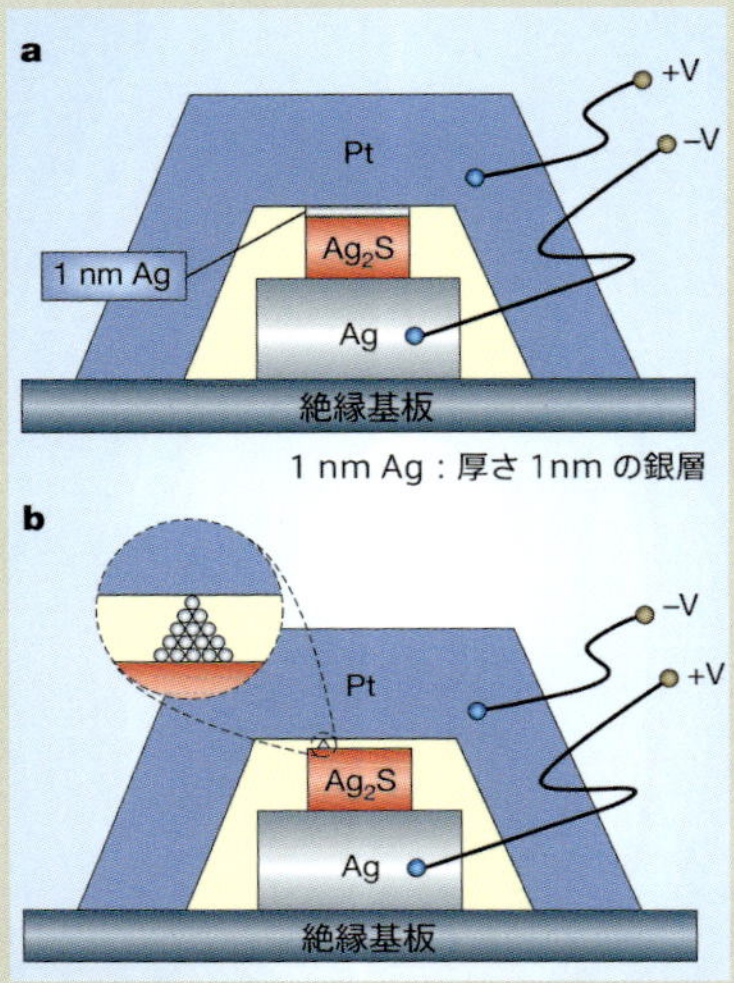

図２　硫化銀（Ag_2S）混合イオン伝導体の性質を利用した書き換え可能なメモリービット、寺部らの論文１で説明されている。a．Ag_2S 層の上に蒸着された厚さ１nm の銀層は、プラチナのリード線から銀のリード線に電流を流すと硫化物層内に消える。この結果、２つの電極間の接触が失われ、デバイスが初期化される。b．電圧を逆にかけることにより、銀原子の橋が局所的に形成され、硫化銀とプラチナ間の接触が回復する。デバイスのコンダクタンスは１量子単位のコンダクタンスになることができ、銀の橋はたった１個の原子でプラチナのリード線に接触していることを示している。

触している（図２ａ）。そして、プラチナと銀のリード線は電圧源に接続され、上から下に電流が流れる。この電流に伴って硫化鉄を通って下へと向かう銀の移動が起こり、数秒後に上面の銀層は消失し、プラチナリード線との接触が切れる。こうしてデバイスは「オフ」状態になり、動作可能な状態になる。印加電圧の極性を逆転すると（図２ｂ）、局所的な銀の橋が即座に形成され、プラチナとAg_2S間のギャップは再び閉じられ、スイッチは「オン」状態に切り替わる。この過程にはほんの数個の原子しか必要としないため、逆転と繰り返しが高速でできる。

さらに寺部たちは、振幅と持続時間が正確な短い電圧パルスが印加できれば、デバイスのコンダクタンスを1量子単位程度まで小さくできることを観測した。この場合、銀の橋はプラチナのリード線にちょうど1個の原子が接触するまで上方に成長するように思われる（概論は参考文献5を参照のこと）。「オン」と「オフ」状態を切り替えるには１００ミリボルト（mV）より高い電圧を必要とする。メモリービットの状態、つまりオンかオフかは、硫化銀の電子伝導特性を利用してこの電圧より低い電圧で破壊することなく読み出すことができる。

２つの硫化銀スイッチと抵抗器、コンデンサーを組み合わせて、寺部たちは基本的な論理演算ＡＮＤ、ＯＲ、ＮＯＴを行なった。基本的には、より複雑な論理演算の実行に必要なものはこれですべてである。しかし、入出力を大きなデジタル回路内の別の論理ゲートと結合すると、この論理ゲートの効率は著しく落ちるだろう。この問題を回避するには、ゲート信号を増幅する手段が必要となる。でなければ、このデバイスの論理回路への応用は限られたものになるだろう。著者らが観測した電圧の増加に伴う複数のステップ、つまり量子化伝導度も注目に値す

5. *Agraït, N., Levy Yeyati, A. & van Ruitenbeek, J. M.* Phys. Rep. 377, *81-279 (2003).*

るが、再現性の乏しさからみて、実用性はおそらく十分とは言えない。とはいえ、研究の主たる成果はきわめて明快なもので、nmサイズのアドレス可能なビットに縮小できる。特許出願によって著者らが研究成果を保護されたのは賢明であった。

Jan van Ruitenbeek はライデン大学カマリン・オンネス研究所（オランダ）に所属している。

ピンクのキュービット

Qubits in the pink

Pieter Kok and Brendon W. Lovett　２００６年11月2日号 Vol.444 (49)

一部のダイヤモンドは、結晶構造に窒素－空孔欠陥と呼ばれる不完全性があるため、特徴的なピンク色を呈している。こうした欠陥を適切に操作することができれば、量子コンピュータの「キュービット」となるバラ色の展望が開けてくるかもしれない。

「重ね合わせ」や「量子もつれ」などの量子力学原理を利用して演算を行なう量子コンピュータの実現をめざして、世界中で研究開発が進められている。従来型コンピュータでは、０か１かの状態をとる「ビット」が情報の基本単位になっているが、量子コンピュータでは、０と１という２つの状態の重ね合わせである「キュービット」が基本単位となる。重ね合わせ状態を利用することで、ｎキュービットで2^n通りの入力を同時に表現することができ、同時に計算を進めることができるため、従来型コンピュータには困難な素因数分解などの計算を高速に行なえるとされている。さまざまな方式の量子コンピュータが提案されているが、研究者らが２００６年に提案したダイヤモンドは、今日も有力な量子ビット候補として研究が進められている。

▼ピンクの欠陥ダイヤモンドが量子コンピュータの未来をつくる?

材料科学者であるF. C. Franckは「結晶は人間のようなものであり、欠陥があるからこそ興味深い」と述べた。ダイヤモンドの結晶中にできる、負に帯電した「窒素-空孔欠陥」に関する研究成果を『Physical Review Letters』誌に発表したRonald Hansonとその同僚も、おそらく同じ意見であろう。[1] この系はみるみるうちに、固体量子コンピュータの量子情報基本単位(キュービット)の有力候補になろうとしている。

ダイヤモンドを構成する炭素原子の格子には、窒素やホウ素など、さまざまな置換不純物原子が入っていることがある。こうした欠陥はダイヤモンドに色をつけるので、しばしば色中心と呼ばれる。ダイヤモンドにピンク色を帯びさせる窒素-空孔(NV)欠陥は、結晶格子中の空孔の隣に位置する炭素原子が窒素原子に置き換わることで生じる。2つの欠陥が隣り合って存在する可能性は低そうに見えるかもしれないが、ダイヤモンドが加熱されると、空孔が格子の中を拡散していき、窒素原子の隣に来て止まることが知られている。「ランダムウォーク」がここで止まるのは、隣り合った2つの欠陥の配置が非常に安定になるからである。

NV中心には、電気的に中性のNV^0と負に帯電したNV^-の2種類がある。興味深いのは、電子を余計にもっているNV^-中心のほうである。この電子は、おそらく別の窒素欠陥から供与されたものである。NV^-欠陥の電子のうち、近隣の炭素原子との間に結合を作っていないものの総数は6であり、基底状態での全スピンはS=1である。このスピンには、磁気量子数$m_S=+1, 0, -1$によって表される3種類の向きがある。スピンがこれらのいずれかの値をとる

1. *Hanson,R., Mendoza,F.M., Epstein,R.J. & Awschalom,D.D.* Phys. Rev. Lett. 97, *087601 (2006).*

傾向があるとき、それは偏極しているという。

NV^-中心の明確な（「コヒーレント」な）スピン状態は、長時間（室温でも50μsec〔マイクロ秒〕以上）[2]にわたって保存されうる。$m_S=0$の状態と$m_S=\pm1$の状態とのエネルギー差は、約12μeVである。3GHz（ギガヘルツ）のマイクロ波周波数の光子は、まさにこのエネルギーをもっているため、この光を使ってNV^-中心のスピン状態を操作することが可能である。スピン状態の「読み出し」には、もっと高いエネルギー状態への遷移を利用する。すなわち、ダイヤモンドにレーザーを照射して遷移を誘発し、緩和によりNV^-中心が低いエネルギーレベルへ戻ってくるときに放出する光から、そのスピン状態を知るのである。この過程は光ルミネッセンスと呼ばれている。[3]コヒーレンス時間が長く、外部から精確に制御できるNV^-スピンは、実用的なキュービットに求められる性質の多くを備えているため、量子コンピューティングの分野でさかんに研究されている。[4]しかし、NV^-を利用した量子コンピューティングが実現するまでには、多くの障害を乗り越えなければならない。おそらくもっとも困難なのは、この系を拡張して多キュービット系を構築することである。

▼欠陥どうしのカップリングで難問をクリア

Hansonらは、この問題の解決に向かって大きく前進した。[1]彼らはNV^-中心と、空孔と結合していない窒素中心N（NV^-に余分な電子を供与した窒素欠陥とは異なるもの）とのカップリングを実証した。この「N中心」にもスピンがあるが、磁気量子数は異なり、$m_S=\pm1/2$である。

2. *Kennedy,T.A., Colton,J.S., Butler,J.E., Linares,R.C. & Doering,P.J. Appl.* Phys. Lett.83, *4190 (2003).*
3. *Jelezko,F., Gaebel,T., Popa,I., Gruber,A. & Wrachtrup, J.* Phys. Rev. Lett. 92, *076401 (2004).*
4. *Santori,C. et al. preprint available at www.arxiv.org/quant-ph/0607147 (2006).*

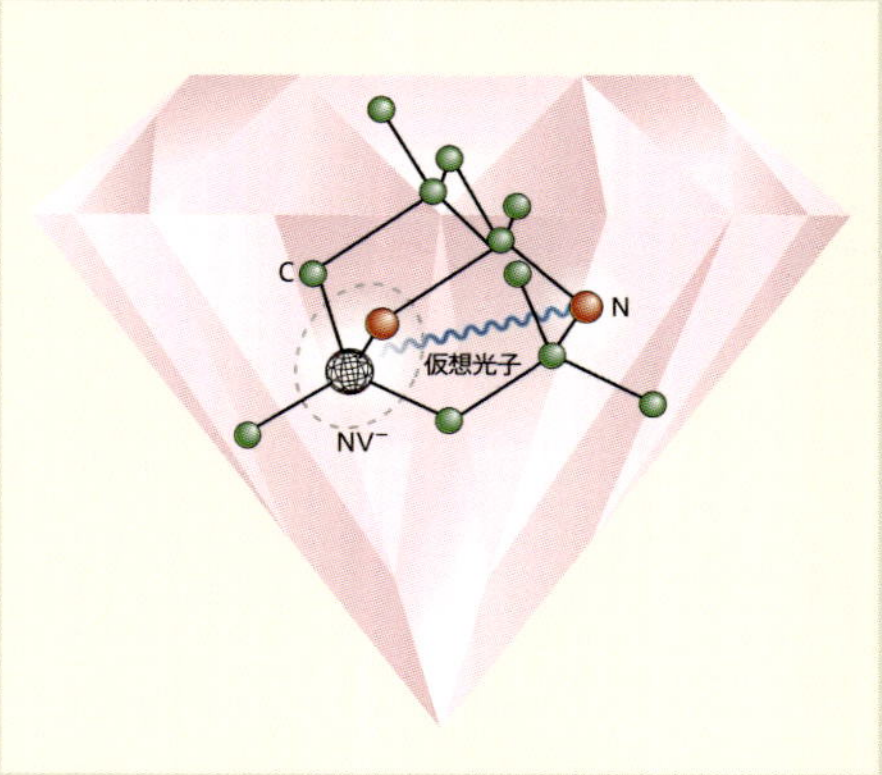

図1　欠陥どうしのカップリング
Hansonらは実験で、ダイヤモンドを構成する炭素原子の格子にできる窒素（N）欠陥と、その近傍にある窒素-空孔（NV^-）欠陥とのカップリングについて調べた[1]。磁場を利用して欠陥のスピン状態のエネルギーを調整すると、欠陥どうしを共鳴させることができる。このとき、いわゆる「仮想光子」を介して、エネルギーと偏極の交換が起こる。このような相互作用は、NV^-欠陥の光学的制御を利用して窒素欠陥のスピンを制御することを可能にするものであり、これらを組み合わせてできる系は、量子コンピューティングのための2キュービット構造として有望視されている。

磁場をかけると、NV^-スピンとNスピンのエネルギーレベルの構造はいずれも変化する（ゼーマン効果）。ある強さの磁場をかけると、2つの欠陥のスピンレベルの間のエネルギーギャップが同じになる。NV^-とNとの間に相互作用がある場合、この「共鳴」が、「仮想光子」を介したエネルギーと偏極の交換を可能にする（図1）。結果、NV^-は光の放出に適した量子状態ではなくなるため、光ルミネッセンスシグナルが小さくなる。Hansonらが観察したのは、この効果だった。[1]

著者らは次に、マイクロ波場をNV^-欠陥と共鳴させる実験を行なった。ここでもNV^-スピンとマイクロ波場との間で偏極の交換が起きた。NV^-がダイヤモンド格子中で孤立している場合、光ルミネッセンスシグナルは1回だけ低下するはずであるが、Hansonらは、シグナル中に2回の低下を観察した。[2] これもまた、N中心との相互作用のためである。Nスピンが2つの向きをとりうることで、NV⁻中心での有効磁場に違いが生じ、それに応じて共鳴がシフトする。重要なのは、このシフトがN中心のスピン状態の読み出しを可能にすることだ。それには単に、NV⁻中心の光ルミネッセンスを観察するだけでよい。また、必要に応じてN中心に特異的な状態をとらせうることも示す。

N中心は、NV⁻欠陥を含む試料にはごく一般的にみられるため、上述の相互作用は、NV⁻キュービットのコヒーレンスが失われる主な原因になっている。N中心を制御する方法は、このデコヒーレンスを許容範囲内まで小さくする手段として有望視されている。

N-NV⁻系は電子 - スピン2キュービット系に相当するため、今回の実験は、NV⁻系に基づく大規模な量子コンピュータの製作に向け重要な一歩を踏み出したといえる。著者らは、N欠陥の鎖を介して複数のNV⁻中心を連結することができると提案する。この提案は、大胆すぎるかもしれない。多キュービットレジスタを実現するには、ある種の「測定に基づく」量子コンピューティングを利用する方法、すなわち、キュービット間に量子相関を作ってから量子アルゴリズムを実行する方法のほうがよいかもしれない[5]。ここでN-NV⁻系は、光学的操作により「ブローカー」キュービットの間に必要な量子相関を作り出し、これを「クライアント」キュービット（デコヒーレンス時間は長いが、光学的遷移を起こさないもの）に移すプロトコルとして理想的である[6]。ここに、量子コンピューティングのバラ色の未来が待つのだろう。

Pieter Kok and Brendon W.Lovett はオックスフォード大学（英）に所属している。

5. *Raussendorf,R. & Briegel, H.J.* Phys. Rev. Lett. 86*, 5188 (2001).*
6. *Benjamin,S.C., Browne,D.E., Fitzsimons,J. & Morton,J.J.L.* New J. Phys. 8, *141 (2006).*

磁気圧を上げる

Up the magnetic pressure
Shaun Fisher and George Pickett

２００６年12月14日号 Vol.444 (832-833)

超流動ヘリウムの磁気噴水効果を観察することは、実験として美しいだけでなく、ほかの多くの不思議な磁気現象を研究するための手段にもなる。

軽いヘリウム原子^{3}Heを約３Ｋまで冷却すると液体^{3}Heが得られる。これをさらに数ミリＫまで冷却すると、超流動^{3}Heという流動性の高い状態になる。^{3}He原子はフェルミ粒子だが、超伝導の場合と同じように、２個の^{3}He原子がクーパー対を形成することで超流動状態になるのだ。超流動^{3}Heは多様な状態をとり、磁場中ではA_1相という特異な相が現われる。A_1相の超流動成分は磁場に平行なスピン凝縮対のみからなり、完全に偏極していて、スピン流と質量流は完全に同じものになると予想されていたが、実験には超低温と強磁場が必要であるため、測定はほとんど行なわれていなかった。山口らは、A_1相に特有の磁気噴水効果を観察できる装置を作り、これを利用してA_1相のスピン緩和過程を調べたところ、意外な知見を得た。

▼質量だけでなく、磁気も摩擦なく移動する超流動ヘリウム

ヘリウムの軽い同位体である^{3}Heは、絶対零度からわずか数ミリKという温度で液体の状態にあり、超流動体として奇妙な性質を示し始める。[1] 興味深いことに、こうした超流動状態では、質量だけでなく磁気も摩擦なく移動することができる。『Nature』12月14日号909ページ[2]で、山口明らは超流動^{3}Heのこの2つの性質の間の相互作用を利用して、圧力をかけることで磁気を誘導し、磁気をかけることで圧力を誘導する装置を開発したと報告している。

液体が摩擦なしに流れる超流動は、巨視的な数の粒子が系の最低のエネルギー状態（基底状態）を占めるときに起こる。ひとたびこうした「凝縮」が起こると、粒子は1つの量子力学的実体として集合的に振る舞うようになり、自由に流れ始める。凝縮のしかたは、厳密には、粒子の量子力学的な種類によって決まってくる。粒子は、そのスピン角運動量（単に「スピン」という）に応じて、ボース粒子とフェルミ粒子の2つに分類することができる。ボース粒子は作用量子（プランク定数hをある数で割ったものであり、$\hbar$と表記する）の整数倍のスピンをもち、フェルミ粒子は作用量子の半奇数倍のスピンをもつ。原子を構成する電子や陽子や中性子は、いずれもフェルミ粒子である。

もっとも単純な超流動は、ボース粒子がボース－アインシュタイン凝縮という過程を経ることにより形成される。一般的な例は、^{4}Heが約2K以下の温度で示す超流動である。[3] ^{4}He原子は、半奇数スピンをもつ4個の核子（2個の陽子と2個の中性子）と、その周りを回る半奇数スピンをもつ2個の電子からできている。これらのスピンをたし合わせると原子全体ではスピンが

1. *Volovik,* G. E. Exotic Properties of Superfluid ^{3}He *(World Scientifc, Singapore, 1992).*
2. *Yamaguchi, A., Kobayashi, S., Ishimoto, H. & Kojima, H.* Nature 444*, 909-912 (2006).*
3. *Guénault, A. M.* Basic Superfluids *(Taylor & Francis, London, 2003).*

ゼロになるため、^{4}He原子はボース粒子ということになる。超低温希薄気体では、より理想的なボース－アインシュタイン凝縮が起こる。[4]

^{4}Heとは対照的に、奇数個の核子（2個の陽子と1個の中性子）からなる^{3}Heは、原子全体ではスピンが半奇数になるため、フェルミ粒子ということになる。ボース粒子とは異なり、フェルミ粒子はパウリの排他律という法則に従っており、複数の粒子が同一の量子状態をとることができない。だとすると、フェルミ粒子が凝縮して超流動を起こすことはないように思われる。けれどもフェルミ粒子は、低温で対になって整数スピンのボース粒子を形成し、それが凝縮を起こす可能性がある。このような対凝縮が固体中の伝導電子で起きたものが超伝導である。最近になって、ある種の超低温原子気体でも同様の凝縮が起こることが実証された。[5]

液体^{3}He中では、数ミリK以下の温度で起こる凝縮が、超流動体に奇妙な振る舞いをさせている。凝縮対のスピンはゼロではなく、特定の方向を向く軌道角運動量もゼロではない。この第2の性質が、液体に方向性を与える。つまり、角運動量の向きに対して水平な方向への擾乱と垂直な方向への擾乱に対して、液体が異なる応答をするのである。こうした向きは液体中の領域ごとに異なっていることがあり、運動量の「織目」を生じさせる。凝縮対は質量だけでなくスピンと軌道角運動量ももっているため、ある条件においては、^{3}Heの超流動性とは、この3つの物性のすべてについて摩擦なく流れることであると言ってよい。[6] スピンは粒子の磁気的応答と密接に関係しているため、超流動^{3}Heでは磁化も摩擦なしに移動することになる。

---

4. *Anderson, M. H., Ensher, J. R., Matthews, M. R., Wieman, C. E. & Cornell, E. A.* Science 269, *198-201 (1995).*
5. *Zwierlein, M. W., Schunck, C. H., Schirotzek, A. & Ketterle, W.* Nature 442, *54-58 (2006).*
6. *Fisher,S.N. & Suramlishvili, N. J.* Low Temp. Phys. 141, *111-141 (2005).*

▼磁気噴水効果を実証

山口ら[2]は、^{3}Heのこうした性質を利用して、ほかの超流動体でみられる奇妙な熱－機械現象を、磁気について初めて実証することに成功した。この現象は一般には噴水効果として知られており、絶対零度よりも高い温度で一部の原子が熱的に励起して高いエネルギー準位に移るときに起こる。これらの原子は凝縮体の一部ではないため、粘度がゼロではない、古典的な常流動成分となる（基本的に、粘度は液体が生み出す摩擦抵抗力の尺度になる）。

常流動成分と超流動成分が混ざり合ったこのような液体に圧力勾配をかけて、細い管や多孔質の栓から押し出すことを考えてみよう。粘度がゼロの超流動成分はこの部分も自由に通過できるのに対して、常流動成分は粘度があるため通過することができない。この栓はスーパーリークとよばれ、常流動成分を除去するフィルターの役割を果たしている。凝縮した超流動成分は熱エネルギーをもたないため、栓を通過してきた部分の液体の温度は低くなる。これに対して、栓を通過していない部分の液体では、熱的に励起した常流動成分の比率が高くなるため、温度も高くなる。圧力勾配をかけることで栓をはさんだ液体に温度勾配を生じさせるこのような機械－熱効果は、超流動^{4}Heではよく知られている。噴水効果はこれとは逆の現象であり、スーパーリークを挟んで温度勾配をかけたときに起こる。この温度差をなくすために超流動成分が移動して流れが生じ、この圧力差を上に向けるときに噴水ができるのである[3]（図1a）。

山口らが今回観察した磁気噴水効果には、強磁場のもとでのみ存在する超流動^{3}HeのA_1相と呼ばれる状態が関係している。A_1相では、超流動成分の凝縮原子対のすべてが磁場に沿ってス

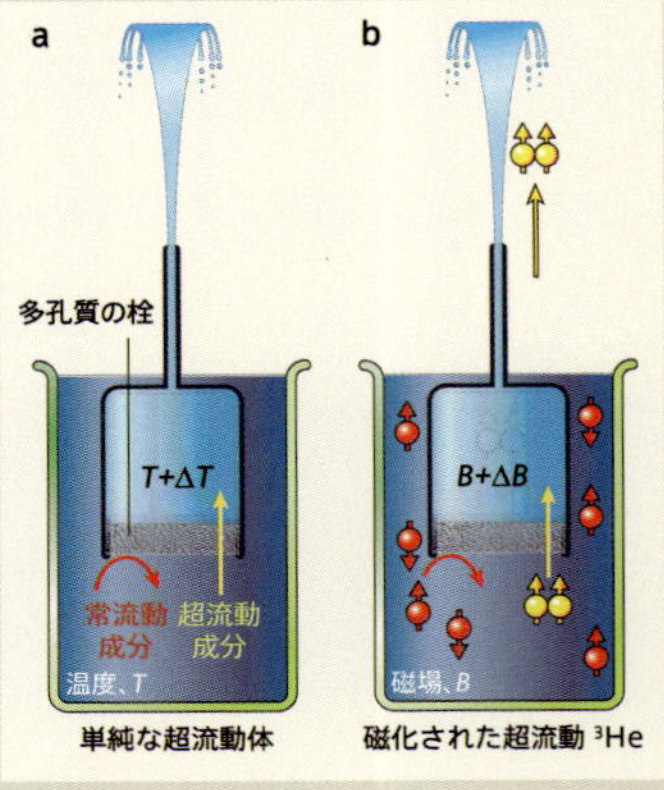

図1　磁気噴水効果
a．単純なボース粒子の超流動体（^{4}He など）では、凝縮した超流動成分と常流動成分が混ざり合っている。液体の流れを制限する多孔質の栓（スーパーリーク）を挟んで温度勾配ΔTをかけると、超流動成分は温度差をなくすために栓を通過して移動していくが、粘度がある常流動成分はここでせき止められてしまう。その結果、超流動成分の「噴水」ができる。b．^{3}He では、超流動成分は原子対（黄色）を形成している。これは、^{3}He 原子がフェルミ粒子であるため、単独で凝縮して超流動状態になることができないからである。山口ら[2] が調べた ^{3}He の A_1 相では、超流動対が強く磁化され、そのスピンが強磁場に沿って整列しているのに対して、対をなしていない原子（赤）は磁化されていない。このとき、磁化されたスピンの対が移動して、磁場勾配ΔBが作り出す磁化の差をなくそうとすることで、磁気噴水効果を生じさせる。

ピンを整列させるが、対をなしていない原子ではそのようなことは起こらない。スーパーリークは強く磁化された超流動成分だけを通過させることにより、スピンフィルターとして機能する。スーパーリークを挟んだ圧力差によって生じる機械的な流れは、ここを通過した液体をさらに強く磁化させる。逆に、磁場勾配により生じた磁化の差は、スーパーリークを挟んだ圧力差を生じさせることになる。これは、磁化の差をなくそうとして超流動体が移動するからである（図1b）。

こうした実験[2]は、非常に強い磁場と非常に低い温度の中での高感度の測定を必要とする。磁気噴水効果を観察した著者らはさらに、同じ装置を利用して磁化が緩和する過程について調べた。磁化の緩和は、噴水の圧力の低下として反映され、半透膜の変形を通じて測定することができる。興味深いことに、著者らが得た知見は、事前の予想に反していた。すなわち、液体ヘリウムの超流動A_1相は完全には磁化されておらず、凝縮対の一部は磁場の向きとは逆の方向を向いているようなのである。だとすると、A_1相の性質について広く受け入れられている単純化された概念は、改めなければならないかもしれない。

磁気噴水効果は、機械的スピンフィルターの美しい実演になるだけでなく、強磁場における磁化の緩和などの広範な磁気現象を調べるための便利な道具にもなりうるだろう。将来的には、この系や類似の電気系に基づく応用技術にも大いに期待することができる。一部の風変わりな超伝導体は超流動^{3}Heに似た構造をもっているため、これらも磁気噴水効果を示す可能性がある。このような材料を組み込んだ素子を作製することができれば、外部から与えられる磁場などの大きさに応じて摩擦なしにスピンを操作する素子なども考えることができる。このような性質は、急速に拡大しつつあるスピン電子工学の分野に、各種の新しい素子や微小機械をもたらすだろう。

Shaun Fisher and George Pickett はランカスター大学（英）に所属している。

ナノワイヤーを利用したディスプレイの可能性

Nanowires' display of potential
Hagen Klauk　２００８年1月31日号 Vol.451 (533-534)

ビデオディスプレイの未来は、柔軟かつ透明である。小型で屈曲性があり、透明な付随的電子機器を製作するための材料探しはむずかしい。けれども、有望な候補が現われ始めている。

半導体ナノワイヤーは、長さ数μm、直径はわずか20～80nmしかない極微の半導体結晶だ。極小のマイクロプロセッサやテラビット級のメモリチップなど、次世代の集積回路の基礎となる可能性がある。研究者たちは今回、ナノワイヤーを使ったトランジスタが、アクティブマトリックス式の有機発光ダイオード（ＯＬＥＤ）ディスプレイにも適していることを示した。ナノワイヤーは小さく、電荷を運ぶ電荷担体の移動度が大きいため、大きさを大きくする必要もない。このため、開口率の高い明るいディスプレイを作れる。しかも、１００℃の低温でディスプレイを製作できたので、柔軟で透明なポリマー基板を使用することができた。効率のいいナノワイヤー配置方法が開発されれば、高品質で柔軟なディスプレイが実現するはずだ。

▼より柔軟で、小型で、透明なディスプレイ

半導体ナノワイヤーは非常に小さな半導体結晶であり、一般的な長さは数μm、直径はわずか20～80nmしかない。これが、極小のマイクロプロセッサやテラビット級のメモリチップなど、次世代の集積回路の基礎となる可能性がある。専門家らは、ナノワイヤーの小ささを利用してシリコン基板上に1㎠あたり2000億個ものナノワイヤー・トランジスタを詰め込むことで、こうした素子をそこそこのコストで製造できるようになることを期待している。そのためには、トランジスタが従来の平面的なレイアウトから脱却することも必要となるだろう。[1]

ゴールはまだ先であるが、ナノワイヤー・トランジスタはすでに、集積密度やスイッチング速度の要求水準がもっと低い分野への応用において、独自のニッチを切り開きつつある。その一例として Ju ら[2]は、ナノワイヤー・トランジスタの特殊な性質が、アクティブマトリックス式有機発光ダイオード（ＯＬＥＤ）ディスプレイでの使用に適していることを『NanoLetters』誌にて示している。こうしたディスプレイの個々の画素には、ＯＬＥＤのほかに、いくつかのトランジスタを入れなければならない。トランジスタを入れるのは、フルモーションでのビデオ再生の際に画像が高速で変化しているときにも、すべての画素が必要な色を必要な明るさで発せられるようにするためである。ディスプレイの単位面積あたりのトランジスタの個数は比較的少ないため（1㎠当たり1万個前後）、個々のトランジスタが占める面積は、メモリチップやマイクロプロセッサチップの場合ほど重要ではない。

実用面では、ＯＬＥＤディスプレイ中のトランジスタに、アモルファスシリコン[3,4]や共役オリ

1. *Rustagi, S. C. et al.* IEEE Electr.Device Lett.28, *1021-1024 (2007).*
2. *Ju, S. et al.* Nano Lett. *advance online publication doi:10.1021/nl072538+ (2008).*
3. *Long, K. et al.* IEEE Trans.Electr.Devices 53, *1789-1796 (2006).*
4. *Kumar, A., Nathan, A. & Jabbour, G. E.* IEEE Trans.Electr.Devices 52, *2386-2394 (2005).*

ゴマー[2]のような電荷担体の移動度が比較的低い半導体を使用できるという意味がある。移動度が小さいということは、十分な電荷担体を輸送し、必要な電流（1画素につき約10^{-5}アンペア）を駆動できるだけの大きさ（幅の広さ）がトランジスタになければならないからだ。これらの半導体材料には、柔軟かつ透明なポリマー基板を使用できるだけの低温で処理できる大きな長所がある。しかし実際には、ディスプレイ中のトランジスタは、好きなだけ大きくできるわけではない。画素中でトランジスタが占める空間が広くなるほど、光を発するために使える空間が狭くなるからだ。ディスプレイ開発の重要な目標は、開口率（画素中で光を発するために使用できる領域全体の割合）を大きくすることだ。アモルファスシリコン、または有機トランジスタで画素寸が３００～５００㎛であれば、40～50パーセントの開口率が可能である。[3~5]

最初に大量生産されたアクティブマトリックス式ＯＬＥＤディスプレイ[6]では、開口率を高めるために、多結晶シリコンを原料とするトランジスタが用いられている。アモルファスシリコン、または有機半導体と比べると、この半導体の電荷担体の移動度ははるかに大きいため、トランジスタを細くして、開口率を大きくすることができる。しかし、多結晶シリコントランジスタは、より高い処理温度を必要とするため、ポリマー基板と一緒に多結晶シリコンを用いることはむずかしい。そこで半導体ナノワイヤーの出番となる。半導体ナノワイヤーは単結晶からできているため、電荷担体の移動度は大きい。Juらの報告[2]によると、彼らが酸化インジウム（In_2O_3）を使って作製したナノワイヤーでの値は$250cm^2V^{-1}S^{-1}$であったという。こうして、少数のナノワイヤーをうまく整列させたものは、多結晶シリコントランジスタと同じ駆動電流

5. *Zhou, L. et al.* Appl. Phys. Lett.88, *083502 (2006).*
6. *www.sony.jp/products/Consumer/oel*

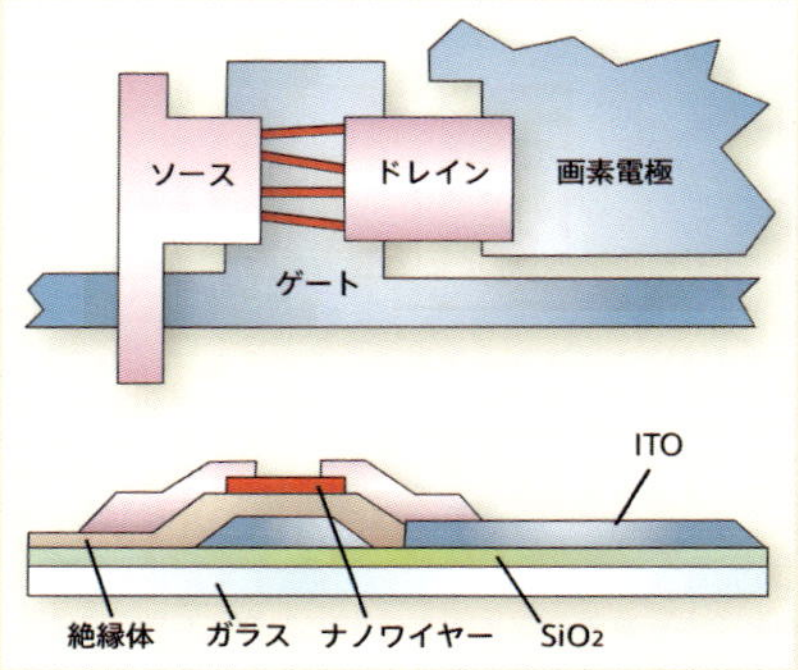

図1　小型で、柔軟で、透明なディスプレイをめざして
このほどJuらが開発したアクティブマトリックス式有機発光ダイオード（OLED）ディスプレイ用トランジスタ素子[2]の中核部分では、トランジスタのソースとドレインの間を酸化インジウム製のナノワイヤーがつないでいる。トランジスタは酸化インジウムスズ（ITO）という透明な導体でできている。ナノワイヤーとトランジスタのゲート電極は薄い分子絶縁体によって分離されているため、トランジスタは小さい電圧で制御することができる。

を出力できることになる。

▼ナノワイヤーを利用したディスプレイ

Juらは、パルスレーザーアブレーションによってナノワイヤーを作製した（図1）。これは、レーザーを使ってバルクの固体標的から材料を蒸発させたものを、懸濁液中からディスプレイ基板上へと移す方法である。ナノワイヤーがディスプレイ基板上に載ったら、標準的なフォトリソグラフィー技術により、これをトランジスタと画素回路につなぐ。余分なナノワイヤーは、超音波を使ってバスの中で振り落とす。ソース接点（トランジスタの中を流れる電流の入口）とドレイン接点（同じく出口）、およびその電流の大きさを制御するゲート電極に光学的に透明な導体を用いることにより、透明ディスプレイに使えるトランジスタが得られた。これは、車のフロントガラスなどに使えるはずである。ゲート電極は、絶縁層によってナノワイヤーから分離しなければならない。そのために著者らは、極めて少ない欠陥と大きな電気容量をもつ、非常に薄い分子誘電体を使用した（図１）。電気容量が大きいということは、ナノワイヤー中に十分な数の電荷担体を誘導するために必要とされるゲート電圧が比較的小さく（約４Ｖ）、ディスプレイの電力消費を最小限に抑えられることを意味している。

　ナノワイヤーをディスプレイ上で作らずに、あらかじめ作っておいたナノワイヤーを基板に移すという方法をとることにより、半導体を作製するためのサーマルバジェットは、トランジスタを作製するためのサーマルバジェットから切り離される。ゆえに、十分な電荷担体移動度をもつナノワイヤーを作製するためには高エネルギーまたは高温が必要であるが、ディスプレイは低温のポリマー基板上で作製することができるのである。著者らのトランジスタ製作過程での最高温度は約１００℃であり、これはフォトリソグラフィーのための温度であった。一方、高移動度の多結晶シリコン薄膜を用いるトランジスタは、約５００℃での炉アニールか、時間のかかるレーザー結晶化を必要とする。Juら[2]はさらに、ナノワイヤーと室温で作製できる有機ゲート誘電体との相性が非常によいことも示している。これに対して、アモルファスおよび多結晶シリコンは、通常、約２００℃で堆積させる無機誘電体を必要とする。

　画素の大きさが54μm×１７６μmと比較的小さいうえに、特別なナノワイヤー配置方法がなく、トランジスタ領域の小さな部分しか電子輸送に利用できないことを考えると、著者らが報告するディスプレイの46パーセントという開口率は、かなりの値である。現段階では、このディスプレイはフルカラーではなくモノクロである。また、その応答は、ビデオレートのマトリックス・アドレッシングではなく、静的な画素演算である。それでも、ナノワイヤートランジスタを使ったアクティブマトリックス式OLEDディスプレイの実証には大きな意義がある。我々に足りないのは、効率のよいナノワイヤー配置方法（そしておそらくOLEDの効率と寿命のもう少しの改善）だけである。これさえ手に入れば、高品質の柔軟なディスプレイが現実のものとなるかもしれないのだ。

Hagen Klauk はマックス・プランク固体研究所（独）に所属している。

画像を更新できるホログラフィック3Dディスプレイ

Update on 3D displays

Joseph W. Perry　２００８年2月7日号 Vol.451 (636-637)

ホログラフィー技術は、静的な3次元画像作成は容易だが、動画作成は非常に困難である。このほど、特別設計のポリマーによるホログラフィック３Ｄディスプレイが開発された。これは画像を更新することができ、動画ホログラフィーへの突破口を開く可能性がある。

立体視の仕組みを利用して２Ｄ画像に奥行き感をもたせる３Ｄディスプレイは普及こそしてきたが、決まった位置からしか立体的に見えない。一方、ホログラフィック３Ｄディスプレイは、物体から散乱された光と参照光の干渉パターンを記録材料中に３次元的に貯蔵し、これに光を照射して３Ｄ画像を得るもので、視野角が広い。記録材料のうち、化学変化により屈折率を局所的に変化させて情報を記録するフォトポリマーは書き換えができず、光により材料中の電場の分布を変えることで屈折率を変化させるフォトリフラクティブ結晶は、書き換えはできるが、大型化が困難だ。研究チームは、加工が容易な新しいフォトリフラクティブポリマーを用いて、画像を更新できるホログラフィック３Ｄディスプレイを開発し、３Ｄ動画への一歩を踏み出した。

▼より安価で加工が容易なホログラフィック3Dディスプレイ

臨場感を重視する映画ファンは、『Nature』2008年2月7日号694ページのTayら[1]の報告を歓迎するだろう。著者らはここで、画像を更新できるホログラフィック3次元(3D)ディスプレイという、映画ファンの夢を現実に一歩近づける展開について発表している。このディスプレイには、安価で、加工が容易な、フォトリフラクティブポリマー材料が使われている。この技術が完成するのはまだ先のことであるが、最終的に恩恵を受けるのは映画ファンだけではない。視野角が広く、リアルな3次元画像を映し出せるディスプレイは、戦況のシミュレーションや鍵穴手術のガイドなど、軍事分野や医療分野への応用が見込まれているからである。

3D視覚化技術の歴史は長い。[2] 2Dディスプレイと特殊な立体視眼鏡を使った初期のアプローチは、1950年代初頭の3D映画の流行でお馴染みである。立体視眼鏡とは、偏光レンズか、左右別々の色のレンズを入れて、左右の目に別々の画像が見えるようにした眼鏡である。2つの画像を高速で切り替えながら表示し、画像と同期して開閉するシャッターつきの眼鏡をかけてこれを見ることで、画像が連続的に表示されているように見せるタイプのシステムもある。

こうした立体視眼鏡はわずらわしく、特にカラーフィルターを長時間にわたって使っていると頭痛がしてくることがある。そのため、偏光立体視眼鏡を使った3Dディスプレイは、科学への応用以上に広がることはなかった。けれども、この10年ほどの間に立体視眼鏡を必要としないディスプレイが開発されたことで、3D画像技術が再び注目されるようになってきた。こ

1. *Tay, S. et al.* Nature 451, *694-698 (2008).*
2. *Wheatstone, C.* Phil. Trans. R. Soc. Lond. 128*, 371-394 (1838).*

のシステムでは、レンズアレイつきの２Ｄディスプレイを裸眼で見るだけで、左右の目に別々の画像が見えて、奥行きの錯覚が生じる。[3] しかし、このディスプレイで立体画像を見るためには、決まった位置から見なければならない。見る人の位置に応じて画像を修正するマルチビュー・ディスプレイ（ヘッドトラッキング・ディスプレイ）もあるが、画像の製作・処理・投影のコストが高くなってしまう。

もう１つ、よく知られた３Ｄディスプレイ技術としてホログラフィーがある。ホログラフィック３Ｄディスプレイは、視野角が広く、解像度も高い。[4] このシステムでは、３Ｄ画像は材料中に「貯蔵」されており、光を照射するだけでこれを見ることができる。

このように、立体視眼鏡やレンズアレイなどの装置を用いる必要がない３Ｄディスプレイは、「オートステレオスコピック・ディスプレイ」と呼ばれる。ホログラフィック・ディスプレイでは、画像にしたい物体から散乱されたレーザー光（物体光）と平面波レーザー光（参照光）の両方を記録して干渉パターンを作り出し、これをフォトポリマーなどに３次元的に貯蔵する。干渉パターンを作る光は、ポリマーのなかで化学反応を引き起こし、材料の屈折率を局所的に変化させる。

一方、このプロセスでは、３Ｄ画像を投影するために必要な光の振幅と位相の情報のすべてを貯蔵することができるが、こうした情報を書き換えることはできない。ゆえに、ディスプレイ上の画像は動かない。

3. *Dodgson, N. A.* Computer 38, *31-36 (2005).*
4. *Hariharan, P.* Optical Holography: Principles, Techniques and Applications *(Cambridge Univ. Press, 1996).*

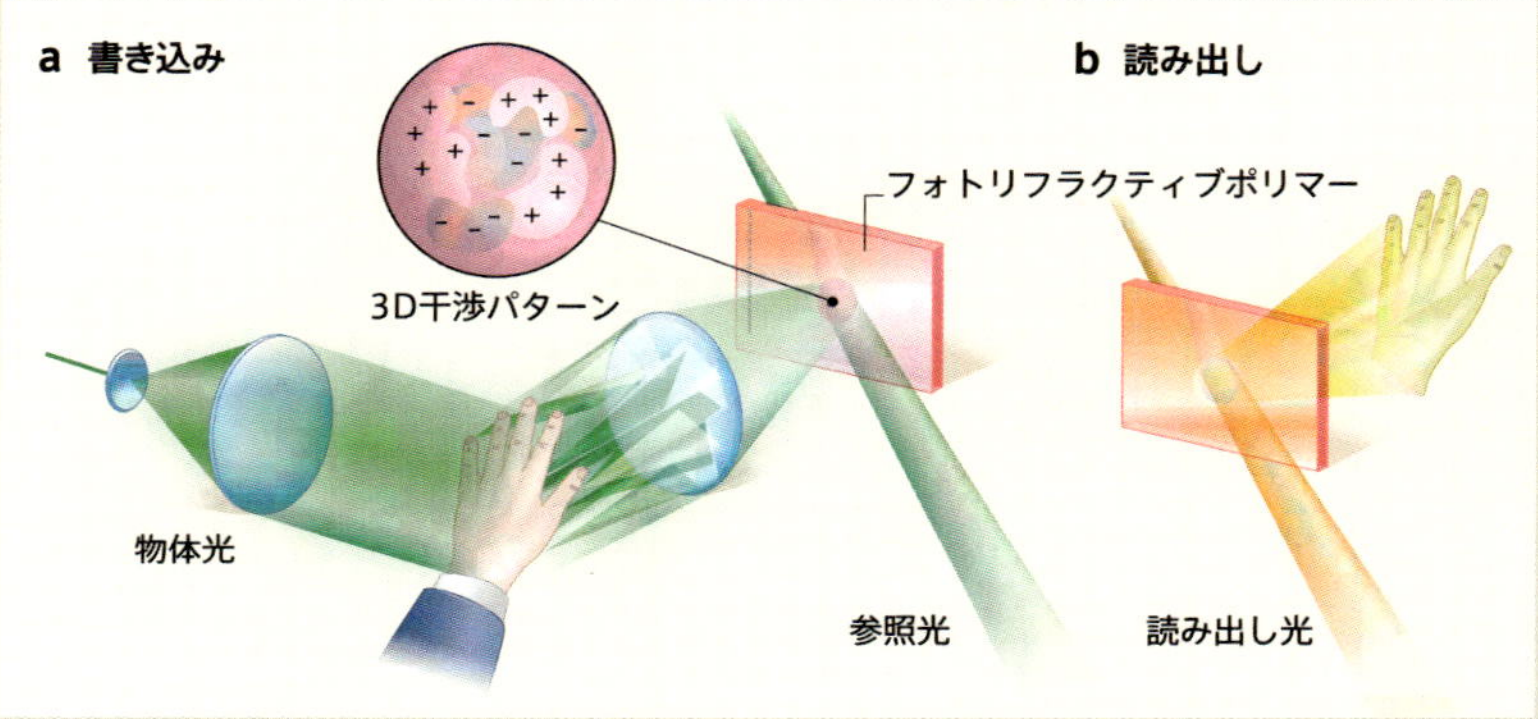

図１　便利なディスプレイ
ａ：今回 Tay らが開発した、画像を更新できるホログラフィック３Ｄディスプレイ[1]のベースとなる媒体は、フォトリフラクティブポリマーである。物体から散乱された光と参照光との干渉パターンは、三次元的に媒体に刻み込まれていく。干渉パターンの明るい領域では、可動性の電荷担体である電子（−）と電子が移動した後に残る正孔（＋）が生成し、より動きやすい正孔が暗い領域へと移動していく。媒質中の電場の分布と局所的な屈折率は、このようにして変換されて、物体からの光の振幅と位相の情報をマッピングする。
ｂ：第２のレーザー光（読み出し光）をポリマーに照射すると、元の物体に散乱されたときと同じように散乱されて、３Ｄ画像ができる。この書き込みの仕組みはポリマー中の電荷担体のダイナミクスのみに依存し、電荷担体のダイナミクスは（特定のポリマーと電位については）媒体に入射する干渉パターンのみに依存するため、ディスプレイの画像は原則として更新可能である。

▼記録して書き換えられるホログラフィック3Dディスプレイ

今回Tayらが開発したディスプレイのサイズは10㎝×10㎝で、それなりの大きさがある。そのベースになる媒体はフォトリフラクティブ材料と呼ばれるものである。フォトリフラクティブ材料も、画像の（振幅と位相の）情報を3次元的に貯蔵することができる。しかし、フォトポリマーとは異なり、フォトリフラクティブ材料はダイナミックな記録媒体であり、情報を記録し、消去し、書き換えることができる（図1）。

これまで、フォトリフラクティブ材料の研究は、ニオブ酸リチウム（$LiNbO_3$：参照文献5）のような無機酸化物の結晶について広く行なわれてきた。こうした材料がホログラフィーの干渉パターンを吸収すると、干渉パターンの明るい領域で可動性の電荷担体が生じる。外部から電場をかけると（極性結晶では自発分極により）、可動性の電荷が移動して、干渉パターンの暗い領域に蓄積する。その結果、電場の分布が変化し、これに比例して結晶の局所的な屈折率が変化する。これを電気光学効果という。無機結晶は感光性が非常に高いため、この方法により高分解能の画像を生成することができる。しかし、ディスプレイとして実用的なサイズの結晶を成長させるのは困難で、費用もかかる。

フォトリフラクティブポリマーは[6]、この点で興味深い材料である。フォトリフラクティブポリマーは、無機結晶のすべての能力を備えているが、低コストの溶解法（溶融法）により加工して、大型ディスプレイを作れるからである。今回Tayら[1]が開発したフォトリフラクティブポリマーは、正電荷を輸送する分子団と光に対して非線形的に分極が変化する色素を結びつけ

5. *Schirmer, O. F., Thiemann, O. & Wohlecke, M.* J. Phys. Chem. Solids 52, *185-200 (1991).*
6. *Moerner, W. E., Grunnet-Jepsen, A. & Thompson, C. L.* Annu. Rev. Mater. Sci. 27, *585-623 (1997).*

るコポリマーを含んでいる。外部から電場をかけると、色素が回転して整列し、材料の屈折率を変化させる。コポリマーは光増感剤としても働き、光を吸収して、532nmの「書き込み」波長の可動性の電荷を生じる。

▼医療・軍事・娯楽市場を一変する

このようにして開発された材料は、フォトリフラクティブ材料を使ったディスプレイに欠くことのできない重要な性質を驚くほど多くもっている。まず、コポリマーを使用して相分離（材料を構成する各種の成分が分離した結果、光を散乱させる領域ができて、画質を劣化させてしまうこと）を最小化することにより、その光学的な品質と均質性が改良されている。また、非線形的な光学応答を示すフッ化物分子団と、分子の運動を促進するための可塑剤を少量ずつ加えることにより、高い感光性を確保し、書き込みと消去のために必要とされるレーザーパワーをそこそこに抑えることを可能にしている。さらに、90パーセントに近い回折効率は、ディスプレイを明るくし、読み出しパワーを低く抑えることを可能にする。

このディスプレイに書き込みをする際には、電荷の輸送速度を上げるために9キロボルト（kV）の電圧をかける必要があるが、読み出しは4kVでよい。著者らは、約3分でディスプレイの全域に書き込みを行なうことができ、その画像は3時間にわたり保持することができた。完全に自動化された光学システムは、物体光を処理して細切れにし、ディスプレイの隣接する部分に順次記録していく。ここで用いられるレーザーの強度は1㎠当たり約100ミリワット

（mW）あり、書き込み速度も良好である。一連の操作は、原理的にどのようなスケールでも実施可能である。よりパワーの高いレーザーを使ったり、より感度の高いフォトリフラクティブポリマーを使ったりすることで、より大きな領域に同時に書き込みをしたり、小さな領域に高速に書き込みをしたりすることができる。

今後、画像を更新できるホログラフィック3Dディスプレイのサイズと更新速度が改良されれば、強力かつ高解像度の視覚化技術となるだろう。将来の巨大な軍事・医療・娯楽市場を見込んで、すでに激しい開発競争が繰り広げられており、大画面フラットパネル式3Dディスプレイや、その他の方式のリアルタイム3Dディスプレイが次々と登場してきている。映画ファンやゲーマーが臨場感あふれるアクションを味わえる日も、そう遠くないかもしれない。

Joseph W. Perry はジョージア技術研究所・有機フォトニクス・エレクトロニクス研究所（米）に所属している。

電子の目玉

Electronic eyeballs
染谷 隆夫　２００８年8月7日号 Vol.454 (703-704)

曲面上にシリコンオプトエレクトロニクス素子を製作する技術は、これまでにない特性を備えた撮像システムを可能にする。この革新的な技術（イノベーション）には、さまざまな応用の道が考えられる。

動物はすべて、球面からなる撮像素子を〝目〟としてもっている。しかしデジタルカメラやビデオカメラなど、人工視覚システムは、平面的な画像記録表面に頼らざるをえない。これら人工撮像素子に必要な半導体検出器のネットワークは、シリコンの微細加工技術を用いて製作されているため、１０００万以上の画素を使って画像を作れる。今回、研究者たちは、動物の目からヒントを得て、従来の人工視覚システムにつきまとっていた〝平面的な画像素子〟を使わざるをえないという限界を、いかにして打ち破ったかについて触れている。彼らの電子アイカメラは、完全に機械的な圧縮－伸張性をもつように設計されたシリコンエレクトロニクス素子を基礎にしており、半球型基板の上に形成することができる。この開発を２つの技術革新が支えた。

図1　電子アイカメラ。
この素子は、Ko ら[2]が開発した凹型の光検出器システムを、１個の簡単なレンズを備えた小型カメラに実装したものである。通常は、頂点のレンズは別として、半球状の覆いは透明にはしない。カメラの直径は約２cmである（写真はJ.A.Rogersの厚意による）。

▼広角でひずみの少ない半球型撮像素子

すべての動物は、球面からなる撮像素子を目としてもっている。これに対して、デジタルカメラやビデオカメラなどの人工視覚システムは、平面的な画像記録表面に頼らなければならない。これらの人工撮像素子に必要な半導体光検出器のネットワークは、シリコン微細加工技術を用いて作製されており、現時点では１０００万以上の画素を使って画像を作ることができる。しかし、平面的な撮像素子を使って、明るく、ひずみのない画像を作るにはどうすればよいかという大きな問題は、いまだに解決されていない。ひずみはレンズの端で生じるため、うまく撮像するためには、異なるレンズを複数の方法で組み合わせなければならない。ところがその結果、レンズ構成は重く、高額になり、本来よりも暗い画像を作ってしまうことになる。[1]

---

1. *Born, M. & Wolf, E.* Principles of Optics *(Pergamon, 1959).*

『Nature』２００８年8月7日号７４８ページでは、Rogersとその共同研究者であるKoら[2]が、動物の目からヒントを得て、従来の人工視覚システムに付きまとっていたこれらの本質的な限界をいかにして打ち破ったかを説明している。彼らの電子アイカメラ（図1）は、完全に機械的な圧縮－伸張性をもつように設計されたシリコンエレクトロニクス素子を基礎にしており、半球形の基板の上に形成することができる。

著者らの方法の概略は、その論文の図1（７４９ページ）で説明されている。これを可能にしたのは、主として2つの技術的進歩だった。１つは、大きくひずんだ（典型的には50パーセント以上）ときにも弾性的な圧縮性を示す半導体光検出器のネットワークをシリコンウエハー上に製作する技術である。このような圧縮性を実現するカギとなったのは、光検出器どうしを連結している細い金属線だった。もう1つの革新は、最初に平面的な形に作った光検出器のネットワークを半球形に変形させる弾性材を使用したことである。これにより、撮像素子への実装が可能になる。この技術は、広角で、ひずみが少なく、コンパクトな、新しいタイプの撮像素子の到来を告げるものである。

近年の圧縮－伸張性エレクトロニクス素子の進歩[3]は、長期にわたって使用できる人工臓器、センサーつき人工皮膚[4]、壁紙などに埋め込んだアンビエント・ディスプレイ、化学機能や電子機能を備え、人間やものや環境と相互作用することができる「インテリジェント表面」など、多くの新しい応用を可能にすることが期待されている。むずかしいのは、電子回路素子としての基本的要請を満たしながら、すぐれた機械的耐久性と高い電子的性能を実現することである。

2. *Ko, H. C. et al.* Nature 454*, 748-753 (2008).*
3. *Lacour, S. P., Jones, J., Wagner, S., Li, T. & Suo, Z.* Proc. IEEE 93*, 1459-1467 (2005).*
4. *Someya, T. et al. Proc.* Natl Acad. Sci. USA 102*, 12321-12325 (2005).*

つまり、ほかの部品に合わせて変形することができる、伸張性のあるエレクトロニクス素子に用いられる材料および回路のアーキテクチャは、製造過程においても、部品として用いられるときにも、機械的完全性と電子的機能性が保持されるように設計されていなければならないのである。Rogersらは近年、[5]この目的のために、一次元および二次元の伸張可能なリボンや回路を開発した。電子アイカメラに用いられた二次元の圧縮性部品は、この研究の自然な延長線上にある。

▼さまざまな分野にわたる可能性

この技術の可能性は、Koらが実証して[2]みせた半球形の構成をはるかに超えたところまで広がっている。たとえばそれは、血液中の酸素やその他の成分の濃度を光学的に検出する健康管理装置の複雑な曲線からなる表面にオプトエレクトロニクス素子を組み込むのに用いられるだろう。光学デザインにおける新しい可能性を超コンパクトカメラシステムに応用すれば、光検出器の表面の幾何学的形状を慎重に最適化して、画像のひずみをさらに小さくすることができるだろう。さらに、こうしたカメラシステムの伸張性のある撮像素子を、自在に変形できる基板の表面に作製できるなら、ひずみがなく、適応性の高い焦点調節機構が実現するかもしれない。このように単純化されたシステムは、光学的透明性が大幅に向上しているはずであり、複数のレンズを使うことにより生じていた光学的損失を大幅に減らせる可能性がある。この長所は、こうしたシステムの工業的応用を増やすだけでなく、基礎研究の分野においても、既存の

5. *Choi, W. M. et al.* Nano Lett. 7, *1655-1663 (2007).*

材料では十分な光学的透明性を確保できなかった波長での研究を可能にするだろう。

我々は、凹型の光検出器システムのさらなる進歩を期待できるだけでなく、凸型の撮像素子の作製についても前進を期待できる。後者の技術は、きわめてすぐれた動体視力をもつ昆虫の複眼に似た人工レンズや、360度の視野をもつ魚の目に似た人工レンズに利用できる。幾何学的に変形でき、伸張–圧縮性のあるエレクトロニクス素子やオプトエレクトロニクス素子が開発されれば、光学技術はさらに進歩し、生物にヒントを得た各種の素子を現実のものにしていくだろう。Rogersらは、電子アイカメラの開発を通じて、平面的なシリコンウエハーの制約から解き放たれたエレクトロニクスがどのように進歩しうるかを端的に示してくれたのである。

染谷隆夫は東京大学工学系研究科附属量子相エレクトロニクス研究センターに所属している。

水素自動車の意義と研究課題

Hydrogen-fuelled vehicles

Louis Schlapbach　２００９年8月13日号 Vol.460 (809-811)

水素は、石油に代わる無公害の合成燃料として、特に輸送分野での利用が期待されている。その実用化には、特に、水素貯蔵材料を開発する必要があるが、いよいよ数年後には最初の水素自動車が市販されるかもしれない。

エネルギー密度が高く、燃焼によりエネルギーと水しか生成せず、事実上無限に存在する水素を燃料とする水素自動車は、究極のエコカーと呼ばれている。広義の水素自動車には、内燃機関で水素を燃やして熱エネルギーを発生させ、これを機械的仕事に変えて動力を得る狭義の水素自動車と、燃料電池で水素と酸素の化学反応を利用して発電し、その電気でモーターを回して走る水素燃料電池車がある。当項では、両方の共通点である水素燃料の特徴と貯蔵の問題から、水素自動車の仕組みと課題、実用化に向けたインフラ整備の問題まで幅広く述べる。この分野では世界の主要な自動車メーカーがしのぎを削っていて、２０１４年12月にはトヨタ自動車が世界初の水素燃料電池車ＭＩＲＡＩを発売するという大きな動きがあった。

▼水素はなぜ輸送用燃料として優れているのか？

水素は周期表のなかでもっとも軽い元素だ。それゆえ、水素分子の質量当たりのエネルギー密度はすべての化学物質のなかで最大となる。燃料の重量を最小限に抑える必要があるロケットに、水素燃料が使われるのはそのためだ。水素は炭素を含まず、毒性がなく、酸素とともに熱的または電気化学的に燃焼すれば、エネルギーと水だけしか生じない。空気中で燃焼すると大気汚染物質である一酸化窒素NOを生成することがあるが、それは制御可能な量にとどまる。もう1つ、水素の主要な供給源が水であり、水は基本的に無制限に存在する資源だという利点がある。

▼水素燃料の欠点は何か？

おもな問題点は、水素が室温では気体の形で存在しているため、非常に大きなスペースを占めてしまうこと。これが輸送用燃料として実用化する際の問題点で、なんらかの方法で気体を圧縮して、十分にコンパクトにしなければならない。これほど明白ではないが、もう1つ重要な問題は、水素はエネルギー担体であり、エネルギー源ではないことだ。太陽光、化石燃料、水力、原子力などの真のエネルギー源とは違い、自然界から十分な量を入手することはできない。そこで、水を水素と酸素に分解する方法で発生させなければならず、そのためには、電気、光、熱、化学物質などの形のエネルギーが必要になる。とはいえ、そのエネルギーの大半は、水素の燃焼によって回収される。

1. *Leon, A. (ed.)* Hydrogen Technology:Mobile and Portable Applications *(Springer, 2008).*
2. *Zuttel, A., Borgschulte, A. & Schlapbach, L. (eds)* Hydrogen as a Future Energy Carrier *(Wiley-VCH, 2008).*
3. *Crabtree, G. W. & Dresselhaus, M. S. The hydrogen fuel alternative.* Mater. Res. Soc. Bull.33*, 421-428 (2008).*

▼水素は爆発しやすく、危険なのではないか?

実際には、ガソリンと同程度。水素と聞くと、1937年に起きた飛行船ヒンデンブルク号の爆発炎上事故を思い浮かべて、燃えやすく危険なのではないかと心配する。しかし、あの事故の本当の原因は、浮揚ガスに水素を使っていたからではなく、外皮が非常に燃えやすい材料でできていたからだった。もちろん、水素と空気の混合物がかなり広い組成幅で燃焼するのは確かで、水素の体積比が4~75パーセントだと燃える(ガソリンと空気の場合、ガソリンの体積比が1~8パーセントのときに燃える)。さらに、水素はガソリンよりも揮発性が高く、空気中を拡散するのも速い。燃料漏れが起きたときの安全性を比較するマイアミ大学の研究から、水素自動車はガソリン自動車に比べてあきらかに火災のリスクが低いことが示されている。

▼水素燃料を普及させるためには何が必要か?

3つの重要なステップがある。第一に、大量の水素を経済的に生産する方法を開発しなければならない。ここで、再生可能なエネルギー源を利用することができれば理想的だ。電気と若干の熱をエネルギー源として利用する最先端の水分解技術は、エネルギー効率が非常に高く、将来的には採算が合うようになるだろう。第二に、水素の供給・貯蔵システムが必要である。都市や産業用地にある既存のガス供給網を利用して大量の水素を供給することは可能だが、水素を輸送用燃料として利用するためには、移動式の水素貯蔵車と供給ステーションが必要であることはあきらかだ。すでに名古屋の中部国際空港やベルリンでは試験的に水素ステーション

---

4. *Oumellal, Y., Rougier, A., Nazri, G. A., Tarascon, J.-M. & Aymard, L. Metal hydrides for lithium-ion batteries.* Nature Mater. 7, *916-921 (2008).*
5. *Harris, I. R., Book, D., Anderson, P. A. & Edwards, P. P. Hydrogen storage:the grand challenge.* Fuel Cell Rev. 1, *17-23 (2004).*
6. *Hydrogen and fuel cells. http://www.netinform.de/h2*

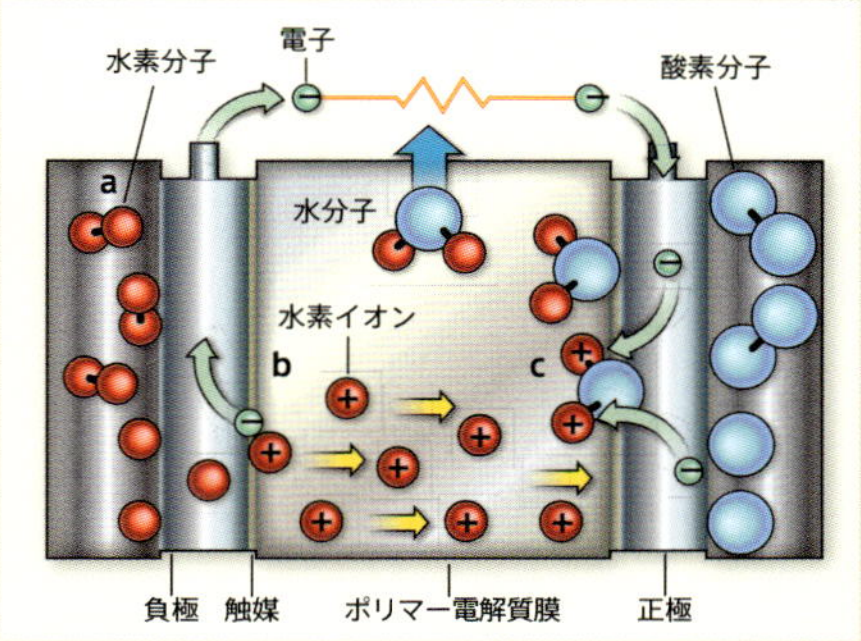

図1　水素燃料電池
燃料電池のなかでは、水素を電気化学的に燃焼させてエネルギーを発生させる。
a：電池の負極に水素を供給し、その水素分子が水素原子へと分解される。
b：負極を裏打ちしている触媒は、この水素原子を水素イオン（H^+）と電子に分解する。水素イオンは負極と正極の間のポリマー電解質膜を通過するが、電子は外部の回路を通って正極に到達しなければならないので、電流が流れる。（c）正極には酸素が供給されて電子や水素イオンと反応し、唯一の副産物である水を作る。水は電池から流れ出る。

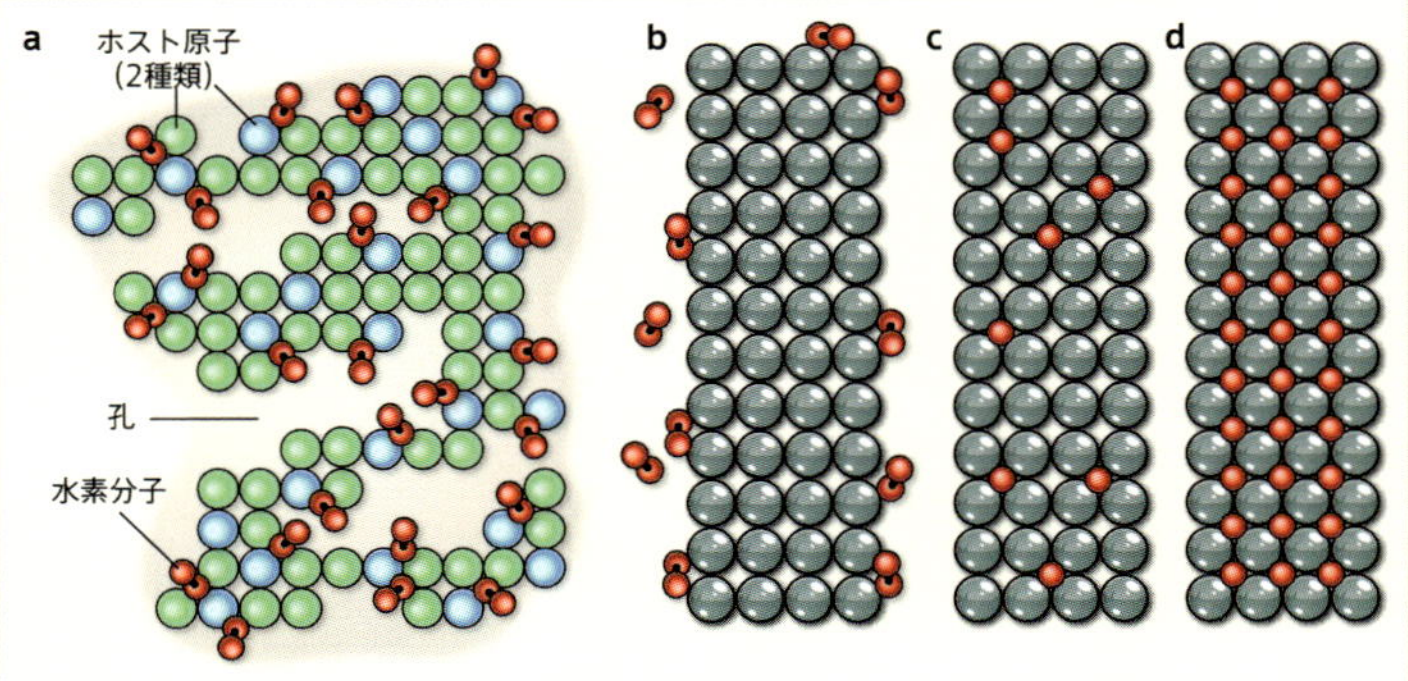

図2　水素貯蔵材料における吸着の機構
a：多孔性の材料は物理吸着によって水素を貯蔵する。ここで、気体分子は材料の表面に蓄積するが、化学的に反応することはない。
b～d：ある種の金属、合金およびその他の化合物は、化学吸着により水素を貯蔵する。ここで、水素分子は材料の表面と反応し（b）、ばらばらの原子に分かれる。その水素原子は、当初はホスト材料中のランダムな場所に入る（c）。これらはしだいに金属原子との間で金属結合、共有結合あるいはイオン結合を形成し、水素原子が規則的に配列した水素化物を形成する（d）。

が建設されて、水素バスに燃料を供給しているが、全国的な水素供給網はまだ建設されていない。なお、ドイツでは水素供給網を設計するためのツール（H2invest）が開発されている。第三のステップは、水素中に蓄えられた化学エネルギーを使いやすい形のエネルギーへと変換する技術と装置を開発することである。現時点では、水素内燃機関で熱エネルギーを生成するか、水素燃料電池（図1）で電気エネルギーを生成することができる。

▼既存のエンジンを改造して水素燃料で動かせないのか？

少々の改造でできるが、長期的にみると、持続可能な解決法とはいえない。なぜなら、内燃機関で、化学エネルギーを熱エネルギーを経て機械的エネルギーへと変換する効率は低いからである。一般的な交通状況で、典型的なガソリン自動車のエネルギー変換効率は10パーセントをわずかに上回る程度でしかない。水素燃料電池と電動モーターを組み合わせた伝動装置の効率は、これよりはるかに高くなると考えられている。しかし、経済的な伝動装置の開発は、予想よりはるかにむずかしいこともわかってきている。

▼その伝動装置の開発に関して、何が問題になっているのか？

おもな問題は3つある。第一はコストで、一般的な燃料電池が必要とする触媒には、希少で高価な元素が含まれていることだ。第二の問題は燃料電池の寿命の短さである。しかし、いくつかの企業は、こうした問題を克服し、輸送に使える可能性のある水素燃料電池の開発に成功している。それゆえ、現時点で残っている大きな問題は、室温に近い温度と大気圧より少し高い程度の圧力で水素ガスを燃料電池に送り込むことのできる、軽量でコンパクトな水素貯蔵システムを開発することだけである。米国エネルギー省が設定している現在の研究開発目標値は、2015年までに水素重量貯蔵密度を5・5パーセントにすることだ。

▼水素自動車はどのくらいの水素を貯蔵する必要があるか？

現代の技術で5人乗り自動車を製作すると、重量は1・2〜1・5tになる。ここに30〜35ℓのガソリンまたは軽油を入れると、燃料とタンクを合わせた重量は80kgになり、500kmは走行できる。同じ車体に水素燃料電池と電動モーターを組み合わせた伝動装置を取り付けた場合、同じ距離を走るには約5kgの水素が必要になる（水素内燃機関の場合なら10kg以上必要）。問題は、5kgの水素が、室温・室圧では約5万6000ℓものスペースを占めることだ。これは、直径4・8mの風船に相当する。ゆえに、この体積を1000分の1にする技術開発が不可欠となる。

▼圧縮あるいは液化して体積を減らせないのか？

できなくはないが、自動車の水素貯蔵システムとしては実用的でない。まず、水素が理想気体のように振る舞うなら、体積を1000分の1に圧縮するには、大気圧の1000倍に当たる100メガパスカル（MPa）の圧力をかけなければならない。しかし、水素が理想気体のように振る舞うのは約10MPaまでである。きわめて高圧のガスを貯蔵するとなると、安全面の懸念も大きくなる。ゆえに、水素ガスを100MPa以上に圧縮するのは名案とはいいがたい。一方、宇宙工学分野で用いられている液体水素は、エネルギー密度は非常に高いものの、温度をマイナス250℃以下にする必要がある。一般のガソリンスタンドにこうした低温貯蔵施設を整備するのは、不可能ではないが非常に困難だ。また、水素ガスの化学エネルギーの約30パーセントが、液化の過程で失われてしまうという問題もある。

▼では、どんな方法で水素の体積を減らせばよいのか?

ある種の固体材料に水素を可逆的に吸収させたり、その表面に吸着させたりすることで、水素の体積を大幅に低減することができる。水素を吸着した固体材料を加熱したり、水素ガス分圧を低下させたりすることで、水素ガスを放出させることができる。水素貯蔵材料は、吸着の機構により、おもに2種類に分けられる。1つは物理吸着であり、水素分子は材料によってわずかに吸着されるが、化学的に反応することはない。もう1つは化学吸着であり、水素分子は材料の表面と反応して水素原子へと分かれ、これが物質内部に吸収されて、材料との間で金属結合、共有結合あるいはイオン結合を形成する(図2)。

▼水素を物理吸着する材料にはどのようなものがあるか?

一部の黒鉛系材料や多孔性化合物など、単位質量当たりの表面積が大きい材料がある。水素重量貯蔵密度は最大で約8パーセントに達する。問題は、平坦な表面では物理吸着が弱いことである。そのため、実用的な量の水素を吸着させるためには、液体窒素の温度に近いマイナス200℃よりも低い温度にする必要があることが多い。強い物理吸着が見られるのは、小さくて曲線的な孔をもち、その表面が水素を引きつけるような原子で修飾されている材料である。ゼオライト（アルミノケイ酸塩）や金属－有機構造体（金属イオンと剛直な有機分子からなる錯体）は、これらの特徴をもちうる可能性があり、いつの日か室温での水素の物理吸着を可能にすることが期待されている。

▼水素を化学吸着する材料にはどのようなものがあるか？

水素は多くの材料（金属や合金が多いが、それ以外の化合物のこともある）と化学反応して水素化物を作り、これらは水素貯蔵媒体として利用できる。しばしば20～100℃という現実的な温度で高速かつ可逆的な反応を起こし、大量の水素を吸収したり、放出したりすることができる。水素貯蔵のために広範に研究されている材料には、元素状金属（マグネシウム、パラジウム、トリウム）の水素化物、AB_5（通常はAもBも金属元素）の形で表わされる化合物の水素化物（ランタン－ニッケル水素化物 $LaNi_5H_6$ など）のほか、いわゆる「複合水素化物」（マグネシウム－ニッケル水素化物 Mg_2NiH_4 や、バリウム－ロジウム水素化物 $BaRhH_9$ など）がある。

▼水素化物を利用した水素貯蔵システムの性能は？

水素化物における水素体積貯蔵密度は液体水素よりもはるかに高く、数万回も再充電することができる。しかし、ホスト材料が軽いとは言いがたいため、水素重量貯蔵密度は4パーセント以上にはなっていない。現時点では、これらの化合物の大半は、水素重量貯蔵密度が低すぎるか、貯蔵した水素を放出させるのに必要な温度が高すぎるため、移動式水素貯蔵システムに応用できるとは考えられない。しかし、その水素体積貯蔵密度の高さと安全性は魅力的である。

▼これまでの水素化物研究が実を結んでいないということか？

そんなことはない。この分野からは多くの有用な発見があった。金属水素化物は現在、市販のハイブリッドカーなどのバッテリーの電極として利用されている。これらのバッテリーは安全で、コンパクトで、急速再充電が可能である。金属水素化物は航空機のある種の温度センサーの基礎にもなり、将来的には、窓の透明度を制御するインテリジェント・コーティングにも利用されるようになるかもしれない。さらに、金属水素化物研究の過程で発見された水素粉砕技術は、現在、永久磁石の製造に用いられている。

▼最新の水素貯蔵材料にはどのようなものがあるか？

近年の研究では、軽い元素の複合水素化物を利用した固体貯蔵か、このような材料を満たした高圧（35ＭPa）のタンクに注目が集まっている。こうした複合水素化物には、AlH_4^-イオンを含むアルミニウム水素化物、BH_4^-イオンを含むホウ素水素化物、リチウムと窒素と水素を含むアミドー水素化物、あるいはこれらの組み合わせがある。その魅力は水素重量貯蔵密度が8～20パーセントと高いことにある。これらの材料の水素化物の生成と分解は、複数の段階を経て、中間化合物を形成しながら進んでいく。研究者たちは、実験とモデル化を通じて、これらの反応を微調整し、水素の放出速度を上げる触媒の発見をめざしている。この取り組みから、20～100℃の温度で水素を吸着・放出する材料が開発されるはずである（ちなみに、現時点では300℃以上の温度が必要）。

しかし、これらの材料が実用化されるまでには、かなりの時間がかかるだろう。注目の水素貯蔵法はもう1つある。それは、液化炭化水素を水素ガスの供給源とする方法であり、以前にも研究されていたが、性能の低さから、一度は断念された方法である。この過程では副産物として脱水素された炭化水素が生じるため、リサイクルセンターで再び水素化して、さらなる燃料を作り出すことができる。

▼水素自動車はいつごろ市販されるのだろうか？

ドイツと日本の水素燃料バスはすでに成功している。また、これまでに約50台の水素自動車（内燃機関式のものと燃料電池式のものの両方）が試作され、良好な結果を出している。したがって、5年後くらいに水素燃料電池と電動モーターを組み合わせた水素自動車が市販されるようになっても不思議ではない。自動車の燃料には、ほかにどのような選択肢があるか？　今日のガソリン自動車の普及ぶりを考えれば、今後もしばらくは石油系燃料が主流であり続けることはあきらかである。ただし、石油系燃料は供給に不確実性があるため、将来的には使われなくなるだろう。安全性の高いリチウム電池やリチウム－空気電池、容量の大きい金属水素化物電池など、新しいタイプの充電可能なバッテリーは、市街地走行向けの純電気自動車やハイブリッドカーの市場を生み出す可能性がある。とはいえ、ガソリン自動車の所有者の大半が純電気自動車に乗るようになったら、多くの国では発電量を2倍にする必要があることに注意しなければならない。水素を生産するためにも電気などのエネルギーが必要になることも忘れてはならない。

▼今後、ほかの燃料との競争はどのように展開していくか？

これは、自動車デザインの流行と水素技術の費用対効果によって変わってくる。水素自動車はすでに技術的には可能になっているが、これが普及するためには、ほかの燃料を使用するタイプの自動車と張り合えるだけの経済性を備えていなければならない。重量１ｔ程度の比較的小型の自動車については、数年以内にそれが実現するかもしれない。比較的軽量の自動車が好まれるようになれば、新しい市場にはずみがつくことになるだろう。この10年間、自動車メーカーは軽量で高強度の材料を使用するようになっているが、その一方で、車体を大型化して、馬力や快適さや安全性を高めようともしているため、自動車の平均総重量は増加傾向にあるのだ。

▼水素燃料は、今後、どうなっていくのか？

自動車の購入者が小型車を好む傾向は、弱いながらも確実に存在している。今後、自動車の価格や燃費が重視されるようになるにつれ、この傾向は強まっていくだろう。運転者に警告を発するだけでなく、自動車本体に直接作用する新しい安全装置は、事故が発生する確率を低下させ、車両を厳重に保護する必要性を軽減するだろう。これにより、車両の軽量化と、水素自動車の普及への道が切り開かれるだろう。ゆえに、長期的な輸送戦略において水素が一定の役割を果たすことは明らかだ。しかし、これを確実に成功させるためには、適切な目標を設定し、最高の科学者と技術者を長期的に支援していくことが必要である。

Louis Schlapbach はスイス連邦材料科学技術研究所とつくばの物質・材料研究機構（日本）に所属している。

グラフェンの細孔を利用したDNAシーケンサー

Holes with an edge

Hagan Bayley　２０１０年９月９日号 Vol.467 (164-165)

２０１０年のノーベル物理学賞は、グラフェン（原子レベルの薄さの炭素シート）の研究者に贈られた。グラフェンの１枚１枚に電子ビームでナノ細孔を開けると、単一ＤＮＡ分子の超高速シーケンサーが作れるかもしれない。

ヒトゲノムの全塩基配列の解析をめざすヒトゲノムプロジェクトが完了すると、より速く、より安く、より高精度にＤＮＡを解析できる次世代シーケンサーを開発することが次の目標になり、従来のジデオキシ法を原理とするキャピラリーＤＮＡシーケンサーの改良が進んでいるだけでなく、まったく新しいシーケンシング原理がいくつも提案されている。その１つが、膜に㎚（ナノメートルサイズ）の細孔を開けてＤＮＡ鎖を通し、個々の塩基が細孔の認識ポイントを通るときの電流の塩基特異的変化を検出することでＤＮＡの塩基配列をリアルタイムに決定しようとする方法だ。この膜の有力候補としては、タンパク質、窒化シリコン、グラフェン、二硫化モリブデンなどがあり、それぞれの物質の特性をいかした測定法が研究されている。

▼注目を集め始めたグラフェン

小さな孔（ナノ細孔）にDNA鎖を通し、塩基の違いによる電気的な変化を検出することによって、DNAの塩基配列を読み取ることができるかもしれない。この考えは、14年前に提案された。[1]その後、米国立衛生研究所の1000ドルゲノムプロジェクト[3]に刺激され、この目標[2]に向かって大きな前進がみられた。最近の塩基識別の進展をみると、タンパク質ナノ細孔が優勢なようである。しかし、今回の3論文[4~6]によると、塩基識別には、グラフェン（原子1個または2、3個分の厚さしかない炭素シート）に開けられたナノ細孔が極めて有効かもしれない。

グラフェンは、[7]縮合炭素6員環からなる大きく広がった二次元の芳香族分子であり、特異な電気的・機械的特性をもつ物質である。Garajら[4]は、電子ビームを使って、1層または2層のグラフェンに直径5~23nmの孔を開けた（『Nature』2010年9月9日号190ページ）。次に、孔の開いたグラフェンをチャンバー内に設置し、グラフェン膜のそれぞれの面が塩水溶液に触れるようにした。そして、膜の両側に置いた（塩水溶液に浸した）電極の間に電圧をかけ、塩イオンによって運ばれる電流を測定した。ナノ細孔のコンダクタンス（抵抗の逆数）は直径とともに変化しているが、これは、直径よりも厚みがはるかに小さい細孔の場合、予想どおりのことである。[8]コンダクタンスの値をもとに、Garajらは、グラフェンの実効絶縁厚みがわずか0・6nm程度であることを計算で求めた。この値は、DNA解析に用いられたほかの材料よりもはるかに小さい。たとえば、一般的な窒化シリコン細孔では30nmであり、[9]α溶血素タンパク質細孔では10nmである。[10]

1. *Kasianowicz, J. J., Brandin, E., Branton, D. & Deamer, D. W.* Proc. Natl Acad. Sci. USA 93, *13770-13773 (1996).*
2. *Branton, D. et al.* Nature Biotechnol. 26, *1146-1153 (2008).*
3. *Schloss, J. A.* Nature Biotechnol. 26, *1113-1115 (2008).*
4. *Garaj, S. et al.* Nature 467, *190-193 (2010).*

Garajらは、[4]続いて、グラフェンナノ細孔に二本鎖DNAを通しながら、直径5nmのナノ細孔を流れる電流を測定した。電流にスパイクが観測されたが、これは電流ブロッケード（遮断）を意味しており、DNAが折りたたまれているかどうかにかかわらずその通過に対応している。過去に窒化シリコン細孔を用いた類似の実験において、同様のブロッケードが観測された。[11]高イオン強度の塩基性溶液を用いた場合、ごく一部だがDNA分子がグラフェン表面に付着してしまい、DNAの移動が妨げられた。電流ブロッケードの平均振幅を用いることによって、Garajらはもう一度グラフェン膜の実効厚みを計算し、約0・6nmであることを確認した。

Garajらが[4]用いたグラフェンは、化学気相成長法（CVD）で作製したものである。Schneiderらは、[5]グラフェンナノ細孔を通る二本鎖DNAの移動について同様のデータをNano Lettersに報告している。しかし、剥離法《はくり》（バルクのグラファイトからグラフェンシートをはがし取る方法）で得た膜を使っており、剥離法によるグラフェン膜はCVD法によるグラフェン膜よりも欠陥が少ないと述べている。

Garajらの研究結果とは異なり、Schneiderらのデータは、細孔のコンダクタンスは細孔直径の2乗とともに変化することを示唆している。このことは、Schneiderらの膜が予想より厚いことを示している。おそらく、DNAがグラフェン表面に付着することを防ぐために、グラフェンを16-メルカプトヘキサデカン酸でコーティングしたからであろう。

グラフェンナノ細孔を通るDNAの移動に関する3番目の研究（同じくNano Lettersに発表された）が、Merchantら[6]によって報告されている。この研究に使用されたのは、CVD法

5. *Schneider, G. F. et al.* Nano Lett. 10*, 3163-3167 (2010).*
6. *Merchant, C. A. et al.* Nano Lett. 10*, 2915-2921 (2010).*
7. *Geim, A. K.* Science 324*, 1530-1534 (2009).*
8. *Hille, B.* Ion Channels of Excitable Membranes *3rd edn(Sinauer, 2001).*
9. *Kim, M. J., Mcnally, B., Murata, K. & Meller, A.* Nanotechnology 18*, 205302 (2007).*

で作製した厚さ3～15原子層のグラファイト（Garajら[4]のグラファイトの厚さはわずか1、2原子層）であり、直径5～10nmの細孔をもつ。このケースでは、高いリーク電流（おそらくグラフェンのピンホール欠陥に起因する）がみられたものの、折りたたみDNA、非折りたたみDNAのいずれについても、DNA移動に伴う電流ブロッケードが観測されており、他の研究[4,5]と一致した結果が得られている。

▼DNAシーケンシングに道を開く

では、DNAシーケンシング用グラフェンナノ細孔デバイスの開発は、どこまで進んでいるのだろうか。ナノ細孔シーケンシングでは、個々の塩基が細孔の認識ポイントを通るときのイオン電流の塩基特異的な変化を観測することによって、一本鎖DNAの塩基配列が決定される[1,2]。またグラフェン単層の利点は、ナノ細孔の厚さが塩基の大きさと同等であることと認識されている。したがって、細孔中にDNAとの接点が複数存在するのではなく、認識ポイントは1点だけとなる（図1）。ここで取り上げた研究[4～6]では、二本鎖DNAが塩基当たり約10nsec（ナノ秒）の速度で移動している。これでは速すぎて、個々の塩基に起因する電流ブロッケードを分解できない。このため、Garajら[4]は、移動速度を遅くして2・4nmの細孔で実現しうる空間分解能を計算によって見積もり、0・35nmという良好な値（これは単一塩基の識別に適合する）になることを確認した。

しかし、たとえ細孔を通る一本鎖DNAの移動速度を、イオン電流記録によって個々の塩基

10. *Song, L. et al.* Science 274, *1859-1865 (1996).*
11. *Dekker, C.* Nature Nanotechnol. 2, *209-215 (2007).*

の電流ブロッケードが測定可能となる２塩基当たりｍsec（ミリ秒）まで遅くできても、グラフェンナノ細孔シーケンシングは、いくつかの問題にぶつかるであろう。たとえば、グラフェンナノ細孔は、電流雑音のレベルが高い。[4~6] これは、デバイスを厚くした場合にのみ改善可能である。[6] さらに、グラフェンナノ細孔が異なる塩基を識別できるという実験的証拠がないため、移動する塩基を遅くし、一時停止させ、方向を正すために、細孔の縁を化学的に修飾する必要があるかもしれない。

別の塩基特定手段では、ＤＮＡを通る電子トンネリングという量子力学的現象を利用しており、[12] グラフェンを交差方向の電極（trans-electrode）として用いている（図１）。トンネル電流などの電気的特性の測定によって、塩基当たりマイクロ秒のスピードという並外れて速い塩基識別が可能になるかもしれない。[2,12,13] 重要なのは、イオン電流法とトンネル電流法のいずれのＤＮＡシーケンシングも、直径１・５nm未満（これまで報告されたものよりはるかに小さい）の細孔が必要となりそうなことである（図１）。

また、グラフェンナノ細孔を用いたＤＮＡシーケンシングには、新しい化学と物理学を適用する必要がある。グラフェン表面の性質、特にグラフェンナノ細孔周辺の性質は、十分には理解されていない。[4~6] グラフェン表面は、しなやかに波打つ傾向にあり、[14] また今回の研究でリーク電流の原因となっている欠陥も含めて、さまざまな欠陥が存在している。グラフェンナノ細孔が空気や水にさらされたとき、ナノ細孔周辺にはどのような化学基が存在するのであろうか。おそらく、酸化グラフェン[15]と同じく、カルボン酸基、水酸基、エポキシ基、アルケン基、ジエ

12. *Thundat, T.* Nature Nanotechnol. 5, *246-247 (2010).*
13. *Postma, H. W. C.* Nano Lett. 10, *420-425 (2010).*
14. *Meyer, J. C. et al.* Nature 446, *60-63 (2007).*
15. *Dreyer, D. R., Park, S., Bielawski, C. W. & Ruoff, R. S.* Chem. Soc. Rev. 39, *228-240 (2010).*

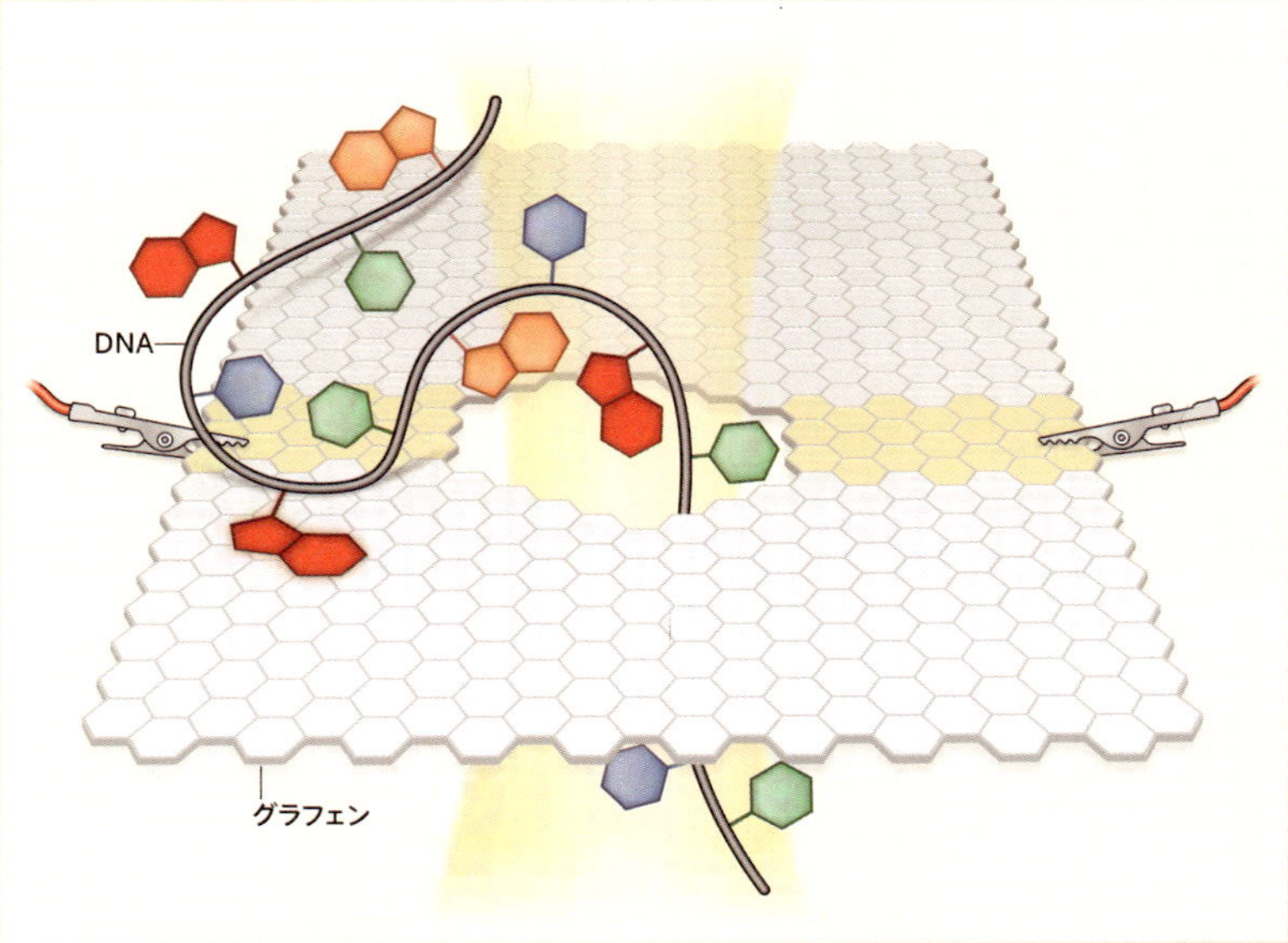

図１　提案されているDNA シーケンシング方法
グラフェン単層に開けられたナノ細孔に一本鎖 DNA を通すことによって、単一分子 DNA の塩基配列を決定する魅力的な方法である。ここでは、グラフェン中の炭素原子環を六角形で表している。ナノ細孔の直径は約 1.5nm であり、六角形約 35 個分に相当する。電位が与えられ、鎖は上から下へと移動する。４つの DNA 塩基は異なる色で示されている。DNA 塩基はイオンの流れを遮断するので、細孔を通るイオンの流れ（垂直方向の黄色い影）を観測し、それぞれの DNA 塩基に特徴的なイオン電流変動を記録することによって、DNA の塩基配列を決定できる可能性がある。代わりの方法として、グラフェンを流れ、DNA が細孔を通ると変化する横方向（交差方向）のトンネル電流（水平方向の黄色い影）の変動を測定できる可能性がある。ワニロクリップは電気的接続を表している。起こりうる問題として、図に示すように、一本鎖 DNA がグラフェンに付着することが挙げられる。３報の論文[4~6] が、DNA がグラフェンナノ細孔を通過する際、イオン電流の変動が測定できることを報告している。ただし、現時点の測定分解能は不十分なものであり、１個１個の DNA 塩基を検出して識別することはできない。

ン基などのいろいろな基が存在するであろう。あるいは、細孔を開ける電子ビームによって、周辺の基に構造の再組織化が起こり、５員環などの新しい構造ができるかもしれない。[16] これらの周辺構造は、さらに再配列や加水分解が起こりやすく、ナノ細孔の再現性がなくなったり、不安定化したりするのだろうか。また、ナノ細孔を共有結合的に修飾して、塩基認識を容易にできるのであろうか。

重要なのは、グラフェンの表面を安定化処理して化学的に不活性化する必要があるかもしれないこと、そして表面状態にかかわらず細孔を化学的に修飾する必要があるかもしれないことである。これらはやっかいな課題となる。物理学的観点からは、超高速ＤＮＡシーケンシングには、電気的にアドレス可能な大型のナノ細孔アレイが必要であろう。これには、グラフェンシートの細孔[13]よりも、グラフェンリボンのナノスケールギャップ[17]を利用するほうが、対処しやすいかもしれない。

ナノ細孔アレイを用いた単一分子ＤＮＡシーケンシングによって、短時間でゲノム配列を決定できる可能性がある。それは、革新的といってもよい技術であり、たとえば個人個人に合った癌治療など数多くのゲノム配列を知る必要があるとき、他の追随を許さないものとなるであろう。今回のグラフェンナノ細孔を用いた初の実験[4〜6]は、ナノ細孔ＤＮＡシーケンシングの実現を阻む障害[2]をクリアする強力な方法を提示するものである。

Hagan Bayley はオックスフォード大学化学科に在籍している。

16. *Chuvilin, A., Kaiser, U., Bichoutskaia, E., Besley, N. A. & Khlobystov, A. N.* Nature Chem. 2, *450-453 (2010).*

17. *Wang, X.&Dai, H.* Nature Chem, 2, *661-665 (2010)*

印刷法によるトランジスタ

A diverse printed future

John A. Rogers　２０１０年11月11日号 Vol.468 (177-178)

化合物半導体リボンをシリコン基板上に印刷して、ナノスケール・トランジスタを作製した。このようなトランジスタは、シリコン単独のトランジスタより、はるかに効果的にオン／オフ切り替えができる。

エレクトロニクスはシリコントランジスタの微細化とともに歩んできたが、近い将来、シリコンの物性による限界に突き当たり、微細化による性能アップは困難になる。そこで近年、この限界を回避する方策の1つとして、トランジスタに非シリコン半導体材料を利用する方法が研究されている。ヒ化インジウム（InAs）は、電子移動度と導電率が非常に高い魅力的な化合物半導体だが、正孔移動度が低く、質の高い界面絶縁体を得にくいため、単独ではなくシリコンベースの技術を補強する材料としての利用が考えられている。研究者らは、シリコンウエハー上にリボン状のInAsを印刷法で転写することで、同じ大きさのシリコントランジスタよりも高速で電力効率のよいトランジスタを製作できることを実験とシミュレーションによって示した。

▼ナノスケールのリボン状トランジスタにより、シリコンデバイスの可能性を広げる

エレクトロニクス分野では、シリコンは「神の材料（God's material）」と呼ばれる。自然界に豊富に存在するうえに、結晶成長、精製、ドーピングが比較的容易であり、好ましい電子輸送特性を示すため、商用集積回路の世界では無敵の材料だ。シリコンは、マイクロエレクトロニクス分野において早い時期から支配的な地位を占めてきた。2番手は、おもにRFデバイスに使用される化合物半導体であるが、常にシリコンに大差をつけられてきた。

しかし、シリコントランジスタにはスイッチング速度やエネルギー効率に関する本質的限界があり、5年前くらいから、ある程度の多様性をもつ半導体材料に変更せざるをえないケースが見られるようになった。[1,2] そこで将来のアプローチとして、非シリコン系半導体をシリコンプラットフォーム上に集積化して、異種材料からなるヘテロシステム（異なる機能をもつ複数種の材料を利用）を作製する方法が考えられている。

『Nature』２０１０年11月11日号２８６ページでは、このようなアイデアを実現するための興味深い手法がKoらによって報告されている。[3] Koらの手法は、リボン状のヒ化インジウム（InAs）を印刷法[4]でシリコンウエハー上に転写するものであり、これらナノスケールの厚さのリボンでできたトランジスタは、非常に優れた性能を示した。このような印刷法を利用することによって、次世代シリコン電子デバイスの性能を向上させる可能性が見えてきたといえる。

InAsなどの化合物半導体は、電子移動度と導電率がきわめて高い魅力的な材料である。[2] 同等の大きさのシリコントランジスタよりも速く（最高2倍）、電力効率のよい（最高10倍）ト

1. *Heyns, M. & Tsai, W.* MRS Bull. 34, *485-488 (2009).*
2. *Chau, R., Doyle, B., Datta, S., Kavalieros, J. & Zhang, K.* Nature Mater. 6, *810-812 (2007).*
3. *Ko, H. et al.* Nature 468, *286-289 (2010).*
4. *Meitl, M. et al.* Nature Mater. 5, *33-38 (2006).*

ランジスタを作製できる。しかし、化合物半導体は、正孔移動度（正孔は「電子の抜けた孔」）が低く、質の高い界面絶縁体を得にくいため、単独では大型相補型論理回路に利用しにくいが、シリコンベースの技術を戦略的に補強する材料として使える可能性がある。

このように化合物半導体を追加的に利用する手段として、シリコンウエハー上に化合物半導体材料を成長または接着させる方法が、広く研究されている。好ましい研究結果が得られる場合もあるが、そうした成長・接着法では、材料に欠陥が入ったり製造がむずかしいなど、重大な欠点がある。Koら[3]は、これらの欠点を回避する高度な手法について報告しており、そのアイデアをInAsを使って実証した。

Koらの手法の第一段階では、最適化された方法を利用して、アンチモン化ガリウム（GaSb）ウエハー上に、アンチモン化アルミニウムガリウム（AlGaSb）層をコーティングし、その上に、非常に薄い純粋なInAs膜を成長させる。次に、得られたInAs膜をナノスケールの厚さの細長いリボン状にパターニングしてナノリボンアレイを形成したあと、エッチング液でAlGaSbを選択的に除去して、基板からナノリボンアレイを浮き彫りにする。最後の段階で、シリコーンゴムスタンプを使って、ナノリボンアレイを基板から剥《は》がし取ったあと、シリコンウエハーの二酸化シリコン（SiO_2）絶縁体表面に転写する。ここが「印刷」の工程で[4]、InAsが「インク」の役割を果たしている（図1）。

この手法にはいろいろな材料が使えるため、Koらは、作製された構造体を「エックス・オン・インシュレーター」、すなわちＸＯＩと呼んでいる（Ｘは半導体を表わす）。これは、SiO_2/Si

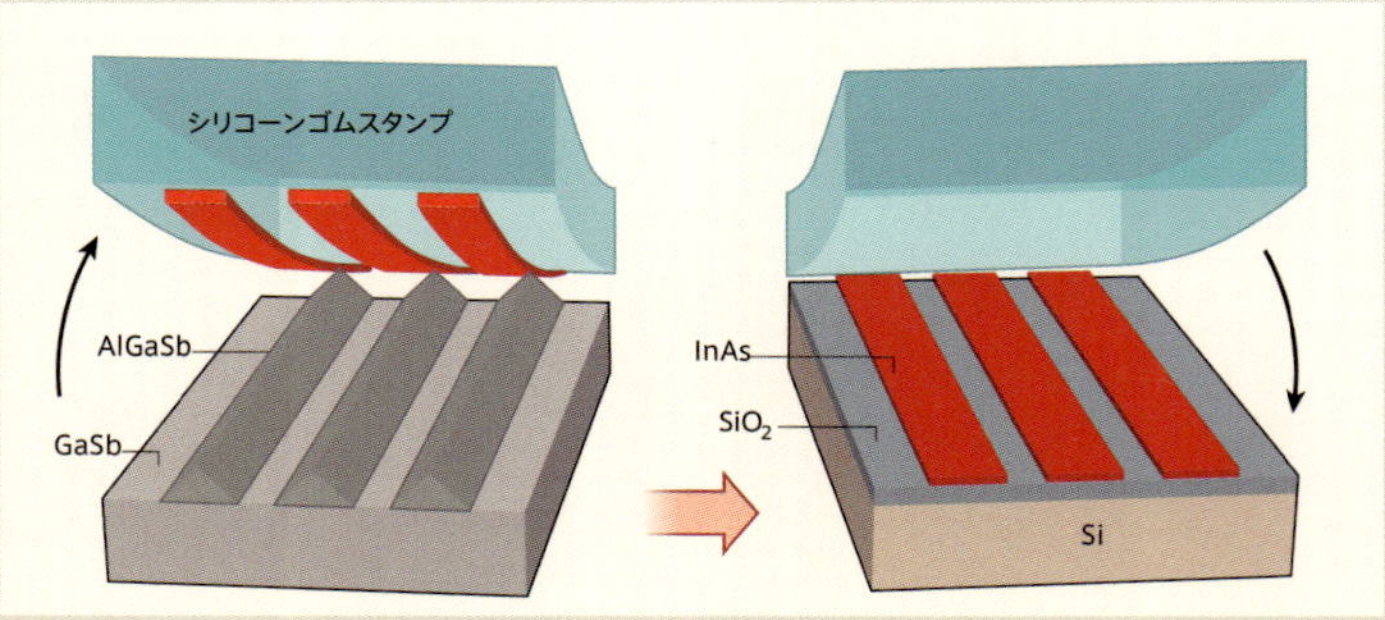

図１　印刷法で作製されるヘテロ構造型電子デバイス
Ko ら[3]は印刷法で電子デバイス用ヘテロ構造を作製した。アンチモン化アルミニウムガリウム（AlGaSb）層でコーティングされたアンチモン化ガリウム（GaSb）ウエハーから、ナノスケールの厚さのヒ化インジウム（InAs）リボンを、シリコーンゴムスタンプを利用して剥がし取ったあと（左図）、ナノリボンを二酸化シリコン／シリコン（SiO$_2$/Si）基板に転写する（右図）。この過程で、InAs はインクとしての役割を果たす。

基板上のシリコンを意味するＳＯＩにならったものだ。

Ｋｏら[3]が用いた印刷法は、ナノスケールのリボン状、ワイヤー状、シート状半導体（シリコン、ヒ化ガリウム、窒化ガリウム、リン化インジウムなど）を、基板から別の表面（シリコン、ガラス、プラスチックはもとより、紙やゴムにも[4,5]）へと転写する最近の方法であり、ますます精巧になっている。

この印刷法は、生物系と一体化した電子デバイス[6]、半球状「眼球」や近赤外線撮像装置[7,8]、フレキシブル・ディスプレイや照明装置[9]、光起電力モジュール[8]などで実証されている。これらの例の多くは、別の接着層がなくても、スタンプ上での粘弾性効果[4]や特殊なレリーフ構造[10]を利用して、むき出しの基板表面上に材料をそのまま印刷可能であった。

いまでは、高度な手段によって、マイクロ

5. *Ahn, J.-H. et al.* Science 314, *1754-1757 (2006).*
6. *Viventi, J. et al.* Sci. Transl. Med. 2, *24ra22 (2010).*
7. *Ko, H. C. et al.* Nature 454, *748-753 (2008).*
8. *Yoon, J. et al.* Nature 465, *329-333 (2010).*
9. *Park, S.-I. et al.* Science 325, *977-981 (2009).*

メートル（㎛）スケールの印刷位置精度と、1時間に数百万個以上の構造体印刷に相当するスループットが可能になり、99・99パーセントに近い収率が達成可能だ。

印刷法は、現在、薄い化合物半導体太陽電池の低密度アレイや、入射太陽光を集光する微小光学素子を組み込んだ光起電力モジュールの市販前製造に利用されている。[11] これまでにも、化合物半導体とシリコンの一体化に同様の印刷法を利用することが提案されてきた。[4,5,12] しかし、Ko[3]らは、ほんの数nmという並外れて薄い半導体材料層を用いることによって、半導体関連では群を抜いて最高の成果を達成したわけだ。

▼シリコン単独よりはるかに効果的にオン／オフの切り替えができる

Ko[3]らは、接着剤のない非常にきれいな界面と質の高い熱成長酸化物を用いることによって、これらの非常に薄い半導体層から、従来のバルクトランジスタよりもはるかに効果的にオン／オフ可能なトランジスタを得た。また、そのようなデバイスの1つについて、デバイス動作の本質的な物理過程をとらえる系統的な実験的研究について報告しており、厚さを50nmから10nmまで薄くすると、3次元電子輸送から2次元電子輸送へと徐々に移行する興味深い現象が起こることを見いだした。

デバイスシミュレーションを行なうことによって、このような傾向を定量的にとらえるばかりでなく、これに関連してスイッチング特性が向上する理由を説明している。このように理論と実験結果を照らし合わせることで、デバイスを構成する印刷材料が無欠陥で予測どおりの性

10. *Kim, S. et al.* Proc. Natl Acad. Sci. USA 107, *17095-17100(2010).*
11. *Burroughs, S. et al.* Proc. 6th Int. Conf. Concentrating Photovoltaic Systems, April 2010, *Freiburg, 163-166 (Am. Inst. Phys., 2010).*
12. *Benkendorfer, K., Menard, E. & Carr, J.* Compound Semiconductors *16-18 (June 2007).*

質をもつ証拠が得られた。

開発されたトランジスタの性能パラメーターは非常に期待できるものであり、電子移動度が類似設計のシリコントランジスタの値を大幅に上回っている。しかし、高いスイッチング速度でのデバイス挙動を評価して、最先端シリコンプラットフォームの性能向上の可能性を確認しなければならない。今後の研究指針は、この領域でデバイスの動作面を調べ、シリコントランジスタとの相互接続動作を実証することである。

この種の研究は、実用上重要な問題を解決できるかどうか、という状況のなかで科学技術の知識を深めていけるので、きわめて魅力的だ。現代社会の電子デバイスは、ますますユビキタス性が高くなっている。このことは、研究がうまくいけば、幅広く建設的な影響が及ぶことを示唆している。

John A. Rogers はイリノイ大学（米）材料科学工学科に所属している。

絶縁体が、割るだけで導電性に！

The conducting face of an insulator

Elbio Dagotto　２０１１年1月13日号 Vol.469 (167-168)

２種類の酸化物絶縁体を積み重ねると、両者の界面に導電性の系が生じることが知られている。しかし、意外なことに、酸化物絶縁体をただ割っただけでも、その劈開《へきかい》面で同じ導電現象が現われることがわかった。

シリコンが従来型エレクトロニクスの基盤であるように、チタン酸ストロンチウム（$SrTiO_3$）をはじめとする遷移金属酸化物は、酸化物エレクトロニクスの基盤として近年さかんに研究されている。$SrTiO_3$を別の遷移金属酸化物と積み重ねると、界面に二次元電子ガスが形成され、金属－絶縁体転移、超伝導、負の巨大磁気抵抗を生じる。研究者らは、超真空中で$SrTiO_3$結晶を割ってみたところ、劈開した表面にも金属的な二次元電子ガスが形成されることを発見し、その導電性が劈開過程で生じた酸素空孔に起因していることを示した。この発見は、$SrTiO_3$系デバイス中の二次元電子ガスの電子構造の研究に使えるモデル系を提供し、遷移金属酸化物の表面に二次元電子ガスを形成する新しい方法となる。

▼絶縁体の表面に導電性の二次元電子系を予想外に発見

Santander-Syroらは、チタン－ストロンチウム酸化物（$SrTiO_3$、略してSTO、また「チタン酸ストロンチウム」とも）という絶縁体の表面に、導電性の2次元電子系を発見した（『Nature』2011年1月13日号189ページ）[1]。これはまさに予想外だった。なぜなら、これまでにSTOはよく研究されており、十分理解されていると考えられていたからである。今回の発見は、急成長を遂げている酸化物超格子や酸化物エレクトロニクスの分野など、日常的にSTOを使用する研究分野に大きな影響を及ぼすはずだ[2,3]。

凝縮系物理学では新材料が続々と発見されており、ダイナミックな研究分野である。しかも意外性に満ちており、固体中での電子や原子の振る舞いに関する我々の理解は、いつ覆されるかわからない。有名な例として、高温超伝導体や、大きな磁気抵抗（磁場中に置かれると電気抵抗を変える材料特性）を示す遷移金属酸化物（TMO）[4]がある。TMOに限らず、一般にバルク材料では、系の全エネルギーが最小になるように、原子イオンと電子が特定の結晶配列（たとえばペロブスカイト構造）をとる。それが相転移して、磁気状態など低温での特性変化が現われる。

しかし、特定の特性がどのように変化するかは、実際に化合物サンプルを作製して調べてみないと、予測するのはむずかしい。また、特定用途のために、ある特性が必要な場合、どの化学組成なら狙った結果が得られるのかを予想するのも困難である。つまり、バルクTMOの結晶構造とそれに伴う特性を制御することは容易ではない。

---

1. *Santander-syro, A. F. et al.* Nature 469*, 189-193 (2011).*
2. *Mannhart, J. & schlom, D. G.* Science 327*, 1607-1611 (2010).*
3. *Cen, C., Thiel, s., Mannhart, J. & Levy, J.* Science 323*, 1026-1030 (2009).*
4. *Dagotto, E. & Tokura, Y.* MRS Bull. 33*, 1037-1045 (2008).*

このため、新しいＴＭＯを人工的に作製することに、大きな注目が集まっている。最近では、原子レベルの精度で新しい材料を作製することが可能である。ある酸化物層の上に別の酸化物層を成長させるという積層過程をいろいろな配列で繰り返すことによって、超格子を形成するのだ。非常に多様な組み合わせが実現でき、新しい材料が得られる。２種類のＴＭＯ（片方はＳＴＯ）を積み重ねることによって、金属性（導電性）はもとより超伝導性の界面状態が得られることもわかっている。[5~7]

一見すると、２つの絶縁体の界面に金属状態が出現することは、不可解に思えるかもしれない。しかし、何人かの研究者によると、ポーラーカタストロフィーというメカニズムが起こる可能性があり、これにより金属状態の出現を説明できる。たとえば、$(LaO_2)^-$と$(AlO)^+$の電荷層が交互に積層したランタン－アルミニウム酸化物（$LaAlO_3$；ＬＡＯ）を、TiO_2とSrOの電荷中性層からなるＳＴＯの上に積むと、ＬＡＯ構造の$(LaO_2)^-$－$(AlO)^+$電気双極子からポーラーカタストロフィーが起こる。[8] 電気双極子は電位差を発生させ、電位差は膜が厚くなるほど増大する。ＬＡＯ構造が十分厚いと、発生した大きな電位差を補償するために突然の電子再構成、すなわちポーラーカタストロフィーが起こる。これにより、ＬＡＯ／ＳＴＯ界面が導電性になる。

しかし、Santander-Syroらによって観測されたＳＴＯ表面（すなわち結晶最上部の真空と接している薄い部分）における導電状態の出現は、[1] どう説明されるのか。ＳＴＯは電気的に中性な（電荷をもたない）TiO_2層とSrO層から構成されているため、ポーラーカタストロフィ

5. *Ohtomo, A., Muller, D. A., Grazul, J. L. & Hwang, H. Y.* Nature 419, *378-380 (2002).*
6. *Ohtomo, A. & Hwang, H. Y.* Nature 427, *423-426 (2004).*
7. *Reyren, N. et al.* Science 317, *1196-1199 (2007).*
8. *Hwang, H. Y.* Science 313, *1895-1896 (2006).*

ーは起こりえないはずだ。

▼超高真空中で結晶を割ったら、金属性の2次元電子ガスが観測された

Santander-Syroらは、STO結晶の表面特性を調べる目的で、清浄な表面を得るために超高真空中で結晶を割った（真空劈開）のだが、驚くべき結果が得られた。調べたすべてのサンプルの表面において、金属性の2次元電子ガスの特性が観測されたからだ。この2次元電子ガスは、表面から5単位格子の範囲内に閉じ込められていると推定されている（図1）。しかも、バルク中の電子密度は低くてさまざまな値をとるにもかかわらず、金属性の表面の電子密度はすべて高く同じ値をとった。

これは意外な結果だ。Santander-Syroらは、割ったときにSTO表面に多くの酸素空孔ができると主張している（図1）。結晶中の酸素はイオン状態（O^{2-}）をとっているので、1個の酸素原子が取り除かれると、2個の電子が結晶格子に戻されることになる。これによって、酸素イオンの2個の過剰電子が材料中の空孔付近、つまり表面付近に残るため、電気伝導に利用できることになる。それぞれのサンプルのバルク電荷キャリア（不純物ドーピングによって導入される）はすべて異なっていたにもかかわらず、割ったすべてのサンプルが同じような結果を示した。このことは、すべてのサンプルにおいて生じた酸素空孔の密度が同程度であるため、同じような挙動が観測された可能性があることを示唆している。

酸化物エレクトロニクス[2,3]への応用を視野に入れると、STOの表面とLAO／STOなどの

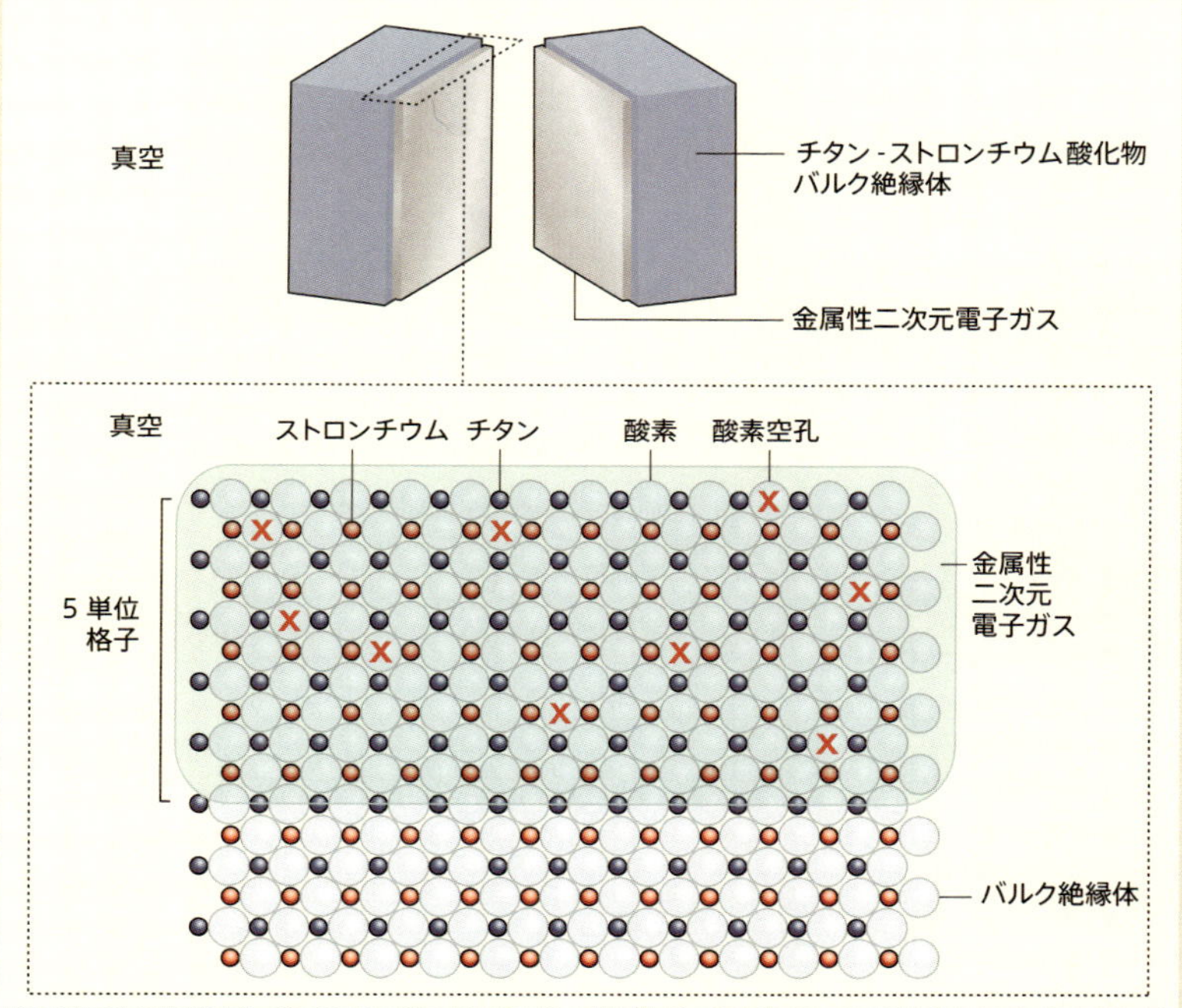

図1　酸化物を割る
Santander-Syroら[1]は、チタン－ストロンチウム酸化物（$SrTiO_3$）のバルク絶縁体を真空中で割る（真空劈開）だけで、その表面に金属性の2次元電子ガスを形成した。電子系は表面からわずか5単位格子内に閉じ込められており、その導電性は、劈開過程で生じた酸素空孔（この図では任意に分散させている）に起因する。

界面に存在する導電状態の特性を比較して、その起源を明確にすべきである。さらに、ＬＡＯ／ＳＴＯについて行なわれたように、ＳＴＯ表面における新しい導電状態を利用した電界効果トランジスタ（電子チップの構成要素）も、検討・実現すべきであろう。

おそらく、Santander-Syroらの研究結果のもっとも重要な意義は、たんに割ることによって、もっと一般化していえば表面に酸素空孔を導入することによって、おなじみの基板上に新しい導電性2次元電子系を形成できるようになったことである。この方法は、複雑でコストのかかる超格子成長法に代わる簡便かつ魅力的な手法である。

今回の方法は、グラフェンエレクトロニクスの始まり方に似ている。その始まりは、普通の粘着テープでグラファイトから剥がし取ることによってグラフェン（原子1個分の厚さのハニカム状炭素格子）が得られるという発見だった。酸化物エレクトロニクスの今後の課題は、今回の真空劈開酸化物導電系を理解して制御すること、またその系を維持する方法を見いだすことである。

Elbio Dagotto はテネシー大学（米）物理天文学科に所属している。

紫外線で傷を修復できるポリマー

Spot-on healing

Nancy R. Sottos & Jeffrey S. Moore　２０１１年４月21日号 Vol.472 (299-300)

光で傷を修復できるゴム状ポリマーが作られた。これを使えば、修復する必要のあるとき、必要な部分だけに光を照射すれば作業が終わるので、さまざまな分野で材料の長寿命化に貢献するはずだ。

ポリマーは、基本的に損傷を修復することができるが、修復性材料のほとんどは、損傷部位をガラス転移温度以上に加熱してから、圧力をかけてポリマー鎖の接触、湿潤、拡散、絡み合いを促進する必要があり、修復に時間がかかるだけでなく不完全だ。研究者たちは、炭化水素オリゴマーと金属－配位子錯体が交互に繰り返す構造をもち、固体状態では相分離を起こして炭化水素の多いドメインと金属－配位子錯体の多いドメインに分かれるポリマーを作製した。このポリマーを引っかくと金属－配位子錯体が切断されるが、紫外光を照射すると、錯体の励起と緩和によって光エネルギーが熱に変換され、材料の脱重合と液化が起こって傷がふさがった。損傷修復能力をもつポリマーが多くの用途に利用されれば、材料の寿命を伸ばすはずだ。

▼ポリマー中の超分子金属体が、紫外線を吸収して修復する

紫外線は人体に悪影響を及ぼすが、その紫外光を利用すると、弾性ポリマーにできた引っかき傷が修復できるという。Burnworth らは[1]『Nature』2011年4月21日号334ページで、特別設計の弾性ポリマーの傷が紫外光で修復可能であることを報告している。今回の「光で修復可能な材料」は、超分子金属錯体を含有するポリマーで作られている。超分子金属錯体が紫外光を吸収して熱に変換し、そこから修復過程が始まるわけだ。光は損傷部のみに正確に照射することができるので、この方法を使えば、荷重のかかったポリマーであっても限られた場所だけを修復できる可能性がある。

靱性《じんせい》の高いゴム状プラスチックは、消費者製品の分野にまさに大革命をもたらしている。スーパーのレジ袋やプラスチック製保存容器から、タイヤのチューブ、保護用シートに至るまで、さまざまな用途に幅広く使われている。ところがこうした材料は、引っかき傷や突き刺し損傷に弱く、穴が空いたり、中身が漏れ出したり、いろいろな問題が生じてしまう。そして損傷したプラスチックは、通常は埋め立て処分される。もちろん、場合によってはパッチを貼り付けて修理されるが、手作業によらねばならない。こうした状況を考えれば、もし修復可能なポリマーができれば、破損してもただちに廃棄する必要がなくなり、リサイクルできるようになる。さらに、長寿命ポリマーへの第一歩ともなる。

すべてのポリマーは、基本的に、修復可能である。実際、さまざまなポリマーやポリマー複合材料について、修復機能を記憶・誘発させる方法が開発されてきた。[2] 多くの場合、材料をガ

1. *Burnworth, M. et al.* Nature 472, *334-337 (2011).*
2. *Blaiszik, B. J. et al.* Annu. Rev. Mater. Res. 40, *179-211 (2010).*

ラス転移温度以上に加熱した後で、圧力をかけて、ポリマー鎖が接触・湿潤・拡散・絡み合いを増やすようにしてやれば、亀裂や引っかき傷は修復できる。[3] しかし、このような力ずくの方法は、修復に時間がかかり実用化はむずかしい。

ポリマー自体に修復機能を担わせるという方法もある。ポリマー構造を分子レベルで改良し、可逆的または動的に結合する化学基を導入するのである。これにより、材料損傷時に切れた結合が、容易に再形成される。このように修復機構を自己保有させるには、外部からのエネルギー付与（ほとんどの場合は加熱）によって、モノマー状態から架橋ポリマー状態へと可逆的に変換する成分でポリマーを合成すればよい。[4] ゲル状態にも粘性液体状態にもなる可逆的ゲルは、このような仕組みに基づいた材料であり、数十年にわたって開発が続けられてきた。[5] また、可逆的ディールス・アルダー反応（2つの炭素－炭素結合が形成される）を利用した修復性ポリマー[6]が発見され、構造ポリマーは大きな進歩を遂げている。熱（120〜150℃）と適度の圧力をかけると、この種のポリマーに入った亀裂は何度でも修復できるのだ。

別の修復機構保有方式としては、超分子集合体を利用したものが有望だ。従来のポリマーはモノマーが共有結合的に結びついているが、超分子ポリマーは、非共有結合で結びついた繰り返し単位から構成されている。このような結合は可逆的であるため、材料損傷時に結合が切れても短時間で再形成される。[7,8] その一例が、水素結合でつながった超分子ネットワークからなる自己修復性ゴム状材料[9]である。切断された材料の端と端を室温でくっつけるだけで、それぞれの末端部の分子どうしの間で水素結合が再形成され、材料が修復される。ほかにも修復性超分

---

3. *Kim, Y. H. & Wool, R. P.* Macromolecules 16, *1115-1120 (1983).*
4. *Bergman, S. D. & Wudl, F.* J. Mater. Chem. 18, *41-62 (2008).*
5. *Schultz, R. K. & Myers, R. R.* Macromolecules 2, *281-285 (1969).*
6. *Chen, X. et al.* Science 295, *1698-1702 (2002).*
7. *Brunsveld, L., Folmer, B. J. B. & Meijer, E. W.* MRS Bull. 25, *49-53 (2000).*

子エラストマー[10]が報告されているが、それらは損傷部の修復に多量の熱を必要とする。

▼紫外線によって熱修復を誘発できる

こうした流れのなかで、Burnworthら[1]は今回、超分子ポリマーの熱修復を光照射によって誘発できることを報告したわけだ。「光で修復可能な材料」を作るために、金属イオンと結合可能な配位子を両端にもつ炭化水素オリゴマー（短いポリマー鎖）を用いた。炭化水素オリゴマーの溶液に亜鉛イオン（Zn^{2+}）またはランタンイオン（La^{3+}）を加えると、各イオンが2本（Zn^{2+}の場合）または3本（La^{3+}の場合）のオリゴマーと結合した金属－配位子錯体が形成さ

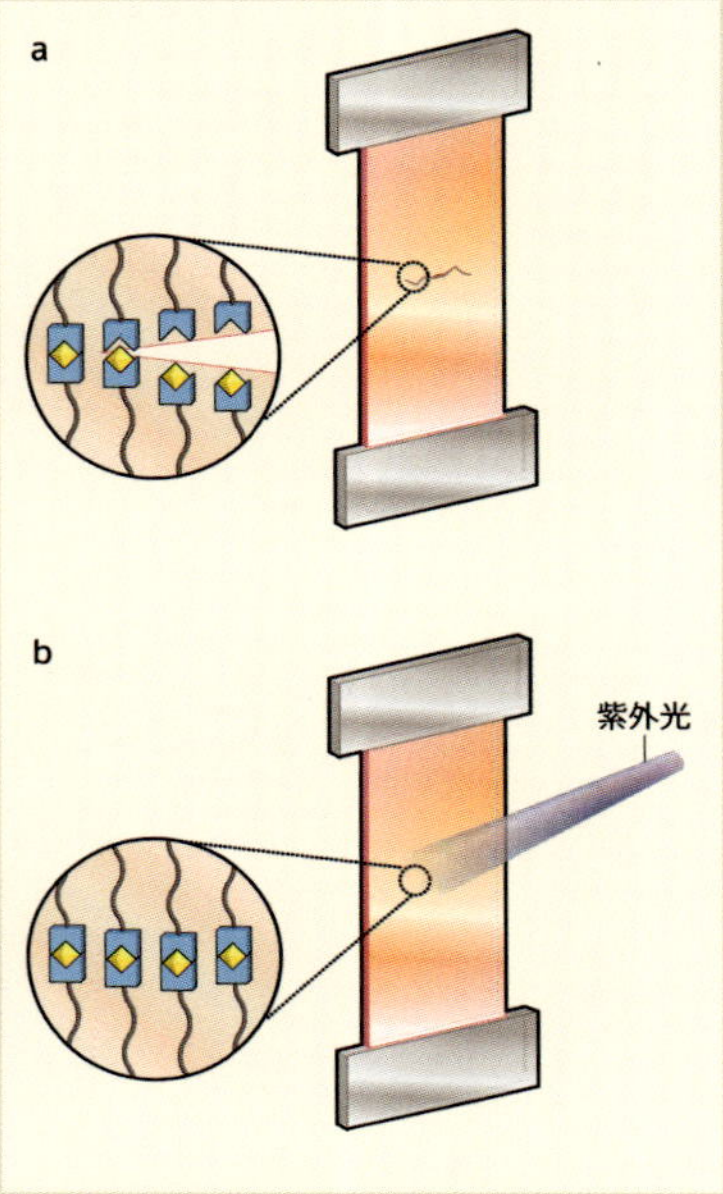

図1　必要に応じて修復
Burnworthらは、紫外光を照射すると引っかき傷が修復されるポリマー材料を作製した。
a：この図は、荷重のかかった材料に引っかき傷がついている様子を示している。拡大図はこの材料の分子構造を表わす。末端に金属イオン（黄色）と結合した配位子（青色）をもつ炭化水素鎖（黒色）から構成されていて、引っかかれると金属－配位子錯体が切断される。
b：引っかき傷に紫外光を照射すると、金属. 配位子錯体が励起された後、基底状態に緩和されて熱が発生する。この熱で周囲の材料が柔らかくなるため、切断部で錯体が再形成され、引っかき傷が修復される。

8. *Serpe, M. J. & Craig, S. L.* Langmuir 23, *1626-1634 (2007).*
9. *Cordier, P., Tournilhac, F., Soulié-Ziakovic, C. & Leibler, L.* Nature 451, *977-980 (2008).*
10. *Burattini, S. et al.* J. Am. Chem. Soc. 132, *12051-12058 (2010).*

れ、オリゴマーがつながることによって長鎖超分子ポリマーが生成した。これらのポリマーの構造は、疎水セグメント（炭化水素セクション）と極性セグメント（金属‐配位子錯体）が何度も繰り返す周期構造であった。

固体状態では、ポリマー鎖の相分離が起こった。これは、ポリマー鎖が折りたたまれて、炭化水素セグメントが多いドメインと金属‐配位子錯体が多いドメインに分かれるためである。このように長鎖ポリマーと相分離を利用することによって、物理的に架橋したネットワークが生成し、材料の靱性を高めるような分子構造が得られた。

Burnworthらのポリマーは、紫外光照射による局所修復にまさにぴったりの分子的特徴を備えている。第一に、彼らのポリマーは熱誘起脱重合を起こす。これはおそらく、重合材料と非重合材料の間の平衡が、高温では非重合材料に有利に働くからである。第二に、金属‐配位子錯体は紫外光を吸収して励起され、励起された錯体が基底状態に戻るとき、光エネルギーが効率よく熱に変換される。したがって、損傷したポリマー膜に紫外光を照射すると、光が熱に変換された後、材料の脱重合・液化が起こって膜の傷がふさがり、光熱修復が起こった（図1）。

超分子を用いた修復機構内部保有方式は非常に有望であるが、残された重要課題は、自律的に修復する高強度高剛性ポリマーを合成することである。最先端の超分子ポリマーでも、修復が自動的に起こるわけではなく、金属‐配位子結合がまだ再形成可能であるうちに、光や熱のエネルギーを供給しなければならない。Burnworthらの研究はこれらの問題に踏み込んでいるわけではないが、新しい刺激的な機会を提供したことは間違いない。異なる金属‐配位子錯体は異なる波長の光を吸収するので、修復波長を調節するにはたんに錯体を変えるだけでよいはずである。そこから、損傷すると変色する「力に敏感なスマートポリマー」が得られる可能性がある。損傷部の色は、修復のきっかけとなる光の波長に対応するため、そのような光を照射すれば、損傷部だけを局所的に修復できることになるわけだ。

Nancy R. Sottos はイリノイ大学（米）材料科学工学科、Jeffrey S. Moore はイリノイ大学（米）化学科に所属している。

摩擦で発生させる小型X線源

A stroke of X-ray

Stefan Kneip

２０１１年5月26日号 Vol.473 (455-456)

X線は１００年以上前に発見され、それ以来、医療や科学研究に欠かせない手段となってきた。そのX線を新たな方法で発生させるべく、研究者は努力を続けている。

粘着テープをはがすときに可視光とX線が短時間放出される現象は、「摩擦ルミネセンス」と呼ばれている。単なる文房具のテープをはがすだけで、指を透かして骨が見えるほどの強いX線が出る。この現象は、音波エネルギーの光変換である音ルミネセンスによく似て、拡散した機械的エネルギーを集めて光を出している。今回、研究者たちはこの発生原理をさらに進めて、より簡単で低コストなX線源が製造可能なことを示すプロトタイプを開発。圧電アクチュエーターにより、シリコン膜とエポキシ樹脂表面とを繰り返し接触させたり離したりして、X線が発生することを示した。このピストン運動で、シリコン膜とエポキシ樹脂の間に電荷の不均衡が生じる。結果、摩擦帯電によって、１㎝当たり数百kVを超える強い電場が発生する。

▼**拡散した機械的エネルギーを集めて光を出す「摩擦ルミネセンス」**

約3年前の発見に、科学者も一般の人たちも本当にびっくりした。[1] ありふれた文房具の粘着テープをはがすだけで、人間の指を透かして骨が見えるほど強いX線が出たからだ。この現象を発見したカリフォルニア大学ロサンゼルス校物理天文学科のJonathan Hirdらは、今回、この発生原理をさらに進めて、より簡単で低コストなX線源が製造可能なことを実証するプロトタイプを開発、『Applied Physics Letters』誌に報告した。[2]

X線は1895年に発見されたが、それ以来、私たちの生活のさまざまな場面で使われるようになった。私たちの体内を目に見えるようにし、DNAの構造の推論に使われ、航空機の翼の健全性を調べるために利用されている。最初にX線を作り出すのに使われたシンプルな放電管は、かなりの改良を経たものの、基本的にいまでも同じものが使われている。しかし、放電管以外のX線源を求める声は多く、その開発も進められてきた。その結果、最先端の研究に使われる高度な科学装置が生み出された。一方、用途は従来と同じであっても、より革新的な原理に基づくX線源も追い求められてきた。[1,2]

粘着テープをはがすときに可視光とX線が短時間放出される現象は、「摩擦ルミネセンス」と呼ばれている。[1,3] 摩擦ルミネセンスは、音波のエネルギーが光に変換される音ルミネセンスとよく似た現象で、[4] 拡散した機械的エネルギーを集めて光を出している。[5] 物質を引き離したり、引き裂いたり、ひっかいたり、たたいたりした結果として、生じる。

光は、電子が加速されたり、止められたりした場合や、電子があるエネルギー準位から別の

1. *Camara, C. G., Escobar, J. V., Hird, J. R. & Putterman, S. J.* Nature 455*, 1089-1092 (2008).*
2. *Hird, J. R., Camara, C. G. & Putterman, S. J.* Appl. Phys. Lett. 98*, 133501 (2011).*
3. *Harvey, E. N.* Science 89*, 460-461 (1939).*
4. *Walton, A. J. & Reynolds, G. T.* Adv. Phys. 33*, 595-660 (1984).*
5. *Walton, A. J.* Adv. Phys. 26*, 887-948 (1977).*

エネルギー準位にジャンプするときに放出される。したがって、数十keV（キロ電子ボルト）のエネルギー、つまり医療への応用に必要なエネルギーをもつX線光子を得るためには、少なくともそれだけのエネルギーをもつ電子を作らなければならない。このため、商業利用されているX線源や科学研究に使われているX線源の多くでは、電子にkeVレベルのエネルギーを与える必要がある。これは実際には高電圧装置を使って実現されているが、安全対策が必要となり、可搬性や応用範囲が制限され、装置の小型化も制限されてしまうわけだ。

外部の高電圧源がなくても、粘着テープのような簡単なものでX線を作れるかもしれないという結果は、このような文脈からみても魅力的で、さらなる研究を促してきた。[1,3] 今回Hirdらが作製した装置も、そうした成果の1つ。[2] 彼らの装置は、ローテクで経済的でコンパクトなX線源が作れる可能性を示しただけでなく、摩擦による電荷移動という物理現象（これが摩擦ルミネセンスの基礎）に関して、私たちの理解を体系的に進めてくれる可能性も示している。

▼手のひらに収まり、シンプルなX線源の試み

Hirdらの最新プロトタイプは手のひらに収まり、驚くほどシンプルだ（図1a）。アクチュエーター（作動装置）によって、シリコン（有機ケイ素化合物）膜とエポキシ樹脂の表面を、繰り返し接触させたり離したりする。このピストン運動で、シリコン膜とエポキシ樹脂の間に電荷の不均衡が生じる。その結果、摩擦帯電（材料間の摩擦を伴う接触のために帯電する現象）によって、1cm当たり数百kVを超える強い電場が発生する。[6,7] この電場は、周囲の空気を電離さ

6. *Hauksbee, F.* Physico-Mechanical Experiments on Various Subjects *(R. Brugis, 1709).*
7. *Harper, W. R.* Contact and Frictional Electrification *(Oxford Univ. Press, 1967).*

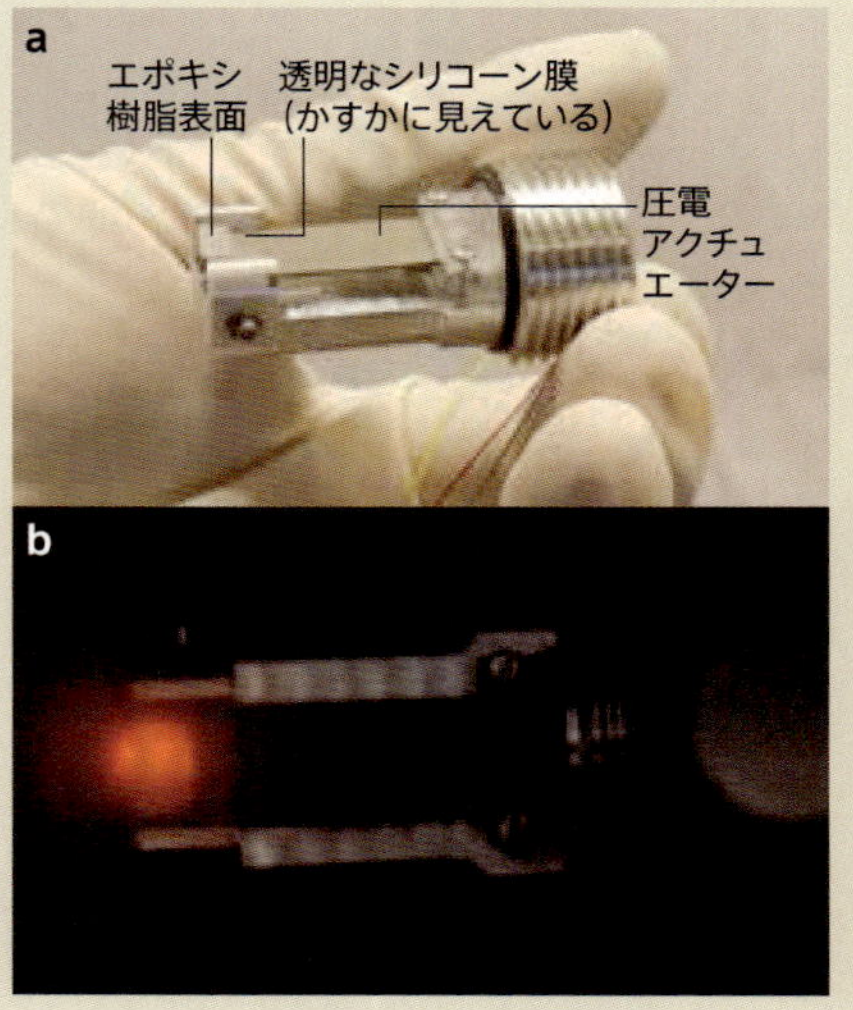

図1　摩擦電気によるX線源
a：ここに示したのはHirdらが開発した手のひらに収まる装置で、真空容器には入っていない。圧電アクチュエーターにより、シリコン膜とエポキシ樹脂表面とを、繰り返し接触させたり離したりすると、X線（この写真には写っていない）が発生する。
b：この画像は真空容器中の装置が低圧のネオン雰囲気中で作動しているところ。ネオンの特徴的な橙赤色のグロー放電がはっきりと見える。(画像はカリフォルニア大学ロサンゼルス校の厚意による。)

せ、電気火花を飛ばすほど強い（ドアノブなどに触ったときに起きる静電気ショックに似たもの）。

Hirdらは、装置を適度な真空中に収めれば、1回の接触で10万個を超えるX線光子が生まれることを見いだした。[2] このX線放射は、原子のエネルギー準位間の遷移と電子の減速によって生じる。この結果、広いスペクトルと狭いスペクトル線が得られる。彼らの計算によると、シリコン・エポキシ樹脂系は、装置の接触面積（65㎟）にわたって、1㎠当たり最大10^{10}個の電荷（電子）の不均衡を作り出す。この不均衡による放電現象の物理的詳細はまだ完全には解明されていないが、[1,2] 電荷密度があり、シリコンとエポキシ樹脂は離れているので、真空容器中に収められた装置の周囲の気体は電離しよう。実際、このX線源を低圧のネオンガス中で動作させたところ、ネオンの特徴的な橙赤色のグロー放電が観察され、ガス電離が確かめられた（図1b）。

物質を帯電の傾向によって並べたリストが作られており、「帯電列」と呼ばれている。[8] シリコンは負に帯電する傾向が強いために選ばれた。Hirdらは装置をテストするため、エポキシ樹脂の表面に銀を加え、銀のK線の特性X線（約22～25keV）を観測した。こうしてHirdらは、電子が放電過程で数十keVのエネルギーまで加速され、それがエポキシ樹脂と衝突してX線を発生させることを疑いのない形で証明した。エポキシ樹脂にはさまざまな原子番号の物質を混ぜ込むことができるため、この仕組みには柔軟性がある。特性X線のエネルギーを望みの値に調節することができるし、X線の生成効率を上げることもできる。

さらにHirdらは、装置を取り巻く圧力を下げると、エポキシ樹脂とシリコンを引き離した後に、X線を1秒以上も持続放出させることが可能であることを見いだした。[2] しかし、接触動作の繰り返し周波数を上げてX線の生成量を増やすためには、X線放出を短くすることが望ましい。そこで、30ミリトルといった少し高い圧力の窒素中で装置を動作させ、X線のエネルギーは下がるものの、放出時間を10msec（ミリ秒）未満まで短くした。Hirdらは、これぐらいの圧力では、接触動作の周波数と光子数が線形に比例することを示すことができた。このことから、毎秒10^8個の光子生成を達成するためには、数㎜の動作範囲と0・1～1kHzの動作周波数が可能な、直線運動をするアクチュエーターが必要であることがわかった。Hirdらの第1号機では、円筒コイル磁石アクチュエーターを使い、20Hzの接触動作周波数を実現。一方、第2号機（図1）では圧電アクチュエーターを採用し、300Hzの周波数を達成している。

8. *Shaw, P. E.* Proc. R. Soc. Lond. A 94, *16-33 (1917).*

しかし、接触動作の周波数だけが、Hirdらの装置のX線生成量を増加させる方法ではないかもしれない。帯電列や文献によると、接触あるいは摩擦による帯電が1㎠当たり10^{13}個の電子密度に達する材料のペアが存在する。[8,9] このような電荷密度で完全に放電すれば、X線光子の生成は1000倍になり、接触動作1回当たりの光子生成は10^{8}個に達し、1kHzの接触動作周波数なら毎秒10^{11}個（同じ65㎟の接触面積の場合）に達するだろう。

摩擦ルミネセンスはミクロのスケールで働くことが示されており、[10] 原理的には、装置を1㎜未満の大きさにできる。[2] 今後の課題は、摩擦接触を最適化するために、2次元の接触動作が可能な小型のアクチュエーターを製造することだろう。個別に制御可能な多数の小さなX線源を縦横に並べ、高速読み出しカメラに同期して接続した装置も考えられる。この装置は多数のX線源からのX線放出を利用して、短い露光時間でX線画像を作り出すことができるだろう。

1㎛サイズの電気機械製造技術が応用できれば、摩擦電気によるX線源が低コストで実現され、大きな面積（数㎠のサイズ）にすることも可能になるかもしれない。Hirdらは、産業界に協力を呼びかけ、こうしたアイデアの実現に動き出している。

彼らの研究は、機械的に駆動し、高電圧の供給が不要なX線源という可能性を開いた。これがもし実現すれば、医療、産業、生命科学などさまざまな分野で、画像撮影などに使われるはずだ。

Stefan Kneipはインペリアルカレッジ・ロンドンのブラケット研究所（英国）に所属している。

9. *Horn, R. G. & Smith, D. T.* Science 256, *362-364 (1992).*
10. *Camara, C. G., Escobar, J. V., Hird, J. R. & Putterman, S. J.* Appl. Phys. B 99, *613-617 (2010).*

高エネルギーの原子X線レーザーを実現

Even harder X-rays

Jon Marangos　２０１２年1月26日号 Vol.481 (452-453)

レーザーの歴史が半世紀を超えたいま、レーザー開発者たちの夢がまた1つ実現した。原子の状態遷移によるレーザーとしては従来よりもずっと高い、keV（キロ電子ボルト）領域の光子エネルギーをもつ、X線レーザーだ。

誕生から半世紀あまりが経過したレーザーの波長領域は、可視光だけでなく、赤外、紫外、X線まで広がっている。コヒーレンス(可干渉性)、単色性、指向性にすぐれたレーザーは、精密計測、通信、医療、機械加工など幅広い場面で利用されている。研究チームは、原子の反転分布を利用した原子レーザーとしては初めて、高いエネルギーをもつX線レーザーの発振に成功した。彼らは、X線自由電子レーザーという異なる原理に基づくX線レーザーを使ってポンピングを行ない、ネオンガスに反転分布を作り出すという方法をとった。彼らの原子X線レーザーは、X線自由電子レーザーに比べると出力は低いが、波長安定性、単色性、時間的コヒーレンスにすぐれていて、高分解能分光法や非線形X線過程の研究に役立つ可能性がある。

▼８４９eV（電子ボルト）の原子レーザー

ローレンスリバモア国立研究所（米カリフォルニア州リバモア）のNina Rohringerらは、原子の状態遷移によるレーザー（原子レーザー）としては初めて、光子エネルギーが８４９eVと高いレーザーの発振に成功し、『Nature』２０１２年１月26日号に報告した。[1] 今回のレーザーの光子エネルギーは軟X線領域にある。軟X線領域の原子レーザーはすでにあったが、これほど高い光子エネルギーをもつものは初めてで、今後の目標である硬X線領域（光子エネルギーが５keV超）の原子レーザーに向けて、重要な第一歩を踏み出したといえる。

今回のレーザーは、一般のレーザーと同じように原子の反転分布を利用している。反転分布とは、ある原子の集まりにおいて、低エネルギー状態にある原子よりも、高エネルギー状態にある原子のほうが多い状態のことだ。Rohringerらは、９６０eVのエネルギーの光子を出すX線自由電子レーザー（注・今回のレーザーとは原理が異なり、原子の反転分布を使っていない）という装置を使い、ネオンガスに反転分布を作り出した。

Rohringerらが使ったX線自由電子レーザーは、SLAC国立加速器研究所（カリフォルニア州メンローパーク）の「線形加速器コヒーレント光源」（LCLS）だ。LCLSは、高品質・高エネルギー（最大14GeV）の電子ビームを使った、自己増幅自発放射（SASE）によるX線発生装置で、ネオンの反転分布を作るのに不可欠の道具となった。つまり、LCLSは、新しい原子X線レーザーの発振に必要なポンピング（原子などをエネルギーの高い状態に引き上げること）に使われた。

1. *Rohringer, N. et al.* Nature 481, *488-491 (2012).*

今回は、X線レーザーの発振にX線自由電子レーザーを使う必要があった。このような事実は、新しいレーザーの意義を低めてしまわないのだろうか。これについては、そうした面と、そうとはいえない面の両方がある。LCLSはすでに、これまでにない輝度のレーザー様X線を作り出しており、[2]その光子エネルギーも５００eV～８keV超の範囲で調整可能だ。パルスは5～80フェムト秒（fs、１フェムト秒は10^{-15}秒）の長さで、１個のパルスには最大で10^{13}個の光子が含まれている。LCLSは、実験室内でkeVエネルギーの強いX線に材料をさらす研究を初めて可能にし、[3,4]さらに、単一ナノ結晶[5]やウイルス[6]の画像撮影にも使われた。

しかし、自己増幅自発放射に基づくX線自由電子レーザーは、すべて、その放射の品質に関して原理的な限界を抱えている。その放射プロセスは本質的に偶然に支配される面をもっているため、時間的コヒーレンスは低く（つまりX線場を作る波がよく同調しておらず）、一連のレーザーパルスにおけるスペクトルと時間のジッター（揺らぎ）が大きいのだ。

昔から広く使われてきた方法に、あるタイプの可視光レーザーでエネルギーを与えて反転分布をポンピングし、別の光学的性質をもったレーザーを実現させるというやり方がある。たとえば、フェムト秒可視光レーザーをポンピングするために、ナノ秒可視光レーザーが使われている。Rohringerらは今回の研究で、この考え方をスペクトルのX線領域へと広げた。

光子エネルギーが20～３００eVと低い初期のX線レーザーでは、電気放電あるいは高強度可視光レーザーによって作られたプラズマ媒質の中で、電子衝突、再結合、光イオン化などの物理過程によってポンピングが行なわれていた。[7]しかし、反転分布をポンピングするために必要

2. *Emma, P. et al.* Nature Photon. 4*, 641-647 (2010).*
3. *Marangos, J. P.* Contemp. Phys. 52*, 551-569 (2011).*
4. *Young, L. et al.* Nature 466*, 56-61 (2010).*
5. *Chapman, H. N. et al.* Nature 470*, 73-77 (2011).*
6. *Seibert, M. M. et al.* Nature 470*, 78-81 (2011).*

なエネルギー密度は、レーザー光子エネルギーの3乗に応じて大きくなるので、こうしたシステムには限界があった。

よりエネルギーの高いX線レーザーを実現するには、非常に高いエネルギー密度が必要だ。実際、1980年代にローレンスリバモア国立研究所で研究が進められたエクスカリバー国家防衛計画では、熱核爆発で生じる極端に高いエネルギー密度でポンピングして、反転分布硬X線レーザーを実現する検討がなされた。[8] しかし、このようなX線源の応用分野は限定されてしまう。

▼時間分解構造解析に有用な光子エネルギーの高さ、安定性、パルス繰り返し率

Rohringerらの実験は次のようなものだった。LCLSのX線パルス（1個のパルスに10^{12}個以上の960eV光子を含み、長さは40fs）を、直径数μmのビームに集中させ、ネオン原子の高密度の試料にぶつけた。この結果、高いエネルギー密度が得られ、ネオン原子の多くが基底状態（状態0）から、電離した高いエネルギー状態へポンピングされ、反転分布が作られた。励起状態のネオンイオンの大半は、オージェ過程というメカニズムにより、約2・7fsのタイムスケールで崩壊する。しかし、その一部は状態2よりも低いエネルギーをもつ状態（状態1）へ放射遷移する。LCLSのX線放射は多数の状態2のネオンイオンを突然作り出し、状態1のイオンも状態0が状態2に移るのと同じくらい急速に減少するので、状態2と状態1の間に一時的な反転分布ができ、それがレーザー発振を引き起こす（図1b）。

7. *Elton, R. C.* X-ray Lasers *(Academic, 1990).*
8. *Ritson, D. M.* Nature 328*, 487-490 (1987).*

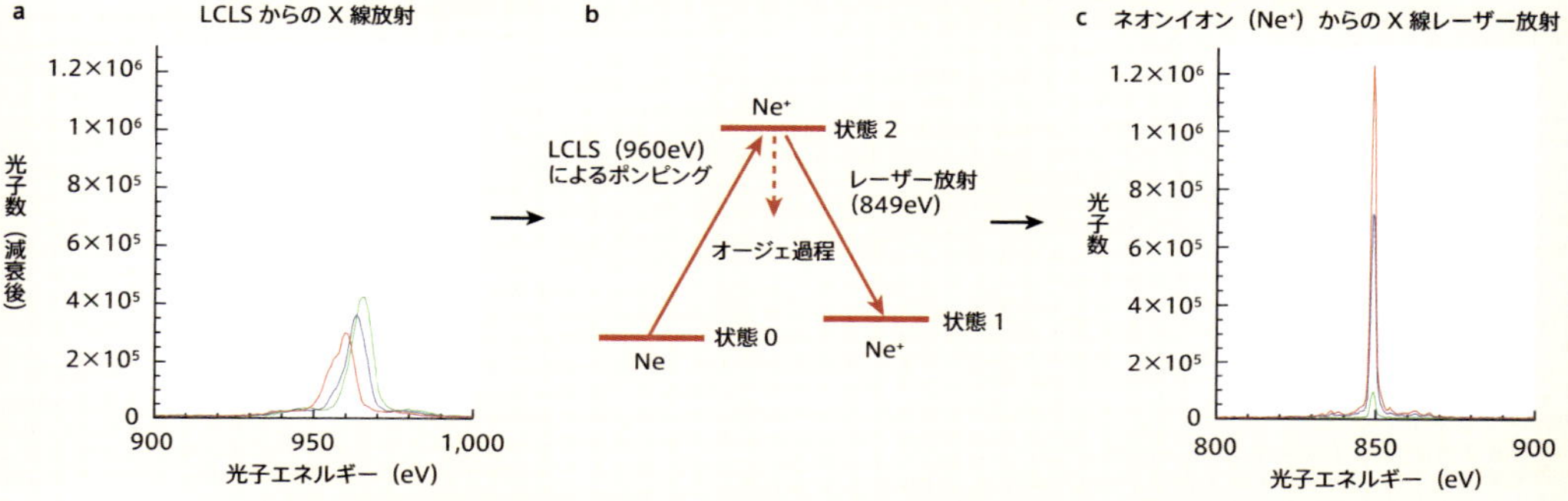

図1　X 線レーザーの発振の仕組み
Rohringer らは、X 線自由電子レーザーである「線形加速器コヒーレント光源」（LCLS）を使い、ネオンガス試料に原子の反転分布を作ることによって、849 電子ボルト（eV）の光子エネルギーの X 線レーザー発振を実現した[1]。
a：LCLS が出す X 線レーザーの一連のパルス（パルスごとに異なる色で示した）を測定すると、光子エネルギーには大きな幅があり、平均光子エネルギー（約 960 eV）にもかなりの変動がある。光子数はネオン試料を透過したあとに測定され、大きく減衰している。
b：LCLS は、ネオン原子の多くを基底状態（状態０）から、よりエネルギーの高い電離したネオン（状態２）へポンピングする。励起状態のイオンの多くはオージェ過程によって崩壊するが、一部は状態２よりも低いエネルギーをもつ状態（状態１）へ遷移する。この遷移の際に、正確な平均光子エネルギー（849eV）をもつレーザー放射が起こる。
c：このレーザー放射のエネルギー幅は LCLS のレーザー放射よりも小さい。

Rohringerらが実現したX線レーザーのもっとも重要な性質は、放出されるX線パルスが正確な中心エネルギーをもち、エネルギーの広がりの幅は1eV未満であること、さらに中心エネルギーはネオンイオンの原子としての性質の結果であることだ。ネオンイオンが原子として備えている性質は量子力学の法則の結果であり、パルスごとに変化することはない。一方、ネオンガスに衝突し、ネオンガスを透過するLCLSのX線パルスのエネルギー幅は、1個のパルスでも8eVあり、多数のパルスにわたって平均すると15eVに近い（図1）。Rohringerらはこのプロセスをモデル化し、1eVというエネルギー幅は、ネオン試料から放出されたパルスの短い持続時間（約5fs）によって決まる物理的限界と矛盾しないことを示した。放出されたX線のエネルギー幅が小さいことは、849eVX線の時間的コヒーレンスはLCLSパルスよりも10倍以上高いことを意味している。

Rohringerらの X線レーザーの出力は、LCLSの放射よりも低いが、コヒーレンスが大きく改善され、エネルギー幅も小さい。これは、正確なX線のエネルギー値を必要とする新しい研究領域を開く。そうした研究領域には、たとえば光イオン化や非弾性X線散乱などの物理過程の研究があり、こうした過程は物質中の超高速変化の研究に使われる。さらに、RohringerらのX線レーザーパルスとLCLSパルスはぴったりと同調しているので、光子エネルギーの異なる2つのX線場が、試料に同時に相互作用することが必要な実験にも使えるはずだ。

X線自由電子レーザーでポンピングするRohringerらの方法は、ほかの反転分布に基づく方法でX線レーザーを生成した場合よりも、光子エネルギーがずっと高い。それだけでなく、レーザーのパルス繰り返し率（Ｘ線パルスが作られる頻度）は、自由電子レーザーと同じくらい高い。ＬＣＬＳのパルス繰り返し率は最大で１２０Hzであり、それ以前のどのＸ線レーザーよりも１００倍以上高い。今回の新しいレーザーはＬＣＬＳよりも取り扱いがむずかしいが、その光子エネルギーの高さ、安定性、パルス繰り返し率を考えれば、物質の時間分解構造解析にかなり役立つ可能性がある。

Jon Marangos はインペリアル・カレッジ・ロンドンのブラケット研究所（英）に所属している。

放射性炭素14の超高感度測定法

Ultrasensitive radiocarbon detection

Richard N. Zare　２０１２年２月16日号 Vol.482 (312-313)

炭素14（^{14}C）はは、微量の放射性同位体で、大気中の炭素の１兆分の１しか存在しない。今回、さらにこの25分の１という低濃度でも検出できる光学的方法が開発された。新たな研究手段としても、期待が高まっている。

炭素14による年代測定は、炭素含有試料なら約５万年前までの年代を推定することが可能で、考古学上、きわめて重要な技術だ。だが、試料中の炭素14の量を測定できるのは、大きくて扱いにくく高価な高エネルギー加速器による質量分析だけだった。研究者たちは今回、光学的方法による測定法を開発した。炭素を二酸化炭素に変え、炭素同位体の異なる二酸化炭素は、赤外スペクトルがわずかに異なることを利用した。炭素14はごく微量であるため、測定がむずかしいが、気体試料を光キャビティ（光共振器）に入れ、超高感度の分光法を使って実現した。この装置に必要な面積は、典型的な加速器質量分析計の１００分の１だった。この同位体比測定技術は、環境モニタリングから医療まで幅広く使われる可能性がある。

▼より安価で性能の高い測定法

放射性炭素14による年代測定は、考古学などの分野できわめて重要な技術であり、炭素含有試料であれば、約５万年前までの年代を推定することができる。これまで、試料中の炭素14の量は、高エネルギー加速器による質量分析によってのみ、測定可能であった。しかし、その質量分析計は大きくて扱いにくく、高価でかつ複雑だった。

こうした現状のなかで、イタリア・フィレンツェにある国立光学研究所（ＩＮＯ）のIacopo Galli らは、「光学的方法による放射性炭素濃度測定法」[1]を開発し、その詳細を『Physical Review Letters』２０１１年12月30日号で報告した。彼らの新しい方法は、現在抱えている課題を解決するとともに、年代測定だけでなく、体内で有機化合物を追跡するトレーサーとして炭素14を利用するなど、応用範囲を大きく広げていく可能性がある。ちなみに同位体分析の分野では、現在、質量分析の代わりに光学的手法を使うという技術革新が進行中で、今回の成果もその一例といえる[2-4]。

地球上には、自然界に存在する炭素同位体は３種類ある。もっとも豊富で99パーセントを占めるのが炭素12（^{12}C）で、残りのほとんどは炭素13（^{13}C）だ。炭素14（^{14}C）もわずかに存在しているが、その割合は地球大気中の全炭素の１兆分の１（０・００００００００１パーセント）にすぎない。３つのなかでは炭素14のみが放射性であり、半減期は約５７３０年で、放射標識として使えるため、さまざまな分野での応用が期待されている。

炭素14は、おもに地球大気中の窒素分子が宇宙線に照射されて生成する。植物は光合成の際

1. *Galli, I. et al.* Phys. Rev. Lett. 107*, 270802 (2011).*
2. *Crosson, E. R. et al.* Anal. Chem. 74*, 2003.2007 (2002).*
3. *Zare, R. N. et al.* Proc. Natl Acad. Sci. USA 106*, 10928.10932 (2009).*
4. *Kasyutich, V. L. & Martin, P. A.* Infrared Phys. Technol. 55*,60.66 (2012).*

に大気中の二酸化炭素を取り込む（固定する）ので、植物、そしてその植物を食べた動物が死んだときの炭素14濃度は、その当時の大気中の炭素14濃度とほぼ等しいことになる。死んだ生物の炭素14量は放射性崩壊によって減少するため、炭素が固定された年代（つまり、生物が死んだ年代）は、化石の中の炭素14量を測定すれば推定することができる。具体的には、試料中の炭素14原子の個数とほかの炭素原子の存在比を測定すればよい。これが放射性炭素年代測定の原理であり、考古学の発掘場所から見つかった化石の年代を推定するうえで、極めて有効な技術となっている。

ただし、炭素14がごく微量であるため、放射性炭素による年代測定は技術的にはむずかしい。通常、同位体比の測定は質量分析法によって行なわれる。これは、イオンが真空中の電場や磁場、あるいはその両方の中を飛ぶときの軌跡を測定して、質量を測る方法である。しかし、標準的な質量分析計の分解能では、もっともありふれた窒素の同位体である窒素14（^{14}N）と炭素14（^{14}C）の質量の違いを区別することができない。両者の質量差は非常に小さく、また窒素14が大量に存在するために、炭素14からの信号が覆い隠されてしまうことが多いのだ。

この問題は高エネルギー加速器質量分析を使うことで解決できる。高エネルギー加速器質量分析では、まず、試料を一連の化学変化を通して固体炭素（グラファイト）にする。そして、グラファイトにセシウムイオンをぶつけて負に帯電した炭素イオンを作り、数百万Vの正電圧で加速する。

この炭素イオンを光速の数パーセントまで加速し、次に、気体あるいは薄い金属薄片でできた電子ストリッパー（剥ぎ取り装置）で正に帯電したイオンに変えて、最終的に、その正イオンの質量を決定する。窒素原子は安定な負イオンを作らないので、この方法であれば、窒素の影響を受けないデータが得られることになる。このように、高エネルギー加速器質量分析計は強力な道具である。しかし、装置を作製・維持するには数億円規模の費用がかかるため、国立研究機関にしかないケースが多いのだ。

　これよりもはるかに単純な方法として、試料を完全に酸化し、あらゆる炭素原子を二酸化炭素に変えてしまう方法がある。[3]炭素同位体の異なる二酸化炭素は、赤外スペクトルがわずかに異なるため（つまり、わずかに異なる振動数の赤外光を吸収するため）、それぞれを区別することが可能なのだ。逆に言えば、ある二酸化炭素試料中の炭素同位体比を決定するには、気体試料中のそれぞれの炭素同位体に対応する赤外吸収スペクトルの強度を、正確に測定すればよい。幸いなことに、水蒸気や窒素などのほかの化合物と、炭素の赤外吸収スペクトルとが干渉することはない。これらの化合物の赤外スペクトルは、二酸化炭素と異なっているか、赤外遷移が〝許されて〟いない。つまり、赤外領域でのエネルギー遷移が量子力学によって禁じられている。

▼医療研究など他の分野でも応用できる可能性が

　この光学的方法はすでに、炭素12と炭素13を含む二酸化炭素の炭素同位体比を決定するために用いられている。[3]しかし、炭素14については、含有量がごく微量であるため、測定するのが

5. *Giusfredi, G. et al.* Phys. Rev. Lett. 104, *110801 (2010).*

非常にむずかしかった。今回、Galliらは、飽和吸収キャビティリングダウン分光法[5]という超高感度の技術を使って、炭素原子全体に占める炭素14の比率が自然界の存在度を大きく下回る場合にも、その濃度を測定することに成功した。[1]

Galliらが使った方法[1]（図1）では、2枚もしくはそれ以上の数の高反射率反射鏡を用意して、光キャビティ（光共振器）を作り、その中に気体試料を置いた。光キャビティに入射した赤外光は、反射鏡の間を何度も行ったり来たりする。この結果、光の光路長が長くなり、従来の吸収実験をはるかに超える感度で、気体による赤外光吸収が検出できるようになった。

光キャビティのもう1つの重要な点は、赤外光源がさえぎられると、光キャビティに蓄えられた放射エネルギーがリングダウン（減衰）、つまり、時間とともに減少することだ。Galliらは、強力な赤外線レーザーを使うことで、赤外吸収に対応する二酸化炭素の振動‐回転遷移を飽和させ、このリングダウン速度を、光キャビティ内の吸収物濃度に関する非常に精密な絶対尺度としたのである（この方法自体は、すでに赤外分光に関して報告されていた方法である）。[5] Galliらがリングダウン速度から得た測定結果は、約1000兆分の43の検出限界の濃度まで、試料の濃度に応じて線形に変化した。

このように優れた分解能をもつ飽和吸収キャビティリングダウン分光法は、炭素含有試料の放射性年代測定に非常に適している。それだけでなく、陽電子放射断層撮影（PET：医療分野で体の断層撮影に使われている画像撮影技術）にも応用できる可能性がある。PETでは、人工放射性同位体である炭素11（^{11}C）で標識された二酸化炭素を使うことが多い。[6]

6. *Kasyutich, V., McMahon, L. A., Barnhart, T. & Martin, P. A.* Appl. Phys. B 93*, 701.711 (2008).*

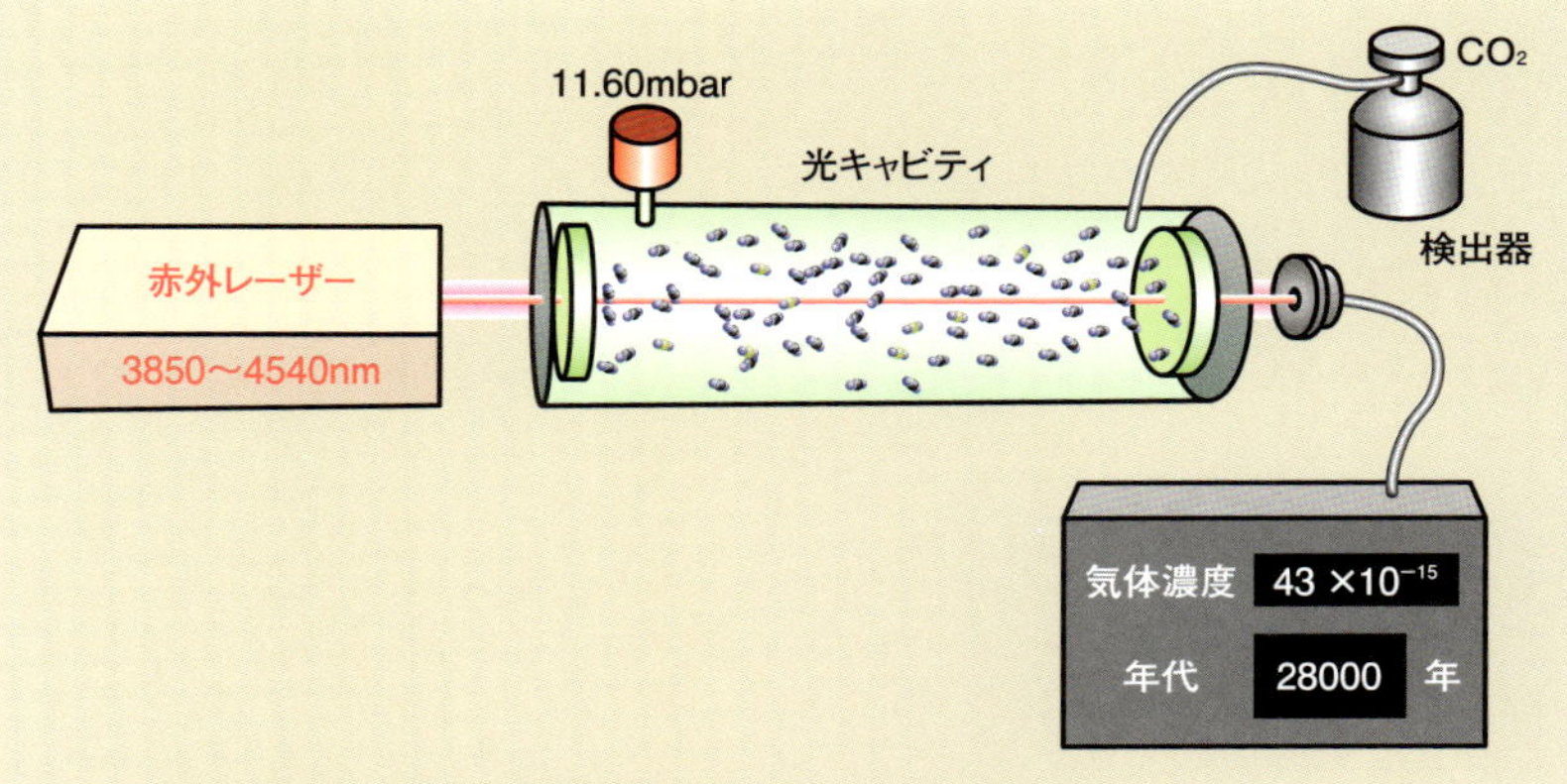

図１　年代測定のための飽和吸収キャビティリングダウン分光法
試料の年代を決定するための飽和吸収キャビティリングダウン分光法は、非常に安定な赤外レーザーを用い、高反射率反射鏡で作った光キャビティ内で二酸化炭素分子を励起させる。赤外光源をさえぎると、閉じ込められた光は、試料中の炭素14の量に依存する速度で光キャビティの中でリングダウン（減衰）する。

Galliらによると、この測定装置に必要な面積は約２㎡にすぎず、典型的な加速器質量分析計の約１００分の１だという。さらに、この装置の製造には約40万米ドル（約３３００万円）しかかからず、これは加速器質量分析計の製造にかかる費用の数分の１でしかない。それでも、この赤外光技術が広く使われるためには、導入費用をさらに５分の１か10分の１程度にまで減らす必要があるとみられている。

赤外光で同位体比を測定する今回の方法は、多くの分野に応用される可能性を秘めており、まさに革新的な発明といえる。なお、質量分析では、試料のイオンは測定で中性化されてしまうので１度しか分析できない。一方、今回の方法は非破壊的であるため、繰り返し分析できるのも強みであろう。

今後この赤外分光法は、さらに改良が加えられ、炭素だけでなく、多くのありふれた元素の同位体比の測定にも使われるかもしれない。コスト削減が実現すれば、同位体比の測定技術は、物質の起源を決定する手段として、環境モニタリングから医療研究まで、幅広い分野で使われることになるはずだ。

Richard N. Zare はスタンフォード大学（米）化学科に所属している。

電圧で、絶縁体を金属に変える！

Put the pedal to the metal

Jochen Mannhart & Wilfried Haensch　２０１２年７月26日号 Vol.487 (436-437)

印加電圧を変えるだけで、絶縁体を金属に変える方法と材料が発見された。これを利用すれば、これまでなかった新世代の電子スイッチを実現できるかもしれない。

次世代エレクトロニクスの候補材料の１つである強相関酸化物は、磁場や光や圧力を加えると相転移を起こすが、産業応用上最も重要な「電圧による相転移」は実現していなかった。中野らは、代表的な強相関酸化物である二酸化バナジウムと、固体と電解液の接触界面に形成される電気二重層を利用して、新しい電界効果トランジスタを開発し、わずか１Ｖの電圧で絶縁体から金属への相転移を引き起こすことに成功した。固体表面に電荷が蓄積すると固体内の強相関電子が集団で動き始め、全体の電気的性質と結晶構造が変化するのだ。この発見は、強相関電子が重要な役割を担う高温超伝導などの物理現象の解明に貢献し、次世代の超低消費電力スイッチング素子の実現への道を示し、不揮発性メモリや光スイッチなどにも応用されるかもしれない。

▼長い間の夢だった「究極の電子スイッチ」

電圧を変えるだけで、絶縁体を金属に、また逆に金属を絶縁体にできたら、なんとすばらしいだろう。しかもこの過程は非常に高速で起こり、エネルギー損失がほとんどない。

この「究極の電子スイッチ」という発想は、20世紀初頭にまでさかのぼる。当時の研究者たちは、材料の電気抵抗を変えようと、可動電荷を加えたり取り除いたりしていた。可動電荷は、材料表面に取り付けたゲート電極に電圧をかけ、電界を発生させることによって生成する。こうした方法で導電性材料の抵抗を変えるデバイスは、現在、電界効果トランジスタと呼ばれており、これに関する特許は１９２５年という早い時期に出願されている。[1] 今回、「究極の電子スイッチ」への扉を開く電界効果デバイスが、中野匡規《なかのまさき》ら[2]によって報告された（『Nature』７月26日号４５９ページ）。

電界効果トランジスタ（ＦＥＴ）の場合、ゲートに加わった素電荷の分だけ伝導チャネルの可動電荷キャリアが増えるが、チャネルに導入された電荷キャリアの一部が欠陥でトラップされると、可動電荷キャリアは少なくなる。いずれにせよ、このような半導体チャネルの電界によるスイッチング法は、今日使用されているほぼすべての電子デバイスの基礎であり、エレクトロニクス社会の中核となっている。また、電子密度を変化させることによって物質の研究が可能になるため、[3] この方式は基礎科学にとっても有用である。

電界スイッチングの難点は、薄い表面層でのみ起こり、チャネル材料全体では起こらないことであった。スポーツカーでもアクセルを少ししか踏まなければ、スピードが出ないのとよく

---

1. *Lilienfeld, J. E. US Patent* 1745175 *(1930).*
2. *Nakano, M. et al.* Nature 487, *459-462 (2012).*
3. *Ahn, C. H., Triscone, J.-M. & Mannhart, J.* Nature 424,*1015-1018 (2003).*

似ている。さらに、いくつかの例外を除けば、電界で調節できたのは半導体の抵抗だけであり、金属を絶縁体に変えたり、絶縁体を金属に変えたりすることはできなかった。というわけで、電界による絶縁体-金属相転移が実現すれば、改良型トランジスタが誕生する可能性がある。

▼絶縁体＝オフから金属転移＝オン

ここで中野らの研究チームが登場する。彼らは、実験で二酸化バナジウム（VO_2）膜表面のイオン液体（おもにイオンからなる液体）に電圧をかけて、巨大な電界を発生させたのである。VO_2はユニークな固体である。室温では絶縁体であるが、340K（ケルビン）まで加熱すると金属に変わる。さらに、VO_2は強相関酸化物であり、電子同士の相関が強く、ある電子の振る舞いは隣の電子の振る舞いに左右される。

中野らは実験で、イオン液体への電圧印加によってVO_2が絶縁体から金属に転移する（スイッチングする）ことをあきらかにした。意外なことに、この転移は一部の薄い層だけでなく、調べた全サンプル（最大膜厚70nm）の膜全体で起こっていた。膜全体で転移が起こることは、スポーツカーでたとえるなら、「アクセルを思い切り踏み込む」ことに相当する。さらに、従来型のFETと異なり、VO_2が絶縁体から金属に変わるとき、ゲートに加えた電荷キャリアよりもはるかに多い可動電荷キャリアが生成している。これは、動くことのできなかった多くの局在電荷キャリアが、転移によって自由に動けるようになり、非局在化したことによる（図1）。この過程はすべて室温付近で起こる。

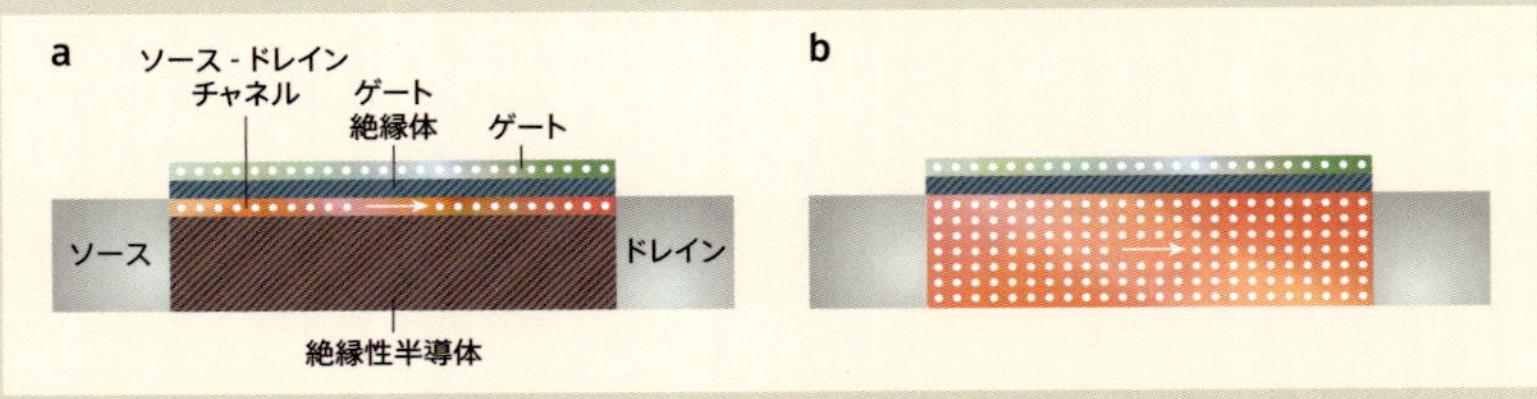

図1　２種類のトランジスタの「オン状態」を表わす断面図
ａ：従来型電界効果トランジスタに電圧をかけると、ゲート電極に加えた電子（白点）によって、可動電子が生成する。これらの電子は、半導体材料の薄い伝導層からなるチャネルを、ソース電極からドレイン電極へ向かって流れる（矢印）。チャネルはゲート絶縁体と半導体の絶縁性部分に挟まれている。
ｂ：中野ら[2]が観測した二酸化バナジウムの転移のように、絶縁体-金属相転移を示す材料を利用したトランジスタでは、電子が流れるチャネルは膜全体に広がっている。チャネル中の可動電子の数は、ゲートに加えられる電子の数よりはるかに多い。

こうした実験では、至るところに落とし穴が隠されているものである。そこで彼らは、スイッチングが本当にVO_2膜全体で起こっていることを確かめるため、Ｘ線回折、抵抗測定、ホール効果測定という３つの方法を動員した。結果はすべてイエスであった。３つの測定結果はすべて膜全体でスイッチングが起こることを証明したのである。詳細なスイッチング機構は不明であるが、まずイオン液体が表面層をスイッチングすることにより、絶縁体-金属相境界が生じるようである。相境界部分に大量のエネルギーが集中するため、格子構造の集団的変形が駆動され、絶縁体-金属相転移が膜全体を走り抜けるように進むようである。電界とイオン液体の荷電分子がどの程度スイッチングに影響を及ぼすのかは、まだあきらかにされていない。

これらの実験は、電圧による絶縁体-金属

転移の制御が可能であり、転移により材料の電子物性に大きな変化が生じることを示している。特に、表面に電界をかけるとVO_2膜内の局在電荷が非局在化するという現象を利用すれば、将来、新世代の電子スイッチを作製できるかもしれない。新しいＦＥＴではチャネルの可動電荷キャリア密度が従来型ＦＥＴよりかなり大きいが、トランジスタを小型化するために、まさにこのような高いキャリア密度が望まれているのだ。

中野らは、絶縁体－金属転移、つまり「オフ」状態から「オン」状態へのスイッチング現象を、現実的な電圧と温度で観測した。彼らのVO_2デバイスは、印加ゲート電圧を１００mV変化させると、チャネル電流が10倍に増加した。専門用語で表現するなら、オン／オフスイング約100mV/decadeである。このデバイスは、オフ電流に対するオン電流の比（測定値）が約１００であり、原理上、ゲート電圧１Ｖで動作可能である。ちなみに、現在の携帯用低電力電子デバイスの場合、オン／オフ電流比は10^6が望ましく、ゲート電圧約１・５Ｖでオン／オフスイングは約90mV/decadeである。

中野らのデバイスはゲート電圧１Ｖで動作可能なので、スイッチング性能を改善できれば、低電力技術分野で使用される見込みがある。スイッチングに関与する構造変化は電子的変化よりゆっくり起こることが多いため、スイッチング速度は遅くなりがちである。しかし、相転移が膜全体を通して音速で進行したとしても、最終的にはスイッチング時間が１nsec（ナノ秒）を大幅に下回るようになるであろう。

むしろ応用で問題になるのは、イオン液体を固体絶縁体に置き換えた場合でもスイッチング可能かどうかである。この条件は、素子を集積して電子回路を形成する際に要求される。もちろん、スイッチング可能な最大デバイス厚さ、つまり、どの程度の厚さまでスイッチングが起こるのかがわかるとおもしろい。このデバイスのスイッチング機構の理解が深まり、材料工学が進歩すれば、固体の電子スイッチが実現するかもしれない。

相転移が物質中を高速で移動することによってスイッチングが起こるようなので、考えられるデバイス応用は、我々が知っているＦＥＴをはるかに超えるかもしれない。類似のスイッチングに使えそうな材料の数は膨大にあり、ab initio 計算の予測力は進歩を続けている。おそらく、スイッチング性能を改善する材料の組み合わせが発見され、電子回路への応用に適したデバイスが実現されるであろう。

Jochen Mannhart はマックス・プランク固体研究所（ドイツ）、Wilfried Haensch はＩＢＭ社Ｔ・Ｊ・ワトソン研究センター（米）に所属している。

ついに実現した固体メーザーの室温発振

Masers made easy

Aharon Blank　２０１２年８月16日号 Vol.488 (285-286)

メーザー（レーザーのマイクロ波版）の技術展開がこれまで限られてきたのは、極低温が必要であるなど、動作条件が実用にそぐわないからであった。しかし今回、ついに室温で動作する固体メーザーが開発された。

マイクロ波領域の微弱信号を増幅するもっともすぐれた方法として、以前からメーザーが利用されてきた。メーザーとは、「放射の誘導放出によるマイクロ波増幅」を行う装置で、いわばレーザーの電波版だ。メーザーは、ノイズがきわめて少ない増幅器としてすぐれているが、発振に必要な反転分布を実現するために極低温の液体ヘリウム温度まで冷却しなければならないという欠点があり、絶滅寸前になっていた。研究者たちは今回、冷却の必要がなく、室温で動作するメーザーを開発した。これは固体メーザーであり、ｐ－テルフェニルという有機化合物結晶にペンタセン分子をドープした特殊な系が使われた。この装置は、ノイズの少ない増幅が必要な、宇宙通信、電波天文学、マイクロ波分光学などに応用される可能性が高い。

▼室温で並外れてノイズレベルが低い固体マイクロ波発信器・増幅装置

ノイズと電子機器は切っても切れない関係にある。そしてそのノイズにもさまざまな種類がある。遠くのラジオ放送局の番組を聞こうとすると流れてくるザーザーという雑音や、チューニングがずれたテレビ画面に現われる雪のようなノイズなどはおなじみだろう。科学者や技術者は、ラジオ、テレビ、携帯電話通信などがよりクリアに伝わるよう、長年にわたってノイズと闘い続けてきた。一般的には、ノイズをもっとも少なくできるのは、電子機器を極めて低い温度で動作させたときである。ところがこのたび、Mark Oxborrowら[1]は、並外れてノイズレベルが低く、しかも室温で動作する固体マイクロ波発振器・増幅装置を開発した（『Nature』8月16日号353ページ）。この装置は、宇宙通信、電波天文学、マイクロ波分光学などへと応用される可能性が高い。

ノイズ源は大きく2つに分けられる。1つは信号自体に含まれている内因性ノイズであり、それ自体を操作できるケースはあまりない。もう1つは外因性ノイズで、これは、信号の検出、受信、増幅などの際に、外部部品によって信号に加わるノイズである。これらの外因性ノイズ源を最小限に抑えることは可能だが、信号とノイズを適切に処理できるかどうかは、特性周波数に大きく左右される。信号の検出・増幅の点で非常に重要だがやっかいな周波数帯域の1つに、1〜100GHz（ギガヘルツ）周波数（1GHzは10^9Hz）のマイクロ波・ミリ波領域がある。この部分の電磁スペクトルは、監視レーダー、携帯電話通信、宇宙通信、電波天文学（地球外知的生命体からの信号の探査を含む）、各種マイクロ波分光法など、広く使われている。

1. *Oxborrow, M., Breeze, J. D. & Alford, N. M.* Nature 488, *353-356 (2012).*

これらの応用のうち、監視レーダーと携帯電話通信は、信号に対するノイズのレベルが極めて高い。したがって、低コストの増幅器や検出器を室温で使用しても、もともと多い内因性ノイズがさらに増えることはなく、信号の質はほとんど低下しない。一方、宇宙通信、電波天文学、マイクロ波分光で扱う信号は、内因性ノイズのレベルが非常に低い。このため、信号の検出や増幅の際にノイズがほとんど発生しないよう注意する必要があり、そうすれば弱い信号でもかなりの感度が得られる。

マイクロ波領域の微弱信号を増幅するもっとも優れた方法として、かなり昔からメーザーが利用されてきた。メーザーとは、「放射の誘導放出によるマイクロ波増幅」を行なう装置のことである。メーザーはレーザーの電波版といえるが、実はレーザーより歴史が古く、少なくとも2度のノーベル賞でエスコート役を演じた。1度目は１９６４年、メーザーを発明したCharles Townesに贈られたとき、2度目は１９７８年、宇宙マイクロ波背景放射（ビッグバンの名残）を発見したArno PenziasとRobert Wilsonに贈られたときである。後者は、メーザー増幅器を使用したからこそ達成できた偉業である。研究者らは説明のつかない電波ノイズを発見したが、メーザー検出器の信号に対するノイズの比が小さかったので、そのノイズは宇宙背景放射によると結論せざるをえなかったのだ[2]。

それらの実験に使用されたメーザーには、常磁性物質（不対電子スピンをもつ物質）をドープした結晶が用いられていた。このような系では、不対電子のほとんどが媒質の最低エネルギー準位にある。しかし、マイクロ波放射でポンピング（電子をより高いエネルギー準位に持ち

2. *Penzias, A. A. & Wilson, R. W.* Astrophys. J. 142, *419-421 (1965).*

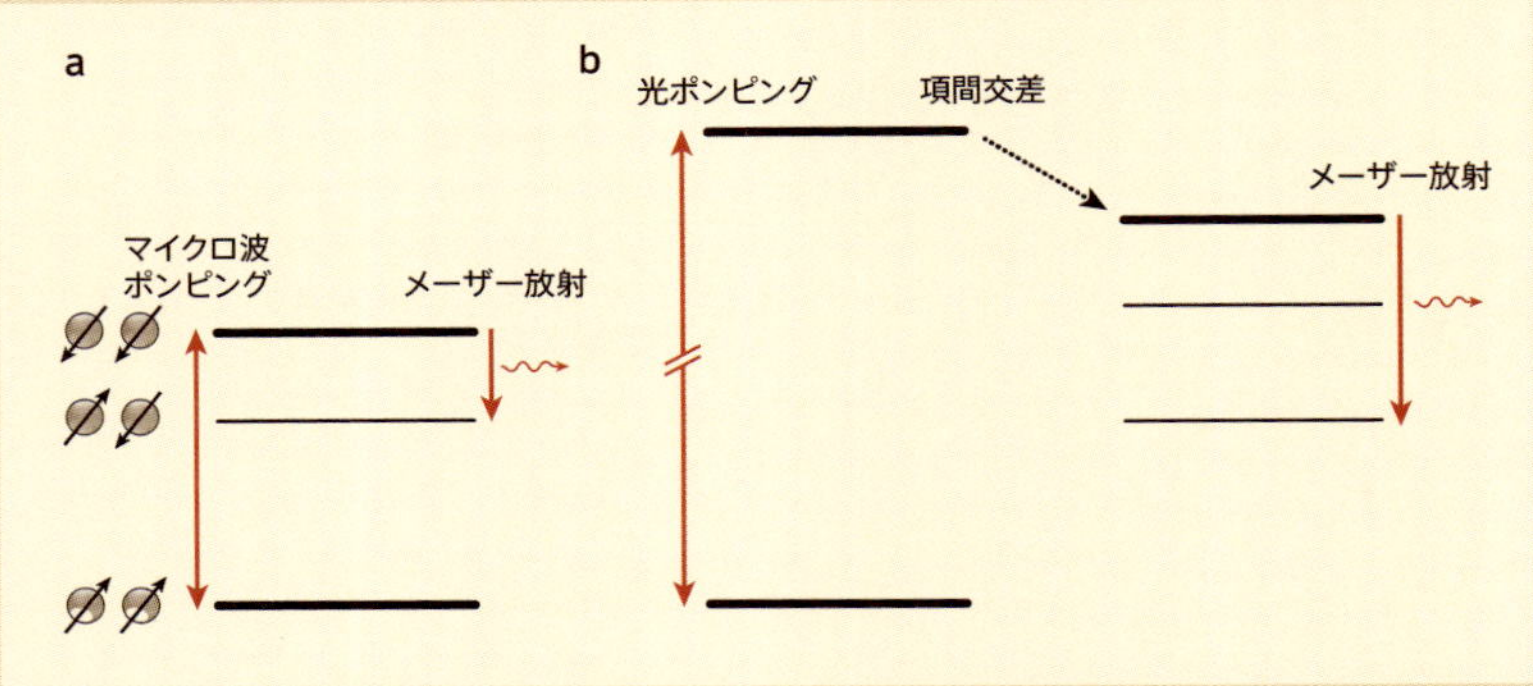

図1　メーザーのポンピング
a．従来の固体メーザー。少なくとも3つのエネルギー準位（横線）があり、2個の不対電子のスピンの組み合わせに対応している（球は電子、黒い矢印はスピン状態を表わす）。系の原子媒質をマイクロ波放射でポンピングすると電子スピンが最低エネルギー準位から励起状態になり、2つの準位の電子数が均等になる。続いて電子が中間状態まで落ち、メーザー放射が放出される。線の太さは各準位の電子数に対応する。
b．Oxborrow らのメーザー[1]。ホスト結晶内のペンタセン分子の電子が光ポンピングされた後、「項間交差」が起こる。それにより三重項状態に落ちるが、三重項の最高準位の電子数がもっとも多い。この準位から三重項最低準位に落ちるときに、メーザー放射が放出される。

上げること）すると、低エネルギー状態の電子よりも励起状態の電子が多くなる（反転分布）。ここで、励起状態の電子を低い状態に落とし込むよう誘導すると、その入射放射と同じ周波数、同じ位相の放射が放出される（誘導放出、図1a）。こうして、結晶を通り抜けたマイクロ波放射が増幅される。この放出・増幅現象はレーザーとよく似ているが、レーザーよりもはるかに低い周波数で起こる。

このタイプのメーザーは、内因性ノイズ（主として自然放出光子によって生じる）が非常に少なく、物理的限界に近い。したがって、基礎科学分野や、先端的宇宙通信、電波天文学などの応用分野では、今もなお類似の設計原理が利用されている。しかし、反転分布を実現するには、メーザーを液体ヘリウム温度（4・2K）まで冷やす極低温冷却が必要である。そのうえ、出力が限られており、動作にかなり大きな静磁場が必要になることから、メーザー技術の実用化は進まず、絶滅寸前になっていた。さらに、最近、マイクロ波技術が大きく進歩し、極低温に冷却した従来型の半導体増幅器や超伝導増幅器でもメーザーに匹敵する低いノイズレベルが実現できるようになった。出力や帯域幅性能も向上し、物理的にもシンプルになっている。[3,4]

新しい宇宙通信に向けた第一歩とみなすこともできる

ところが、今回、固体メーザー動作におけるもっともやっかいな問題が解決された。Oxborrowらが室温で動作するメーザーを実証したのだ。これは、固体メーザーの発明から50年以上たって初めて達成された偉業である。Oxborrowらが用いたのは、p－テルフェニルと

3. *Schleeh, J. IEEE Electron.* Device Lett. 33*, 664-666 (2012).*
4. *Eom, B. H., Day, P. K., LeDuc, H. G. & Zmuidzinas, J.* Nature Phys. 8*, 623-627 (2012).*

いう有機化合物結晶にペンタセン分子をドープした特殊な系である。ペンタセン分子のエネルギー準位は、室温でも光ポンピングで大きな反転分布を実現できる（図1b）。増幅過程には、低エネルギー準位に電子がほとんど残らないような大きな反転分布が必要だが、これによりメーザーの内因性ノイズが低く抑えられる。

加えて、Oxborrowらは、エネルギー損失の少ないマイクロ波共振器を用いてメーザーを動作させた。この低損失共振器のおかげで、メーザーは精巧で高価な減衰器ではなく、れっきとした増幅器となった。原理上、このメーザーを使用すれば、内因性ノイズの少ない弱いマイクロ波信号を、冷却せずに増幅できる。また、旧式固体メーザーと同様、外部磁場をかけるだけで動作周波数を調節できる。外部磁場印加は極低温冷却よりずっと容易であり、広く商業利用されているＹＩＧ発振器などのマイクロ波デバイスにも用いられている技術だ。

ただし、Oxborrowらの光ポンピングメーザーは、連続モードではなくパルスモードでの発振である。マイクロ波放射源と増幅器は、理想的には、パルスよりも有用性の高い連続モードで動作するのが望ましい。とはいっても、小型化、光励起手順の高効率化、複数の共振器の並行利用などの改良を加えれば、すでに述べたような応用には、十分に役立つであろう。この新型メーザーは、新しい宇宙通信に向けた第一歩とみなすこともできる。これを使って、いつか地球外生命体と話せるようになるかもしれない。

Aharon Blank はテクニオン・イスラエル工科大学化学科に所属している。

ゲルのシートを貼ると、トランジスタ

'Cut and stick' ion gels

川崎雅司、岩佐義弘　２０１２年９月27日号 Vol.489 (510-511)

イオン液体と高分子を混ぜ合わせると、ゴム状のイオンゲル材料ができる。このゲルシートをカミソリで切って固体の半導体材料に貼り付け、トランジスタが作られた。

電界効果トランジスタ（ＦＥＴ）は、ゲート電極に電圧をかけて電界を発生させることでソース・ドレイン間の電流を制御するトランジスタである。従来型のＦＥＴでは、半導体とゲート電極を隔てる絶縁膜には二酸化シリコンなどの固体絶縁体が使われるが、代わりにイオン液体という液体状の塩を用いると、イオン液体と電極の界面に非常に大きな電気容量をもつ電気二重層が形成されて、小さな電圧で大きな電界を発生させることができる。しかし、イオン液体は液体であるため扱いにくい。研究者らは今回、イオン液体と高分子からイオンゲルというゴム状材料を作製し、これを切って半導体材料に貼り付けるだけでトランジスタを作れることを示した。今後、さまざまなイオンゲルが開発されて、多様なデバイス応用が可能になるかもしれない。

▼再び注目を集める電気科学的トランジスタ

携帯電話は、電池と何十億個もの微小電子スイッチ（トランジスタ）がなければ機能しない。トランジスタは、半導体中の電子の流れを制御することにより、情報の処理と記憶を可能にする。また電池は、トランジスタを動作させるための電気化学エネルギーを貯蔵している。世界初のトランジスタは、William Shockley、John Bardeen、Walter Brattainの3氏によって1947年に発明されたが、興味深いことに、トランジスタ誕生に結びついた初期の実験では、半導体中の電子輸送の制御に、液体の電解質（液体溶媒とイオンの混合物）が用いられた。つまり、本物のトランジスタ第一号は、全固体デバイスではなく、電気化学デバイスだったのだ。[1]

固体エレクトロニクスが大成功を収めたため、トランジスタの初期の歴史や液体電解質の有用性については、忘れられることが多かった。ところが、この10年で、電解質や電気化学的コンセプトを利用したトランジスタが、再び注目を集めるようになった。従来の全固体型トランジスタを超える機能を約束しているからである。今回Leeらは、イオン液体（室温で液体状態の塩）と高分子からゴム状材料を作製し、それを切って半導体に貼り付ければトランジスタができることをAdvanced Materialsで報告している。[2]

電解質は、イオンを伝導する（イオン伝導性）が電子を伝導しない（電子絶縁性）という性質を持つ。電子伝導性の固体表面に電解質が存在すると、その界面に電気二重層（ＥＤＬ）が形成される（１８５３年にHelmholtz[3]が初めてモデル化）。２つの荷電層の間にナノスケールのギャップがあるため、ＥＤＬは1～10μF/cm^{2}程度の巨大な電気容量（電荷貯蔵能力）を持

1. *Brattain, W. H. & Gibney, R. B. US patent 2,524,034 (1948).*
2. *Lee, K. H. et al.* Adv. Mater. 24, *4457-4462 (2012).*
3. *von Helmholtz, H.* Pogg. Ann. LXXXIX, *211 (1853).*

つ。この値は、固体絶縁体（一般的に二酸化シリコンや酸化アルミニウムでできている）を用いた従来型キャパシターの10〜1000倍もある。

過去に固体絶縁体の代わりにEDLを用いてトランジスタを作製した例があるが、意外なことに、絶縁体ー金属転移[4]などの電界誘起相転移、超伝導[5]、強磁性[6]といった将来役立ちそうな効果が見いだされた。ほとんどの場合、電解質としてイオン液体が使われているが、それはイオン伝導度が高く、EDLの容量を大きくできるからである。しかし、電子デバイス用材料には機械的・構造的信頼性が求められるため、多くの場合、液体材料は望まれてこなかった。

▼イオンゲルシートによるトランジスタ

だが、21世紀になった今、固体材料だけを頼りにしなくても、信頼性は得られるようになった。イオンゲル（イオン液体と高分子成分の混合物）が代替候補として現われたのだ。イオンゲルは、室温で操作できるなど、イオン液体と固体絶縁体の長所を兼ね備えている[7]。今回Leeらは、ゴム状イオンゲルシートをカミソリの刃で切って半導体材料に貼り付ければトランジスタが作れることを示した[2]。巧妙なトランジスタ作製法を開発したわけだ。

イオンゲルの高分子成分は、化学的に異なる2つ以上のモノマー単位がつながったブロック共重合体である。Leeらは実験で、ブロック共重合体とイオン液体を1対4の重量比で混ぜ合わせ、厚さ0・6㎜のイオンゲルシートを作製した。半導体とイオンゲルとの界面に形成されたEDLの電気容量は大きく、10μF/cm²であった。過去に、リチウムイオン電池の固体電

4. *Nakano, M. et al.* Nature 487, *459-462 (2012).*
5. *Ueno, K. et al.* Nature Mater. 7, *855-858 (2008).*
6. *Yamada, Y. et al.* Science 332, *1065-1067 (2011).*

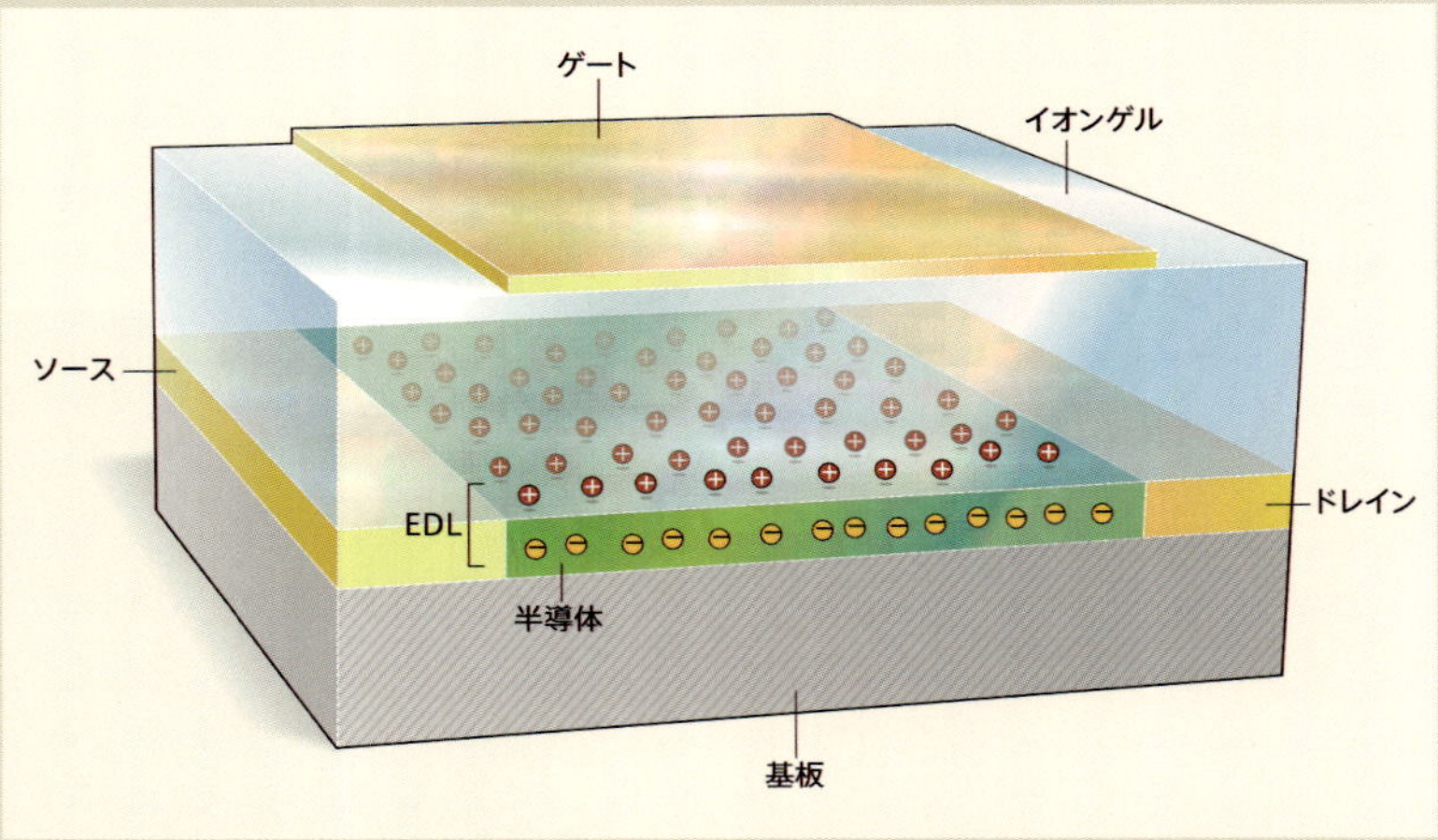

図1　イオンゲル・トランジスタ
Lee らが半導体表面にイオンゲルを貼って作製したトランジスタ[2]。イオンゲルは、ゲート絶縁体、つまりトランジスタのゲート電極と半導体を隔てる役割を果たしている。基板上の半導体は、ソース電極とドレイン電極の間にチャネルを形成する。トランジスタのスイッチを入れると、イオンゲルと半導体の界面に電気容量の大きい電気二重層（EDL）が形成される。

解質として、同様のイオンゲルシートが用いられた例がある。しかしLeeらは今回、トランジスタの半導体チャネルとゲート電極を隔てるゲート絶縁体として、イオンゲルシートを用いたのである（図1）。

さらにLeeらは、一般的な有機半導体と無機半導体を用いたトランジスタも実現させた。有機半導体の場合は正孔（電子が抜けたことによってできた、概念上の粒子）が流れ、無機半導体の場合は電子が流れた。したがって、この方法はあらゆるタイプの半導体材料に適用できるといえる。

イオン液体と高分子の種類は豊富なので、さまざまなイオンゲル

7. *Lodge, T. P.* Science 321*, 50-51 (2008).*

が作製可能である。多くのイオンゲルを用いれば多様なデバイス構造と機能を実現できるであろう。[7] たとえば、イオンゲルを基板上に印刷する技術がすでに実証されている。[8] イオンゲルとさまざまな電子伝導体（半導体だけでなく金属、超伝導体、磁性体）を組み合わせる研究を進めることによって、イオントロニクス、[9] つまりイオン機能を利用したエレクトロニクスは、充実した材料科学の場となるであろう。

川崎雅司と岩佐義弘は東京大学量子相エレクトロニクス研究センター、物理工学科、および理化学研究所基幹研究所に所属している。

8. *Cho, J. H. et al.* Nature Mater. 7*, 900-906 (2008).*
9. *Leger, J., Berggren, M. & Carter, S.* Iontronics: Ionic Carriers in Organic Electronic Materials and Devices *(CRC, 2010).*

腕型ロボットを脳で制御する

Brain control of a helping hand

John F. Kalaska　２００８年６月19日号　Vol.453 (994-995)

麻痺患者にとって、自分の意思が日常の動作に変換されるようになれば、大いに役立つだろう。今回サルで、脳の活動によって腕型ロボットを正確に制御できると実証されたことは、こうした目標に向けた一歩である。

事故や疾患により随意運動ができなくなった人の運動機能を補助するロボット技術への関心は高い。脳・機械インターフェースは、随意運動の制御にかかわる脳領域の活動を利用してロボット型装具を制御する装置で、近年、めざましい進歩を遂げている。研究者らが２００８年に報告した研究では、サルの一次運動野に電極を埋め込み、訓練によって特定の脳活動パターンを発生できるようにしたうえで、肩に腕型ロボットを装着させると、サルはその制御を簡単に覚えて餌を食べるという複雑な動作をやってのけた。以前にも、脳活動を利用してコンピュータ画面上のカーソルを動かすというバーチャルな動作の成功はあったが、この研究は、複数の自由度をもつ腕型ロボットを実際に動かして実用的な動作に成功した点で画期的だった。

▼脳によって腕型ロボットを制御し、好物をつまんで食べるサル

脳卒中や脊髄損傷、神経筋変性疾患ではいずれも、筋肉を使う能力が著しく損なわれることがある。このような運動能力の低下によって移動や自立がむずかしくなった患者では、生活の質（Quality of Life; ＱＯＬ）が大幅に低下してしまう。こうした患者の病態または損傷を回復させるために、さまざまな方面から医学研究が精力的に行なわれている。その一方で、患者のＱＯＬを向上させる別の取り組みが求められている。『Nature』２００８年6月19日号９９４ページに掲載されたVellisteたちの研究[1]は、いずれ実用化が期待できる報告例である。

前述のような疾患では、随意運動の制御にかかわる一次運動野や運動前野、後頭頂葉皮質などの大脳皮質領域の機能は損なわれていないことが多い。こうした患者では、随意運動を正常に起こす脳活動を生じる可能性はまだある。ただ、疾患による障害のせいで脳からの信号が筋肉に伝わらなかったり、十分に筋肉を刺激できなかったりしているのだ。このような場合に考えられる１つの解決法は、患者が行ないたい動作を、頭の中でリハーサルするように思い描いてもらい、その結果生じた脳の活動を記録して、これらの信号を使ってロボット型装具を制御することである。こうした脳・機械インターフェース（ＢＭＩ）あるいは神経機能代替コントローラー（neuroprosthetic controller）は、現在いくつかの研究室で開発が進められているところだ。

Velliste たち[1]は今回、この分野の最先端と言える成果の１つを報告した。彼らは、サルの一次運動野に微細な電極をグリッド状に埋め込み、これらのサルを訓練して、腕型ロボットを制

1. *Velliste, M., Perel, S., Spalding, M. C., Whitford, A. S. & Schwartz, A. B.* Nature 453, *1098-1101 (2008).*

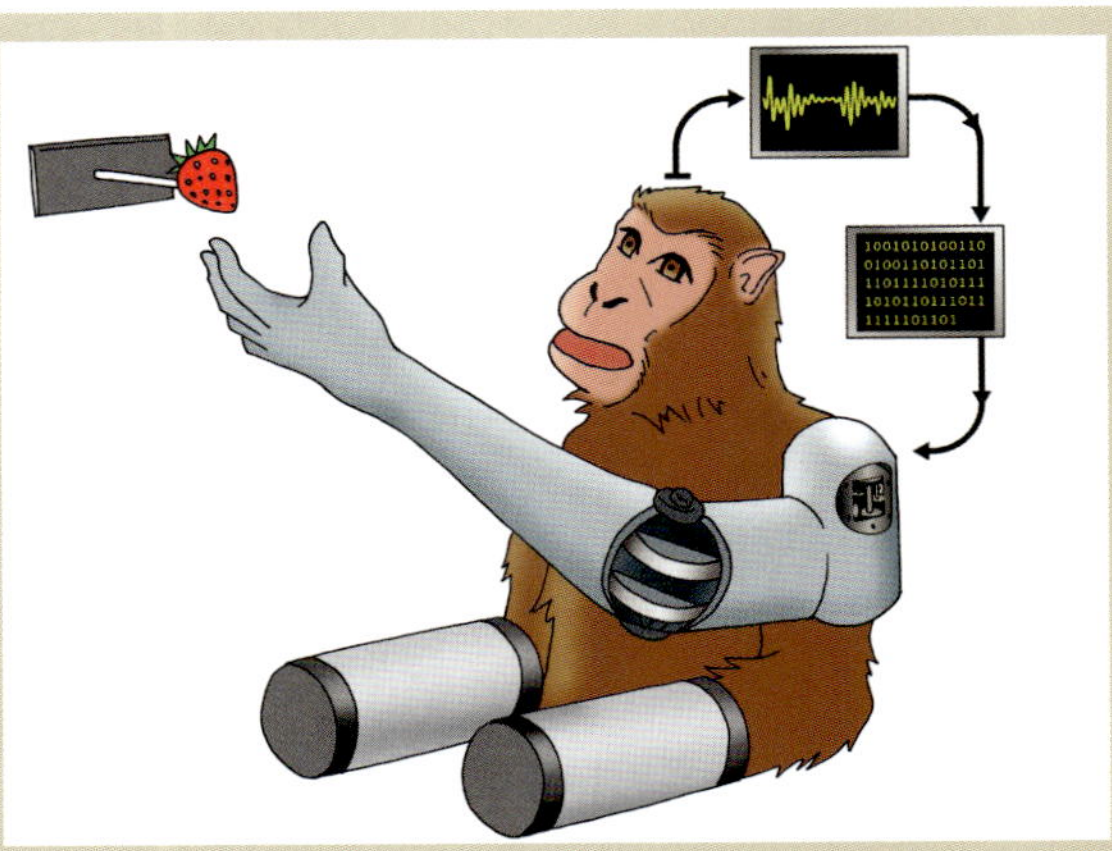

図1　脳で義手をコントロールするサル。サルの肘から下は水平なチューブで固定されており、義手は肩に固定されている。脳からの信号を義手に伝えることで、サルは自分の意志で、餌を取って食べることができる。

御する脳活動パターンを発生できるようにした。この腕型ロボットには、肩関節、肘関節、物をつかむための爪状の「手」すなわち把持部がある。サルは座った状態で、両腕は脇にやさしく拘束してあり、腕型ロボットは肩の隣に設置してある（図1参照）。注目すべきことに、サルは、腕型ロボットを果物片などの好物の餌のほうに伸ばし、そこで止めて把持部を餌に近づけ、固定してあった餌を取って、餌をつかんだ把持部を自分の口元へもってきて爪を開き、餌を食べるという動作を、数日以内で行なえるようになった。これらの動きはすべて、自然の状態でみられるのと同じようなひとつながりの動作になっていた。

この研究成果は、動物にBMI技術を用い、三次元空間内で腕型ロボットの動作を脳によって制御して餌を食べるという、実用的な動作が可能なことを初めて実証したものである。

これは、複雑な腕型ロボットを制御する神経機能代替コントローラーの開発分野における最先端の技術である。原理上、こうした腕型ロボットはやがて、障害を負った患者が食事をしたり、飲み物をコップから飲んだり、道具を使ったりするなど、多くの日常的な作業を行なう際の助けになると期待できる。

今回の結果のなかで今後の研究開発に向けて励みになる知見の1つは、サルが腕型ロボットの制御を簡単に覚えたことだ。Velliste たち[1]が用いたのは、標準的なオペラント条件づけ法である。この手法で「ごほうび」として餌を食べさせることで、腕を伸ばして餌をつかみ、口元までもってくるそれぞれの動作の成功率が高まった。訓練の第1期にはＢＭＩ制御プログラムが発する修正信号で動作を支援したが、サルはすぐに、自分が望むロボットの動作を自力で起こせるように脳を活動させるやり方を習得した。ヒト被験者では学習時間をもっと短縮することができ、トレーナーが口頭で説明することにより、学習がよりスムーズに進んだ。これは、神経機能代替装置によって、リハビリ患者のフラストレーションを最小限にできることを示唆している。現在のリハビリテーション・プログラムでは、運動能力が低下していて、長く辛い機能回復訓練にもかかわらずほんの少ししか回復がみられない場合、患者は往々にしてフラストレーションを感じてしまう。

さらに、サルがいかにも自然に腕型ロボットの制御や相互作用を行なったことも、同じく今後の励みになる知見の1つとして挙げられる。障害物があると、サルはそれを避けるために空間内でカーブを描くように把持部を動かし、また餌のありかを想定外の場所に変更したときに

2. *Maravita, A. & Iriki, A.* Trends Cogn. Sci. 8*, 79-86 (2004).*

も、把持部の動線をすぐに修正した。しかも、把持部を「つっかえ棒」として使い、口に入れ損ねた餌を唇から口の中へ押し込めることさえできた。最終的にサルたちは、動かせない自分の腕の代用物として腕型ロボットに難なく順応した。従来の知見から、サルが道具の使用を学習する場合には、自分の頭の中にある身体イメージにその道具を組み込むことが示されている。[2] 神経機能代替装置を使う患者は、どれくらいの期間使用するにせよ、そうした装置を自分の体の延長部分として抵抗なく扱えるようになると考えられる。なぜなら、自身の思考プロセスを介して効率よく、あまり苦労もせずに装置を制御できるからである。このことは、こうした技術に頼らざるを得ない患者の心理的負担を長期にわたって軽減できるという点で、明るい材料となる。

▼クリアすべき難題はまだ多い

Velliste たち[1]の成果は、神経疾患患者を支援するBMI技術の実用化の可能性に期待をもたせてくれるものだ。しかし、この結果に舞い上がって、各地のリハビリ施設で神経機能代替ロボットがすぐに利用できるようになると結論づけるのは早計である。脳の活動を利用した腕型ロボットの制御に Velliste たちが採用した主要な技術はどれも、初期には実験動物で、[3~7]また最近ではヒトの臨床患者で、[8]もっと単純な遠隔装置を使って既に実証ずみのものである。神経機能代替制御技術を臨床へ広く応用できるようにするには、いくつかのハードルを乗り越える必要があり、そのための根本的な概念上もしくは技術上の革新を今回の研究がもたらしてくれたわ

3. *Chapin, J. K., Moxon, K. A., Markowitz, R. S. & Nicolelis, M. A. L.* Nature Neurosci. 2, *664-670 (1999).*
4. *Wessberg, J. et al.* Nature 408*, 361-365 (2000).*
5. *Serruya, M. D., Hatsopoulos, N. G., Paninski, L., Fellows, M. R. & Donoghue, J. P.* Nature 416*, 141-142 (2002).*

けではない。

たとえば、埋め込み型電極の長期使用に関する信頼性を向上させる必要がある。患者は神経機能代替制御技術を長年にわたって利用することになるが、記録される神経活動の質は多くの場合、数週間もしくは数カ月たたないうちに劣化してしまう。そのうえ、神経機能代替制御の成功は、これまでのところ実験室環境内に限られている。現在の技術では、移動のむずかしい記録装置やコンピュータ、ロボット制御装置を含む相当大がかりな設備が必要であり、しかも、装置の作動状況を常に監視する専門の技術者も必要なのである。神経機能代替コントローラーが持ち運び可能でほぼ自律的に作動できるようにするには、もっと多くの研究を積み重ねなければならない。

加えて、被験者はこれまでのところ、視覚的なフィードバックのみを使って遠隔装置を制御している。環境との物理的な相互作用には、対象物や物の表面に腕型ロボットが加えた力を被験者が感じ取って制御できなければならない。たとえば、ロボットの手で物をつかむときには、物がすり抜けて落ちない程度の強さでつかみ、しかも力を入れすぎて握りつぶしてしまわないようにする必要がある。こうした重要な情報は、健常であれば皮膚や筋肉、関節にある感覚受容器によって得られている。ロボットには、これに相当するセンサーを実装させる必要があり、この感覚フィードバックを患者に伝えるために、なんらかの有効な方法を開発しなければならない。[9] こうしたもろもろの技術的問題は、難題ではあるが乗り越えられないものではない。

Velliste たちは[1]、従来のさまざまなBMI研究[3~7]と同様に、記録を一次運動野から取った。そ

6. *Taylor, D. M., Tillery, S. I. & Schwartz, A. B.* Science 296, *1829-1832 (2002).*
7. *Carmena, J. M. et al.* PLoS Biol. 1*, e42 (2003).*
8. *Hochberg, L. R. et al.* Nature 442*, 164-171 (2006).*
9. *London, B. M., Jordan, L. R., Jackson, C. R. & Miller, L. E.* IEEE Trans. Neural Syst. Rehabil. Eng. 16, *32-36 (2008).*

の他の研究では、運動前野や後頭頂葉皮質[7,10~12]から制御信号とみられる信号が抽出されている。これらの脳領域のそれぞれで発せられる信号には固有の性質があり、そうした性質が、随意運動のさまざまな面に特に有用だと考えられる。これは最終的に、「知的」神経機能代替コントローラーの開発へとつながる可能性がある。こうしたコントローラーがあれば、重度の運動障害をもつ患者は、ロボット装具の経時的な運動制御によるだけでなく、自分の総体的な目的や必要性、好みを反映させた、もっと自然で直観的な方法で外界と相互作用しコミュニケーションを取ることが可能となるだろう。

John F. Kalaska はモントリオール大学（カナダ）に所属している。

10. *Musallam, S., Corneil, B. D., Greger, B., Scherberger, H. & Andersen, R. A.* Science 305, *258-262 (2004).*
11. *Hatsopoulos, N., Joshi, J. & O'Leary, J. G. J. Neurophysiol. 92, 1165-1174 (2004).*
12. *Santucci, D. M., Kralik, J. D., Lebedev, M. A. & Nicolelis, M. A. Eur.* J. Neurosci. 22, *1529-1540 (2005).*

ハエ型ロボット

Flying like a fly
David Lentink　２０１３年６月20日号　Vol.498 (306-307)

生物学者や航空工学者たちが昆虫の飛翔原理を解明すると、技術者たちは、その空気力学的メカニズムに基づくロボットの製作に着手した。そして今回、マイクロ製造技術の延長から、最初のハエロボットが空へと羽ばたいた。

かつて科学者たちの空気力学理論は、固定翼機を前提としていたため、昆虫の翅《はね》が作り出す揚力は小さすぎ、体を空中に浮かせることはできないと考えていた。だがこの20年で、昆虫の飛翔メカニズムが解明され、それを模倣・利用したロボットの製作技術が飛躍的に進歩した。今回、研究者たちは、実物大のハエロボットの制御飛行に初めて成功。すでに完成した２種を含め、今回のミニチュアロボットも、それぞれ動物のホバリングのある側面を模倣して作られた。飛行したハエロボットは、電線につながれていて、そこから翼のそれぞれの「飛翔筋」に調整された力を供給し、ロボットを制御している。ミリ・スケールでの軽量化技術を開発し、ミニチュア圧電アクチュエーターと、低摩擦の柔軟ジョイント（関節）の開発が今回の成功につながった。

▼実物大のハエロボットの制御飛行に初めて成功

秘密の指令センターから送り込まれたハエロボットが、家の中のようすをひそかに監視している——。ＳＦ映画などでおなじみのこうしたシーンは、冷戦時代の異常な猜疑心《さいぎしん》が大衆文化に現われたものであり、純然たるフィクションだった。当時の科学者は、昆虫の飛翔メカニズムを理論的に説明することができなかった。彼らの空気力学理論は固定翼機を前提としていたため、昆虫の翅《はね》が作り出す揚力は小さすぎ、その体を空中に浮かせ続けることはできないはずだ、という計算結果しか出なかったのである。けれども、この20年間に、昆虫の飛翔についての空気力学的理解と、その飛翔メカニズムを摸倣・利用したロボットの製作技術が、飛躍的に進歩した。Woodらは、今回、現時点での最高到達点として、実物大のハエロボットの制御飛行に初めて成功したと『Science』で報告した[1]（Ma et al.）*。

昆虫の飛翔メカニズムの解明にとって特に重要な研究は、１９９６年に巨大なスズメガの動的スケーリング模型を用いて行なわれた研究だった[2]。このロボットは、計算により決定された３秒に１回というゆっくりしたペースで悠然と羽ばたくことで、ホバリングするガの周りの気流と揚力を再現することができた。研究者らは、ロボットの翅の内部から煙が出るようにすることで、それぞれの翅の前縁に沿って竜巻のような渦が外側に移動していくのを可視化することに成功した。昆虫の翅が、飛行機なら気流が剥離して失速するような大きい迎角（翼の前縁と後縁を結ぶ線と、気流の方向とが作る角度）でも機能し、より大きな揚力を生じることができるのは、この前縁の渦が非常に安定しているためだったのだ。

---

1. *Ma, K. Y., Chirarattananon, P., Fuller, S. B. & Wood, R. J.* Science 340, *603-607 (2013).*
2. *Ellington, C. P., van den Berg, C., Willmott, A. P. & Thomas, A. L. R.* Nature 384, *626-630 (1996).*

煙を使った実験は、渦の存在は明らかにしたものの、渦により揚力がどれだけ大きくなったかを示すことはできなかった。そこで、別の研究グループが、昆虫の翅の揚力を測定するため、ショウジョウバエを100倍の大きさにしたハエロボットRoboflyを製作し、これを鉱油のタンクに沈めて研究を行なった。[3] 流体力は、粘性の2乗と密度との比に比例する。その他の条件をすべて同じにした流れでは、鉱油中での揚力の大きさは、空気中での揚力の5万倍もの大きさになる。この増幅により、ショウジョウバエがホバリングするときの複雑な動作に関する空気力学的メカニズムを記録し、解明することが可能になった。

Roboflyの研究から得られた知見は、電気工学者が実物大のハエロボットを設計することを可能にした。[4] 空想の産物にすぎなかったハエロボットが、ついに研究者にとっても現実味のある存在になり、[5] ハエロボットの進化が始まったのだ。

とはいえ、当時の電子部品は重かったため、「フライ級」ならぬ「ハエ並みの重さ」のロボットを製作することは不可能だった。ハエのようにホバリングする最初の羽ばたきロボットMentorの翼幅が360㎜もあり、重さも400g以上あったのは、そのためだ。[6] Mentorは、その重さのせいで垂直飛行もホバリングも短時間しかできず、自動操縦装置によって安定した姿勢を保っていた。次に製作された翼幅280㎜のDelFly（図1a）というロボットは、かさばる電子機器の代わりに、設計デザイン自体が持っている受動的安定性によって飛行し、重さはわずか16gで、16分間も飛ぶことができた。[7] DelFlyは、垂直離着陸とホバリングのほか、トンボのように前方に飛行することもできた。

3. *Dickinson, M. H., Lehmann, F. O. & Sane, S. P.* Science 284*, 1954-1960 (1999).*
4. *Fearing, R. S. et al. in Proc.* IEEE Int. Conf. Robotics Automation *1509-1516 (2000).*
5. *Flynn, A. M. in Proc.* IEEE Micro Robots and Teleoperators Workshop *221-225 (1987).*
6. *Zdunich, P. et al.* J. Aircraft 44*, 1701-1711 (2007).*

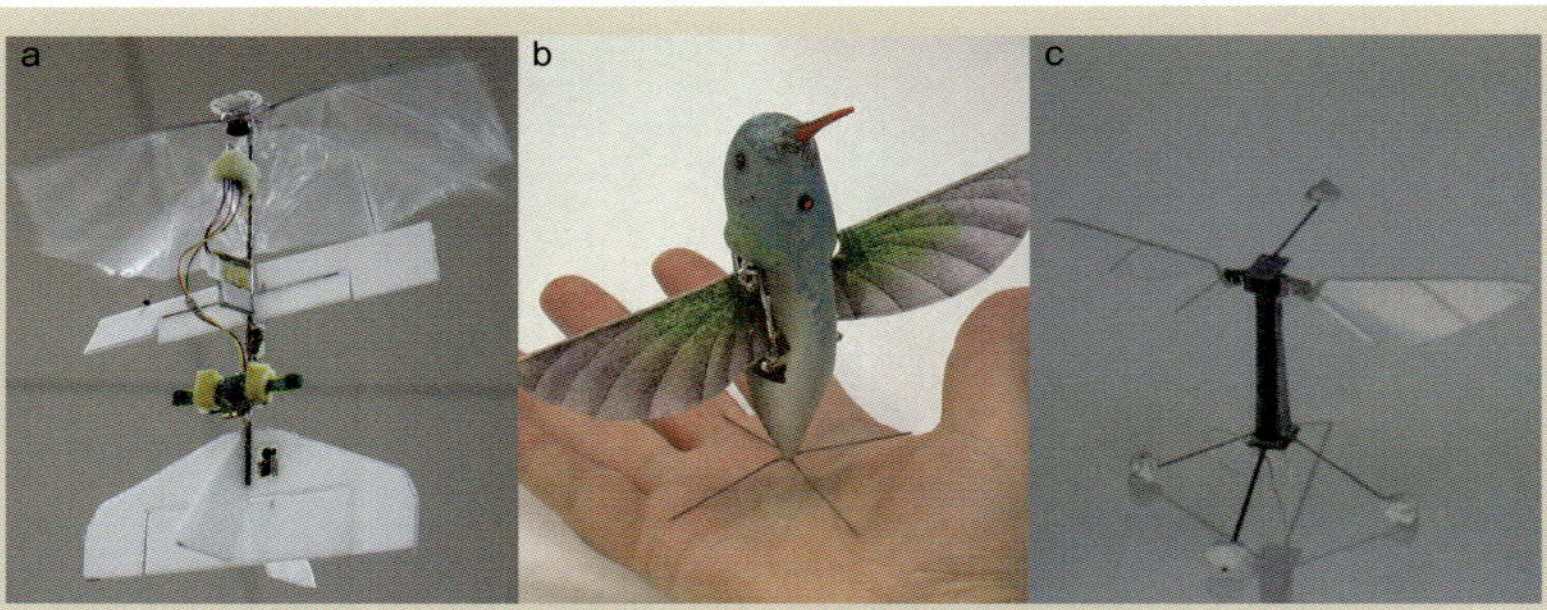

図１　羽ばたくミニチュアロボット
３種類のミニチュアロボットは、それぞれ動物のホバリングのある側面を模倣している。
ａ．受動的安定性によって飛行するDelFly[7]、尾部で姿勢を制御する昆虫のようにホバリングすることができる。[Ogre Bot]
ｂ．尾部のないNano Hummingbird[8]は、本体に搭載された自動操縦装置によって安定した姿勢を保つ。自動操縦装置は、本物のハチドリのように羽ばたきの迎角を制御している。[DARPA]
ｃ．ハーヴァード大学工学・応用科学科（SEAS）の研究チームが開発した「RoboBee」。[http://news.harvard.edu/gazette/story/2013/05/robotic-insects-make-first-controlled-flight/]

図２　羽ばたく昆虫は、飛翔する超小型ロボットのお手本
[Robert V]

7. *Lentink, D., Jongerius, S. R. & Bradshaw, N. L. in* Flying Insects and Robots *(eds D. Floreano et al.) 185-205 (Springer, 2010).*

その後、若いアマチュアが、このデザインを縮小して翼幅わずか60㎜、重さ920㎎のロボットを製作し、屋内で飛行させた。2009年に「YouTube」に投稿された動画（go.nature.com/qhrbnl）では、電池式のこのロボットが、1分以上にわたって非常に高い飛行性能を披露する姿を見ることができる。この時期、同じような目標を掲げ、数百万ドルの資金を投入したライバル研究プロジェクトが進められていたが、全然うまくいっていなかった。

そんな状況を変えたのが、Nano Hummingbird（図1b）だった。[8] Nano Hummingbirdは、初めて製作された尾部のない羽ばたきロボットで、垂直に離着陸することができた。その翼幅は160㎜で、電池で11分間飛行することができ、自動操縦によって安定した姿勢を保ち、「名誉昆虫」とも呼ばれる本物のハチドリ（hummingbird）と同じように、1回ごとの羽ばたきの間に迎角を制御することで、操縦することができた。このように、Nano Hummingbirdは、ハチドリやハエに匹敵する非常に高い運動性を示したが、その重量は、まだ一般的なハチドリの5倍、イエバエの1000倍もあった。

これらのロボットは、「羽ばたき飛行機は、昆虫サイズに縮小しても機能しうる」という実験予測を実証した。基本的に、飛行機の飛行の基礎をなす空気力学的メカニズムは、スケールの制約を受けない。[7] しかし、㎜スケールでは、効率よい軽量製作技術がないため、さらなる小型化は壁にぶつかっていた。Wood研究室の研究者らは、この解決に、10年以上の歳月を費やした。そして2012年に、㎜スケールでの画期的な軽量製作技術を報告した。この技術は「飛び出す絵本」をヒントにしたもので、重さ80㎎、翼幅30㎜のハエロボットを大量生産すること

8. *Keennon, M., Klingebiel, K., Won, H. & Andriukov, A. in 50th* AIAA Aerospace Sciences Meeting 0588, *1-24 (2012).*
9. *Sreetharan, P., Whitney, J., Strauss, M. & Wood, R.* J. Micromech. Microeng. 22, *055027 (2012).*

を可能にする。[9] このスケールになると、電気モーターとベアリングの性能の低下が避けられないため、研究チームは、ミニチュア圧電アクチュエーターと、低摩擦の柔軟ジョイント（関節）を開発した。

▼電源を断ち切るのが次の課題

こうした技術的進歩が、Woodらの実物大ハエロボット（図1c）を実現させた。ただし、このロボットは電線につながれている。本体とは別のところに電池と自動操縦装置があるのだ。自動操縦装置は、ほぼ1回の羽ばたきごとにロボットの飛行経路を監視し、調整している。ロボット本体に搭載可能なマイクロメートルサイズの自動操縦装置は完成に近づいているが、マイクロ電池の開発はなお非常にむずかしい。つまり、自由に飛行する羽ばたきマイクロロボットがSFの世界から現実世界に飛び出すためには、なお、革命的な電池技術を必要としているのだ。

それが実現したら、昆虫サイズのロボットは、まずは目立たない（そして安価な）見張り役として空に放たれ、人質事件や市街戦の状況把握に用いられるようになるだろう。そしてさらに人工の花粉媒介者として農業に利用されるかもしれない。Maらは、自分たちのハエロボットは、昆虫の飛翔の生物学的理解を深めるうえでも役立つだろうと指摘する。たとえば、ハエロボットを操作して、昆虫の飛翔の安定性や制御に関する仮説を検証することができるはずだ。

しかし、残念ながら、ロボットの羽ばたき翼が、空気力学的効率の上限をさらに押し上げることはない。重量に基づいて1対1で比較すると、ヘリコプターの回転翼が必要とする力は、常に、羽ばたき翼が必要とする力より小さいからである。[7,8] けれども気流の乱れた環境の中では、羽ばたきロボットのほうがヘリコプターより安定に飛ぶことができる。動物は、乱れた気流の中でもうまく飛ぶことができるが、今の世代のマイクロ飛行機はまったく飛ぶことができない。あるいは、未来の兵士は、戦場で常にハエ叩きを携行することになるのかもしれない。

David Lentink はスタンフォード大学機械工学科に所属している。

注目を集める脳制御型ロボット

Neuroscience: Brain-controlled robot grabs attention

Andrew Jackson　２０１２年５月17日号　Vol.485 (317-318)

麻痺患者が再び随意動作できるようにすることが、神経インターフェース研究の究極の目標。このほど、四肢麻痺患者が脳でロボットアームを制御し、物体に向かってアームを伸ばし、これをつかむことに成功した。

手でコーヒーカップをつかむとき、脳で発生した電気信号が脊髄を流れ、筋肉に動けと命令している。この信号が流れる神経経路が損傷すると、麻痺が生じることがある。そこで、損傷した神経を迂回して、脳が直接働きかけられるようにする技術が必要となる。神経インターフェースシステムは、ブレイン・マシン・インターフェースとも呼ばれ、脳の電気信号を検出し、これを使って外部の支援デバイスを制御しようとする。研究者たちは、脊髄損傷により四肢麻痺状態になった患者がコンピュータのカーソルを動かせるよう、神経インターフェース「ブレインゲート」の臨床試験を始めた。結果、何年も前から四肢麻痺状態にある患者が、ブレインゲートを使って脳でロボットアームを動かし、物体をつかみ、飲み物を飲むことができた。

▼損傷した神経を迂回して脳が直接環境に働きかけられる技術

ほとんどの人が、思いどおりに物体に触れたり動かしたりできることを当たり前だと思っている。けれども、私たちがコーヒーを飲もうとしてカップに手を伸ばすときには、脳で発生した電気信号が脊髄を流れ、筋肉に動けと命令しているのだ。この信号が流れる神経経路が損傷すると麻痺が生じることがあり、その人のクオリティー・オブ・ライフ（生活の質）をひどく損なうことになる。そこで、損傷した神経を迂回して脳が直接環境に働きかけられるようにする技術への関心が高まっている。神経インターフェースシステムは、ブレイン・マシン・インターフェースとも呼ばれ、脳の電気信号を検出し、これを使って外部の支援デバイスを制御するものだ。脊髄損傷により四肢麻痺状態になった患者がコンピュータのカーソルを動かせるようにする神経インターフェース「ブレインゲート（BrainGate）」の臨床試験の最初の結果は、２００６年に発表された。[1] Hochbergら[2]は今回、『Nature』２０１２年５月17日号３７２ページで、何年も前から四肢麻痺状態にある２人の患者がブレインゲートを使って脳でロボットアームを制御し、物体に向かってアームを伸ばし、これをつかむことができたと報告した。被験者の１人の女性は、ロボットアームを使ってボトルから飲み物を飲むことさえできた。彼女が自分の意志で飲み物を取って飲んだのは、脳卒中に倒れて四肢麻痺状態になって以来、実に15年ぶりのことだった。

ブレインゲートは、患者の一次運動野（運動を制御する脳部位）の表面から数㎜の位置に外科的に埋め込まれた薄いシリコン電極を使って脳の信号を拾っている。２人の患者は何年も前

1. *Hochberg, L. R. et al.* Nature 442, *164-171 (2006).*
2. *Hochberg, L. R. et al.* Nature 485, *372-375 (2012).*

に四肢麻痺状態になっていたが、ロボットアームを制御することをイメージすると、この領域のニューロンが応答した。ロボットアームの較正期間中、研究チームは、患者の意図をロボットハンドの3次元的動作と指を閉じる動作に翻訳する「デコーダー（解読器）」を作った。その後、患者がロボットアームを制御して目の前に置かれた発泡スチロールのボールにアームを伸ばし、これをつかむという課題をどれだけうまくこなせるかを調べた。

ロボットアームの動作の速度と精度は、本物の腕に比べてはるかに劣るが、患者らは2種類のデザインのロボットアームを用いた複数回のセッションにおいて、49～95パーセントの成功率でボールに触れることができた。そのうえ、ボールに触れることができた場合には、約3分の2の成功率で正しくつかむことができた。1人の被験者がボトルをつかんで水を飲む課題に成功し、神経インターフェースシステムが日常生活の役に立つ動作を行なえることを示したことで、脳制御型ロボットの有用性はいちだんと高まったといえる。

▼埋め込み電極への体組織の反応

Hochbergらの研究が重要なのは、ヒトの神経インターフェースとして埋め込み型の電極を使用している数少ない研究の1つであるだけでなく、患者の1人が電極を5年以上も体内に埋め込んでいるからだ。脳の信号を非侵襲的に記録する方法はいくつかあるが（脳波など）、一般に、脳内に電極を埋め込むほうがより多くの情報を伝えられると考えられている。ただ、こうした埋め込み型電極には、手術に伴うリスクがあるほか、時間の経過とともに電極の周囲に瘢痕組織が形成されて信号の質が低下してしまうおそれもある。実際、著者らは信号の質がいくらか低下してきていることを認めているが、埋め込みから5年が経過してもなお使える信号が得られていることは今後に期待をもたせてくれる。とはいえ、多くの脊髄損傷が若年で発生し、こうした患者が数十年にわたって障害を抱えて生きなければならないことを考えると、神経インターフェースシステムの臨床応用を普及させるためには、埋め込み型電極に対する体組織の反応を理解し、制御するためのさらなる努力が必要だろう。

今回の研究からは、橋渡し研究を推し進めるうえで基礎研究がいかに重要であるかがよくわかる。近年においては、ヒト以外の霊長類を使って実験を行なうことが激しい議論を呼んでいるが、Hochbergらによる今回の成果が、サルを使って行なわれた過去の神経インターフェースの実証[3~6]と、腕の運動の制御に関する数十年にわたる基礎研究の両方に基づいていることを強調しておく必要がある（図1）。霊長類の上肢の用途の広さは他に例を見ないものであり、その進化には脳の運動構造とその下行結合の根本的な変化を伴っていて、これらはマウスやラットなどの他の哺乳類にはないものだ。[7] 物体を器用に扱う際に脳と脊髄に分散するニューロン集団がどのように協力し合っているかをより深く理解することができれば、義肢用に改良した神経インターフェースの開発に大いに役立つはずである。

神経系の損傷に起因する麻痺の影響は広範にわたり、さまざまな点でクオリティー・オブ・ライフを損なう。しかし、患者がもっとも重視するのは、腕と手の機能を取り戻すことだ。[8] そう考えると、ロボットアームによる補助は実用的かもしれないが、最終的な目標は患者自身の

---

3. *Wessberg, J. et al.* Nature 408, *361-365 (2000).*
4. *Serruya, M. D., Hatsopoulos, N. G., Paninski, L., Fellows, M. R. & Donoghue, J. P.* Nature 416, *141-142 (2002).*
5. *Taylor, D. M., Tillery, S. I. & Schwartz, A. B.* Science 296, *1829-1832 (2002).*
6. *Velliste, M., Perel, S., Spalding, M. C., Whitford, A. S. & Schwartz, A. B.* Natue 453, *1098-1101 (2008).*

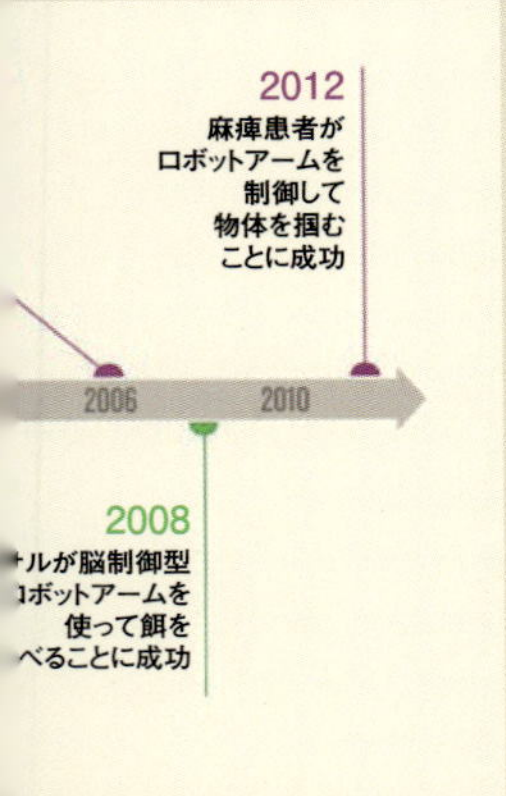

図1　脳制御型ロボットアームの実現までの歩み
Hochbergら[2]は、四肢麻痺患者がブレインゲートという神経インターフェースシステムを使ってロボットアームを制御し、物体に向かってアームを伸ばし、これをつかむことができたと報告した。この研究の基礎には、腕の動作を制御する神経機構に関する数十年にわたる研究[13,14,15]（青）、電極の開発[16]（橙）、サルでの神経インターフェースの研究[3,4,5,6]（緑）があり、そこからヒトでの研究[1,2]（紫）への道が開かれた。

四肢を動かせるようにすることであるべきだ。未来の神経インターフェースシステムが、筋肉[9,10]や脊髄[11]の機能的電気刺激と結びつけば、この目標の実現に役立つだろう。また、感覚経路も損傷している場合には、脳に人工感覚が伝わるようにしないと、完全に自然な動きを取り戻すことはできないだろう。[12]さらに、どの場合にも皮膚を物理的に傷つけない埋め込み型ワイヤレス装置を用いることが望ましい。こうした研究がそれぞれに前進していることは心強い。

神経インターフェースの臨床応用を実現するために乗り越えなければならない最大の障害は、科学や技術ではなく経済的なものであるかもしれない。オリジナルのブレインゲートの臨床試験はサイバーキネティクス・ニューロテクノロジー・システムズ（Cyberkinetics Neurotechnology Systems）

7. *Lemon, R. N.* Annu. Rev. Neurosci. 31, *195-218 (2008).*
8. *Anderson, K. D.* J. Neurotrauma 21, *1371-1383 (2004).*
9. *Moritz, C. T., Perlmutter, S. I. & Fetz, E. E.* Nature 456*, 639-642 (2008).*
10. *Ethier, C., Oby, E. R., Bauman, M. J. & Miller, L. E.* Nature 485, *368-371 (2012).*
11. *Zimmermann, J. B., Seki, K. & Jackson, A.* J. Neural Eng. 8, *054001 (2011).*

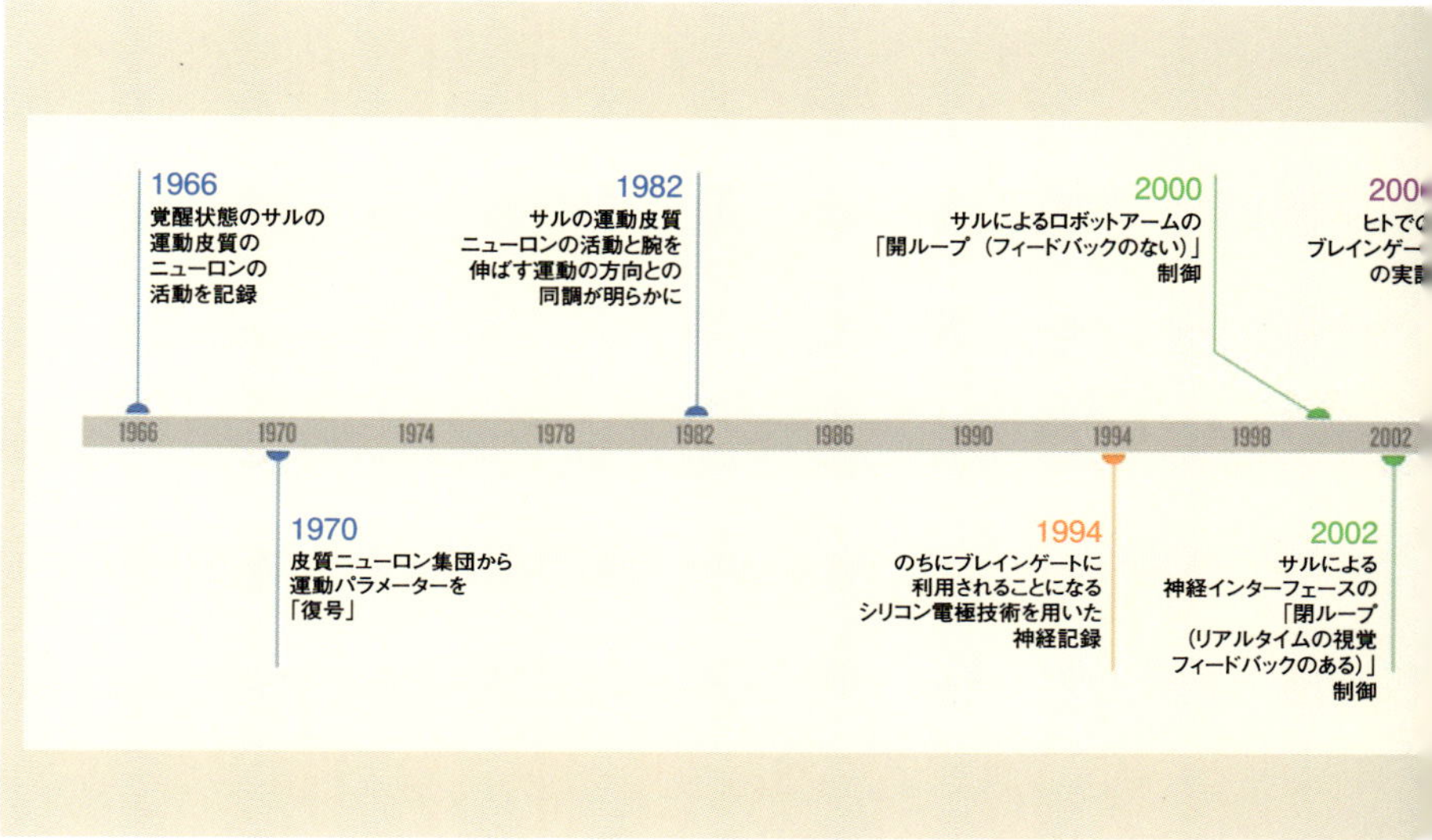

という米国企業によって開始されたが、この会社は2009年に業務を停止した。幸い、マサチューセッツ総合病院（米国ボストン）が新たな臨床試験を進めているが、多様な臨床ニーズをもつ患者が実際に使えるような神経インターフェースシステムの開発が商業的に実現可能な事業になるかどうかは不明である。とはいえ、Hochbergらの研究に参加して15年ぶりに自力でボトルから飲み物を飲むことに成功した被験者の喜びようは（論文[2]の補足動画4参照）、この分野の研究者のやる気を大いに刺激するはずだ。

Andrew Jackson はニューカッスル大学（英）神経科学研究所に所属している。

12. *O'Doherty, J. E. et al.* Nature 479, *228-231 (2011).*
13. *Evarts, E. V.* J. Neurophysiol. 27, *152-171 (1964).*
14. *Humphrey, D. R., Schmidt, E. M. & Thompson W. D.* Science 170, *758-762 (1970).*
15. *Georgopoulos, A. P., Kalaska, J. F., Caminiti, R. & Massey, J. T.* J. Neurosci. 2, *1527-1537 (1982).*
16. *Nordhausen, C. T., Rousche, P. J. & Normann, R. A.* Brain Res. 637, *27-36 (1994).*

その他+文化

Others + Culture

命運分けたマヤ、クメール、インカの気候変動

ARCHAEOLOGY: Maya, Khmer and Inca
Jared Diamond　２００９年9月24日号　Vol. 461 (479-480)

過去の社会も、現在私たちが悩んでいるような環境問題と闘っていた。西暦７００～１６００年の間に、熱帯地方に存在した３つの異なる文明の運命を、３編の論文があきらかにした。

マヤ文明とクメール文明は、気候変化（気候変動）に苦しめられ、南米のインカ文明は気候変化が追い風になったとみられる。第一の研究は、マヤの都市ティカルの建築支持梁１３５本から、都市崩壊の原因を探った。第二の研究は、クメール王国の首都アンコール放棄の原因にかかわるものだ。アンコール一帯は、川の流れを変え、乾季に備えて池を掘るなど工夫されていたが、堆積物でいっぱいになった水路と堤防を破壊する洪水に見舞われ、最後は気候変化にたたきのめされた。マヤ、クメールとも、西暦８８０年以降の干魃《かんばつ》の悪化が衰退の原因となっている。第三の研究は、湖の堆積物を分析した。西暦１１００年以降は中世温暖期に入り、インカでは高地まで農耕地を広げ、灌漑用に氷河の融解水を使うなど、その興隆は気候の回復が要因の１つだった。

▼地球の反対側にあった都市の考古学プロジェクトが共通点を見い出す

異なる社会に関する別々の考古学プロジェクトが、古代世界の出来事に共通点を見い出す場合がある。たとえば、地球の反対側にあった都市——中米南部の低地にあったマヤの諸都市と、現在のカンボジアにあったクメール王国の中心地アンコール——の崩壊の類似点が、2つの新しい研究で指摘されている[1,2]。その類似点の1つに、マヤとクメールの両方を苦しめた気候変化（気候変動）の影響がある。これに対し、第3の論文[3]が示すとおり、もう1つの古代文明である南米のインカでは、気候変化が追い風になったとみられる。

建築物や文字で有名な中米のマヤは、西暦800〜950年の間に南部低地の都市の多くを捨てた[4]。Lentz と Hockaday[1] は今回、マヤの都市「ティカル」にあった6つの大寺院すべてと2つの宮殿から、支持梁に利用された135本の木を発見し、都市の崩壊を理解する一助となった。その年代は、ティカルの人口がピークとなった約100年余にわたる（西暦700〜810年）。周辺の森林は樹種が豊富だが、すべての梁に使われていたのはわずか2種——サポジラとロッグウッド（アカミノキ）だった。この2種はいずれも、木質が丈夫で長持ちであるという長所をもっていた。サポジラは生育が遅いが、はるかに大きく育つという点で優れ、一方のロッグウッドには棘《とげ》があり、生育に伴ってこぶができるとともに、立ち入りにくい茂みで生育するという欠点がある。

1. *Lentz, D. L. & Hockaday, B. J.* Archaeol. Sci. 36*, 1342-1353 (2009).*
2. *Fletcher, R.* Insights (Durham Univ. Inst. Adv. Study) 2 *(4), 1-19 (2009).*
3. *Chepstow-Lusty, A. J. et al.* Clim. Past 5*, 375-388 (2009).*
4. *Webster, D.* The Fall of the Ancient Maya *(Thames & Hudson, 2002).*

両種の利用は時間とともに変化していった。8世紀前半に建てられた建築物の梁はすべてサポジラで、老生林（原生林）にしか見られない大木のものも多かった。8世紀半ばには、ロッグウッドがサポジラに取って代わった。ティカルで寺院が建立されなくなる直前の9世紀前半には、再びサポジラが利用され始めたが、小さめの梁としての利用であり、おそらく二次林の若木のものと考えられる。こうした変遷は、まず最適な最大の木が利用され、その後は好ましい木がなくなったため次善または若齢の木を利用するようになったとすれば理解できる。

今回の研究[1]は、南部低地マヤの衰退で森林破壊が果たした役割を示す別の証拠も詳述している。しかし、重要と思われるのは、大きなサポジラの木が生えている古い森林が、ティカルの人口が急増し始めて200年近くたった西暦700年にティカル近郊に残されていたことだ。このことは、Lentz と Hockaday[1] が指摘するように、マヤが、おそらく神聖な木立や王家の森を指定することによって、なんらかの森林保全を行なっていたことを暗示している。しかし、そうした取り組みは、木材や農地の需要に結局は飲み込まれてしまった。

第2の研究[2]では地球を半周し、現在のカンボジアにあったクメール王国の首都アンコール[5]に目を向ける。そこでは、Roland Fletcher、Michael Barbetti、および Daniel Penny が行なった共同研究が、もう1つの有名な放棄（滅亡）を研究している。[2,6] NASAのレーダー画像で集められたデータ、超軽量飛行機による俯瞰、そして地上での調査は、アンコールに関する我々の理解を変えた。ティカルの寺院は高さ70mまでそびえ、アンコールワットは世界最大の宗教的モニュメントであるため、昔の考古学者はマヤとクメールの儀礼的中心地を容易に認識する

5. *Coe, M. D.* Angkor and the Khmer Civilization *(Thames & Hudson, 2003).*
6. *Evans, D. et al.* Proc. Natl Acad. Sci. USA 104, *14277-14282 (2007).*

ことができた。しかし、一方でその中心地を取り巻く家々は目立った廃墟を残さなかったため、中心地が単独で建てられていたという誤解を生じた。今回の新しい研究は[2]、絶頂期のアンコール（西暦1100〜1300年頃）が、広さ1000㎢に50万人またはそれ以上の人口を抱えるという世界でもっとも広大で低密度の都市だったらしいことをあきらかにした。

▼ティカルとアンコールは気候変化にたたきのめされた

ティカルとアンコールとの類似点としては、衰退の原因が多元的であることも挙げられる。両者とも人口が増加して木材と農業のための森林破壊が行なわれ、侵食とシルト化、干魃《かんばつ》、そして戦闘が生じた。もう1つの類似点は、いずれの衰退もゆっくり進んだことだ。ノース・グリーンランドの西部入植地はひと冬で消滅したが[7]、アンコールやマヤの諸都市は100年以上ながらえた。しかし、アンコールもマヤも、最終的に同じ結果で、人口の多かった都市は衰退して人がいなくなり、ジャングルに覆われた廃墟と化した。

そうした類似点の一方で、アンコールとマヤの王国には大きな違いもあった。最たるものは、アンコールでは地域全体がクメール王国に統一されていたのに対し、マヤが数十カ所の相争う都市国家に割れたままだったことだ。その理由は、クメールには高い農業生産性、輸送用の家畜、そして魚類などの豊富なタンパク源があったため、クメールは広い国土を支配して占領地の常備軍を維持することができたが、マヤにはそれができなかったということだろうか。その政治的な違いと関係して、クメールが行なった水管理は、マヤを含む世界各地の水管理がちっ

7. *Panagiotakopulu, E., Skidmore, P. & Buckland, P.* Naturwissenschaften 94*, 300-306 (2007).*

図１　儀礼的中心地・ティカルのピラミッド（上）、アンコールワットの壮大な遺跡群（中）と“再生”を物語るインカ・タンボマチャイ遺跡（下：同遺跡の下段にはプレインカの石組みがあり、その上にインカの石組みが載っている）

ぽけに見えるほど大規模なものだった。アンコール一帯は、川の流れを変え、乾季に備えて水をため、雨季の余分な水を排出して洪水を避けるための水路や堤防、貯水池、ダムなどの大規模な構築物が入り乱れる人工的な景観に変えられた。クメールは、数百年にわたってその水力学的な景観の維持に努めたが、浸食された土地から流れてきた堆積物でいっぱいになった水路と堤防を破壊する洪水に見舞われて、結局は気候変化にたたきのめされた。

▼気候の回復が要因の1つだったインカのサクセスストーリー

第3の研究[3]では新世界に戻るが、これはサクセスストーリーだ。ワリとティワナクの帝国が崩壊したわずか数百年後に、同じアンデス地方でインカ帝国が成長してアメリカ先住民族最大の帝国になったのはなぜだろうか。Chepstow-Lustyら[3]は、インカの首都クスコに近いマルカコチャ湖から、4200年分の堆積物からなる底泥コアを採取して分析した。コアの最上部1・9mにわたって1cm刻みでサンプリングすることにより、約6年という時間分解能が得られた。研究チームは、局地的気候や人類活動、植物群落の代理指標として、花粉などの植物要素と炭素の濃度、そして^{13}C／^{12}C比とC／N比を測定した。

その結果、西暦880年以降に干魃が悪化し、それが一因となって、ワリとティワナクとともに、相前後してマヤとクメールも崩壊したらしいことがわかった。しかし、西暦1100年を過ぎて北半球の中世温暖期になると、気温は上昇し、インカ人たちは高地にまで農耕を広げて耕作可能地を拡大し、灌漑用に氷河の融解水を大量に利用し、軍隊のために貯蔵する食糧を増やし、窒素固定と木材のためにハンノキを育てることができるようになった。したがって、インカの勝利には、軍隊と行政組織も不可欠だったものの、気候の回復が要因の1つだったのだ。

　このように、気候はどちらか一方に変わりうるのであり、過去にはそうした変化が人類社会をさまざまな形で支えたり害したりした。しかし、人類による環境資源の乱開発は、決してためにならない。Lentz と Hockaday が指摘するように、[1]「ティカルの住民は正のフィードバックループにはまり、縮小する資源基盤に対する需要の増加がついに近隣の環境収容力を超えてしまった。古典期後期マヤから得られた生態学的教訓は、環境的過拡張を伴った急激な人口増加により、われわれ自身の文化的軌跡を映す遠い鏡となるものだ」。アーメン。

Jared Diamond はカリフォルニア大学ロサンゼルス校（米）地理学科に所属している。
e-mail: jdiamond@geog.ucla.edu

日本の縄文土器は、調理に使われていた！

A potted history of Japan

Simon Kaner　２０１３年４月18日号　Vol.496 (302-303)

縄文土器が調理に使われていたことを裏づける最古の証拠が得られた。土器片に脂質が付着していたのだ。今回の発見は、土器の発明という人類史上最大級の技術革新について、新たな視点を提供してくれた。

いままで、土器は農耕民特有のものと考えられてきたため、狩猟採集民による土器の使用は例外的なこととされてきた。今回、研究者らは、約１万５０００〜１万２０００年前の更新世後期のものとされる縄文土器に、脂質が付着していたことをあきらかにした。久保寺南遺跡（新潟県）で発掘された縄文時代草創期の土器は、約１万５０００年前のものとされ、脂質の付着から、魚のスープなどの調理に使われていたらしいことがわかった。大平山元《おおだいやまもと》Ｉ遺跡《いち》（青森県）では炭化物が見つかり、三内丸山《さんないまるやま》遺跡では大量の土器片が見つかっている。どうやら、日本・極東ロシア・中国東北部など東アジア各地では、更新世後期の狩猟採集民が、ほぼ間違いなく土器を作って使用していたらしい。今回の分析結果は、脂質分析法への信頼を回復させるものだ。

▼科学によってあきらかになる古代史

土器の発明は人類史上最大級の技術革新である。火を使えば軟らかい粘土から水の漏れない土器ができることを知ったことで、人類の考え方は、物質とのかかわり方に関して大きく変わったに違いない。[1] 最近まで、考古学者は、土器を農耕民に関係するものと考えるのが一般的だった。狩猟採集民による土器の使用は、どちらかといえば例外的なもので、直観に反するものと考えられてきた。約1万年前に始まった新石器時代は、地中海東部で農耕集落が出現するまで、その生活様式は移動型だった。そんな移動生活に割れやすい土器はそぐわないと考えられてきたのだ。

しかし今回、ヨーク大学（英）の考古学者であるOliver E. Craigらは、約1万5000〜1万2000年前の更新世後期のものとされる縄文土器に脂質が付着していたことをあきらかにし、この分析結果を『Nature』2013年4月18日号に発表した。[2] この発見は、狩猟採集民が土器を調理に使っていたことを示唆しており、同時に、歴史をひもとくうえで科学がいかに重要であるかを物語っている。

研究チームは、古代の土器片の表面に張り付いた炭化沈着物（先史時代の食物の遺物）から、初めて脂質を回収し、それを分析した。その安定同位体分析から得られた結果は、現在の日本列島に住んでいた更新世後期の人々が、淡水魚と海水魚の別を問わず、魚を調理するのに土器を使っていたことを示していた。東アジアの土器はそれよりもさらに古く、おそらくは2万年前までさかのぼると言われており、[3] 脂質などを厳密に科学的に分析することは、土器が初めて

1. *Kobayashi, T.* Jōmon Reflections: Forager Life and Culture in the Prehistoric Japanese Archipelago *(eds Kaner, S. & Nakamura, O.) (Oxbow, 2004).*
2. *Craig, O. E. et al.* Nature 496*, 351-354 (2013).*
3. *Wu, X. et al.* Science 336*, 1696-1700 (2012).*

製作・使用された当時の文化的状況を解明するうえで、きわめて大きな意味をもっている。
更新世後期の土器という例はまったく新しいわけではないが、それが何に使われたのかはほとんどわかっていなかった。1960年代後半、長崎県佐世保市の福井洞窟で小さな黒曜石の刃（細石器）とともに発掘された薄い土器片は、約1万2000年前のものとされた。[4] しかし、更新世後期の土器の存在をめぐる議論に火がついたのは、もっと最近のことだ。それは、大平山元I遺跡（青森県外ヶ浜町）で出土した小さな無文土器の破片の表面に付着していた炭化物に対して、加速器質量分析法を用いた新しい放射性炭素年代測定法が応用されたときだった。[5] ちなみにこの方法は、トリノの聖骸布《せいがいふ》の年代の再評価に使われて有名になった分析法だ。
福井洞窟などの遺跡で、土器が古い時期から使用されていたことが公表されたとき、日本の考古学者の多くはそれを受け入れたがらなかった。当時、日本の先史時代の年代の特定は、土器の様式の違いを識別して決めることが多かった。このような枠組みは戦前にその起源があり、8世紀に編まれた『古事記』と『日本書紀』の内容と衝突しないように、明確な年代の特定を避けていたのである。1930〜40年代の軍国体制の下、記紀に異議を唱えることは許されなかった。戦後になって放射性炭素に基づく年代測定法が一般化したが、しばらくの間、ヨーロッパと同様、日本の権威者たちも、旧来の方式による年代と新しい科学的年代をすり合わせることができなかった。[6,7]
さらに1990年代まで、現代日本人の多くは弥生時代（紀元前300〜紀元300年ごろ）の稲作民族を祖先に持つ、と考えられてきた。水田による稲作の伝来が、それ以前に存在

4. *Aikens, C. M. & Higuchi, T. in* Prehistory of Japan *99-104 (Academic, 1982).*
5. *Odai Yamamoto I Site Excavation Team (eds)* Archaeological Research at the Odai Yamamoto I Site *(Kokugakuin Univ., Tokyo, 1999).*
6. *Barnes, G. L.* Antiquity 64*, 929-940 (1990).*
7. *Renfrew, C.* Before Civilisation *(Penguin, 1973).*

図１　縄目文様の土器
更新世後期のものとされる土器の壺は、東アジア各地の遺跡で発見されている。写真の縄文時代草創期の土器は、約１万5000年前のものとされている。Craig らが土器を調べた結果、脂質が沈着していることがわかり、土器が魚の調理に使われていたらしいことがわかった[2]。

した縄文文化とその人々に大変革をもたらした、とされていたのだ。縄文の名前は縄目文様の土器（図１）にちなんでつけられた。縄文人は原始的な先住民であり、その後の日本文化の発展とは基本的に無関係とされてきたのだった[8]。

しかし、戦後のさまざまな考古学的新発見が、縄文社会のイメージを大きく変えていった。１９９０年代前半には、大平山元からわずか数㎞離れた場所で、縄文時代最大級の集落跡である三内丸山遺跡が発見・発掘された。そこからは建物や墓の遺物も見つかり、集落の空間計画が行なわれていたことが裏づけられ、また大量の土器片が見つかるなど豊かな物質文化が花開いていた証拠も得られた。放射性炭素年代測定法により、この遺跡には、途中の盛衰はあっても２０００年近くにわたって人々が定着していたことがあきらかにな

8. *Morse, E. S.* Traces of an early race in Japan. Popular Sci. Mon. 14, *257-266 (1879).*
9. *Habu, J.* Antiquity 82*, 571-584 (2008).*

った。[9]

この発見がなされたのは、戦後から続いてきた日本の経済成長路線がちょうど終わるころであり、縄文文化は、日本列島における持続可能な地域生活の手本として、大衆の新たな想像力をかき立てたのだった。縄文時代は自然と調和して生きていた日本の原風景として受け入れられるようになった。[10]

しかしその直後、日本の考古学を危機が襲った。2000年、本州東部各地で「前期旧石器」遺跡の年代を次々にさかのぼらせた1980~90年代の発表が、すべて捏造《ねつぞう》であることがわかったからだ。[11]不正が明るみに出たことで考古学者に対する社会の信頼は損なわれた。[12]日本の考古学は、戦前からの日本の古代史を書き直し、日本の新しい歴史の組み立てに取り組んできていたところだった。[12]

発掘物の脂肪酸分析技術の専門家もその不正に巻き込まれ、分析法自体の信頼性にも疑念が投げかけられるようになった。そのような不幸な状況から、日本の考古学者は、科学的な情報に対しても批判的に評価する能力が必要であること、また、それは国際的な目で精査されるべきことを認識した。

▼土器をめぐる人類史の解明には日本の考古学も重要

今回のCraigらの分析結果は、考古学における脂質分析法の信頼を回復させるものであり、さらに、人類史の解明において日本の考古学が重要な資産を持っていることを改めて示すこと

---

10. *Hudson, M. J. in* Hunter-gatherers of the North Pacific Rim *(eds Habu, J., Savelle, J. M., Koyama, S. & Hongo, H.) 263-274 (Senri Ethnol. Studies No. 63) (2003).*
11. Inspection of the Early and Middle Palaeolithic Problem in Japan *(Japan.Archaeol.Assoc., 2003).*
12. *Kaner, S.* Before Farming 2*, 4 (2002).*

にもなった。

日本、極東ロシア、中国東北部など東アジア各地では、更新世後期の狩猟採集民が、ほぼ間違いなく土器を作って使用していた。ということは、旧世界の狩猟採集民による土器の使用は、もはや例外的なものではないということだ。実際、農耕の伝来とは無関係に、ヨーロッパに土器をもたらした経路を示す証拠もあるらしい。[13]

しかしなお、土器が、なぜどのように発明されたのかについて、多くの疑問が残されている。たとえば、発見されている最古の土器は容器ではなく、ドルニー・ヴィエストニツェ遺跡（チェコ共和国）の2万9000年前のものに代表される小立像の断片である。[14]最古の容器はおそらく調理に使われたと思われるが、この新技術の出発点に与えられるべき特別な意味は、決して見過ごしてはならない。

先史時代の狩猟採集民が食器洗いに厳密ではなかったという事実のおかげで、私たちはいま、当時の食物の内容についてまで、ある程度分析することができた。これからは、なぜ土器が必要になったのかを解明するため、分析や評価を、当時の食物がもっていた文化的意味にまで広げていく必要がある。[15]

Simon Kaner はセインズベリー日本藝術研究所（日）考古学・文化遺産センターおよびイーストアングリア大学（英）日本学研究センターに所属している。

13. *Jordan, P. & Zvelebil, M. (eds)* Ceramics Before Farming:The Dispersal of Pottery Among Prehistoric Eurasian Huntergatherers *(Left Coast, 2010).*

14. *Vandiver, P. B., Soffer, O., Klima, B. & Svoboda, J.* Science 246*, 1002-1008 (1989).*

15. *Kaner, S. in* Ceramics Before Farming: The Dispersal of Pottery Among Prehistoric Eurasian Hunter-gatherers *(eds Jordan, P. & Zvelebil, M.) 93-120 (Left Coast, 2010).*

考古学と霊長類学の出会い

Archaeology meets primate technology

Andrew Whiten　２０１３年６月20日号　Vol.498 (303-305)

ヒトによる石器利用技術の歴史を、現生霊長類の行動学が教えてくれている。石のハンマーで木の実を割る野生オマキザルの研究から、その技術的活動に関する時間的・空間的なパターンがあきらかになった。霊長類考古学の初の成果だ。

青銅製の刃物が石の斧《おの》に取って代わったのは、たかだか数千年前。それまで人類の祖先は２５０万年以上にわたって、石器を使ってきた。人類の技術的進化の99・９パーセント以上は、打撃用石器とともにあった。チンパンジーやカニクイザルなどの旧世界ザルも打撃用石器を使うことは知られていた。今回、研究チームは、中南米の新世界ザルであるオマキザルの一種もハンマーを使って木の実を割ることを発見。研究チームはサバンナのように開けたブラジルの林地生息環境で野外調査活動を展開し、体重わずか４kg強のオマキザルが、３・５kgの石を使ってきわめて硬いピアサバの実を割るところなどを撮影した。オマキザルは、最適な重さや大きさのような道具の特性に関して、高度な理解力を備えていたのだ。

▼石のハンマーで木の実を割るオマキザル

我々の祖先は250万年以上にわたって石器を作り、それを利用してきた。[1] 青銅製の刃物が石の斧に取って代わったのはたかだか数千年前のことであり、人類の技術的進化の99・9パーセント以上は、打撃用石器（ハンマーや斧の類）とともにあった。[2] したがって、現生の霊長類が石器を使用するという発見は、この重要な行動を生きた状態で調べる絶好の機会となったのだ。それ以降、30年にわたってこの研究の中心となってきたのは、西アフリカのチンパンジーであった。しかし10年前、新世界ザルであるオマキザルの一種Sapajus libidinosusも、石のハンマーを使って木の実を割る（図1a）ことが明らかになった。[3] この発見から学際的プロジェクトが立ち上がり、今回、Elisabetta Visalberghiらのチームが、[4] その成果を『Journal of Archaeological Science』に発表した。[5] その研究は単なる行動観察の域を超えて、オマキザルによる打撃用石器の使用に関して、さまざまな考古学的内容を含むものとなっている。

この研究は、霊長類考古学という新しい学問領域の、いわば最初の包括的実例といってよい。[6~8] 研究チームは、サバンナのように開けたブラジルの林地生息環境で、野外調査活動を展開した。実際に木の実が割られている台を58カ所特定した。それらは、石のハンマーが置かれていること、石や木の台にくぼみが作られていること、木の実の遺物などが残されていることなどによって、確認された。研究チームは、3年間にわたって毎月、それぞれの台のようすを入念に調べて写真を撮った。木の実を片付け、ハンマーを置き直して写真を撮り、次なる道具の配置変化を追跡したのだ。その結果、台1つ当たりの月次使用率の中央値は35パーセントであり、1

---

1. *McPherron, S. P. et al.* Nature 466, *857-860 (2010).*
2. *Whiten, A., Hinde, R. A., Laland, K. N. & Stringer, C. B.* Phil. Trans. R. Soc. B 366, *938-948 (2011).*
3. *Fragaszy, D., Izar, P., Visalberghi, E., Ottoni, E. B. & de Oliviera, M.* G. Am. J. Primatol. 64, *359-366 (2004).*
4. *Visalberghi, E., Haslam, M., Spagnoletti, N. & Fragaszy, D.* J. Archaeol. Sci. 40, *3222-3232 (2013).*

つの台の使用頻度の最高値は36カ月中30カ月とわかった。ハンマーが持ち運ばれることは比較的少なく、ハンマーが３ｍ以上動かされたのは、１８７２回の訪問のうちのわずか40回だった。ただ、そのうち７回は、それまで台として使われていなかった巨石まで、ハンマーが最長10ｍも動かされていた。さらに、きわめて少ないケースではあるが、新しい石のハンマーが調査対象の台のところに現われている例が４回あった。また、ハンマーがその場所からなくなった例が17回あり、そのうち２回は、１カ月または５カ月後に元の場所に戻されていた。

今回の観察結果を以前のものと総合すると[9]、少ないながらも、大規模な持ち運びも台の間で行なわれているらしいことがわかった。研究チームはいま、長期的な記録計画を立てており、そこから何があきらかになるか楽しみだ。この研究には、木の実の殻の風化記録など、他の要素も含まれており、そのような観察は、オマキザルの道具に関連した大規模な行動パターンを間接的に描き出すとともに、非ヒト霊長類の技術的活動が、空間と時間の両面にわたって景観に与えている物質的影響も、あきらかにしつつある。

チンパンジーに関する研究も並行的に行なわれている。[10] このような研究活動を通して、このチームは「考古学」を推進しているのだと主張している。辞書による考古学の定義では、「人類の過去」や「古代文化」の研究のことを指している。実際、考古学者といえば、深い穴を掘って重要な遺物を発見する人々とみられることが多い。チンパンジーの木の実割りについては、４３００年前までさかのぼった歴史的証拠が発掘されている。[11] したがって、Visalberghi らが調べた遺物は、考古学的資料とは程遠いわけだ。しかし、定義上のあら探しは無意味だろう。

5. *www.ethocebus.net*
6. *McGrew, W. C. & Foley, R. A.* J. Hum. Evol. 57, *335-336(2009).*
7. *Haslam, M. et al.* Nature 460, *339-344 (2009).*
8. *Wynn, T., Hernandez-Aguilar, R. A., Marchant, L. F. & McGrew, W. C.* Evol. Anthropol. 20, *181-197 (2011).*

図１　霊長類の打撃用石器使用
ａ：体重わずか４kg強の雄のオマキザルが、3.5kgの石を使ってきわめて硬いピアサバの実を割っている。ただし、石のハンマーは通常は約１kg。
ｂ：カニクイザルは石を持ち上げて潮間帯の巻き貝を割る。
ｃ：チンパンジーは、石のハンマーと台を使って木の実を割る。
ｄ：インドネシア・イリアンジャヤ州の人々は、日常的に石の道具を使っている。
[a, ELISABETTA VISALBERGHI/b, MICHAEL D. GUMERT/c, PRIMATERESEARCH INST. OF KYOTO UNIV/d, DIETRICH STOUT]

9. *Visalberghi, E. et al.* Primates 50, *95-104 (2009).*
10. *Carvalho, S., Biro, D., McGrew, W. C. & Matsuzawa, T.* Anim. Cogn. 12 *(Suppl.), 103-114 (2009).*
11. *Mercader, J. et al.* Proc. Natl Acad. Sci. USA 104*, 3043-3048 (2007).*

人類に焦点を当てた学問の見方を他の種に応用することで、実際に、さまざまな進化に関する問題への洞察が得られているのだ。文化自体がその1つである。[2]

オマキザルの技術は、観察による学習を通じて、文化的に伝達されているのだろうか。このテーマは、ぜひともあきらかにしたい最重要課題だ。新たな採餌技術を教え込むと、それが社会的学習を通じて広がり、伝統になることが、オマキザルのいくつかの捕獲集団を使った対照実験であきらかになっている。[12] そうした実験を野生動物で再現するのは困難だが、Visalberghiらの知見は、文化の伝達に関してさまざまな状況証拠をもたらしている。研究チームは、台のところに配列された重要な道具の相関的な位置関係が、この文化伝達仮説を支持していると考えている。[13] このような知見は、別の実験でも補完されている。オマキザルは、最適な重さや大きさのような道具の特性に関して、高度な理解力を備えており、それを見事に実証した野外実験[14]があるのだ。

▼霊長類学によって書き換えられる考古学

ヒトとオマキザルは、約3500万年前に共通祖先から分岐した。そのような遠縁のサルの研究が、人類の石器技術に関する進化史に、何らかの影響を与えうるのだろうか。[2,15] 私は影響すると確信している。

カニクイザルも、カキや巻き貝など硬い殻を持つ食物を、磯で石のハンマーを使って割っている[16]（図1b）。さまざまな対象にカニクイザルが異なる道具を使った結果として、被食者の

12. *Dindo, M., Thierry, B. & Whiten, A.* Proc. R. Soc. Lond. B 275, *187-193 (2008).*
13. *Fragaszy, D. et al.* Phil. Trans R. Soc. B *(in the press).*
14. *Visalberghi, E. et al.* Curr. Biol. 19, *213-217 (2009).*
15. *Goren-Inbar, N., Sharon, G., Melamed, Y. & Kislev, M.* Proc. Natl Acad. Sci. USA 99, *2455-2460 (2002).*

ほうもさまざまな殻の装着パターンを獲得している。カニクイザルなどのマカクザルが属する旧世界ザルは、現在のアフリカとアジアに見られる霊長類の種であり、中米から南米の新世界ザルに属するオマキザルとは異なる。しかし、ここで述べた研究を総合すると、中に閉じ込められた食物を取り出すために石のハンマーを使用することは、大型類人猿に限らず広くサルの仲間がもつ潜在的な能力であって、わずかな条件がそろうと表出する能力だと考えられるのだ。

多様な霊長類種によるこうした行動の収斂《しゅうれん》は、打撃用石器技術の出現を裏で支えた生態学その他の要因がいったい何であったのか、ヒントを教えてくれる。たとえば、一般的な仮説とは反するが、打撃用石器の使用は季節的な食物不足を克服する役割を果たした、というおもしろい知見がオマキザルの研究から出てきた。[17]

ヒトともっとも新しい共通祖先をもつのがチンパンジーだが、そこで見られる打撃用石器の使用形式は、さらに重要な意味をもつと考えられる。一般に、オマキザルは石を使って木の実を割るとき、後ろ足で立たなければならない（図１a）。しかし、チンパンジーは普通、座って体を立て、一方の手でハンマーを使いながらもう一方の手で対象物を操作する（図１c）。石を使う現生人類（図１d）の姿を見れば、このような形式が、すでに共通祖先において前適応として現われていたと考えられるのだ。[18]

Andrew Whiten はセントアンドリューズ大学心理学神経科学系大学院社会学習・認知進化センター（英）に所属している。

16. *Gumert, M. D., Kluck, M. & Malaivijitnond, S.* Am. J. Primatol. 71*, 594-608 (2009).*
17. *Spagnoletti, N. et al.* Anim. Behav. 83*, 1285-1294 (2012).*
18. *Whiten, A., Schick, K. & Toth, N.* J. Hum. Evol. 57*, 420-435 (2009).*

行動進化学：評判の悪い者をどう扱うか

How to treat those of ill repute

Bettina Rockenbach & Manfred Milinski　２００９年1月1日号　Vol.457 (39-40)

「コストを伴う懲罰」として知られる原理は、人間社会での協力の維持を助けるのだろうか。この問題に関する待望の理論解析結果が発表された。これは、実験と理論の両方に新しい動きを引き起こすだろう。

人間社会は協力関係、さらには互恵的関係の上に成り立っている。「私があなたを助け、あなたも私を助けてくれる」か、「私があなたを助け、ほかの誰かが私を助けてくれる」関係としてもいい。前者は手助けには手助けという直接的な返礼があり、後者は間接互恵性と呼ばれる。大槻久らの研究チームは、「評判の悪い人」への手助けを拒むことが協力的な社会につながるのか、あるいは「評判の悪い人」に懲罰を与えることが協力的な社会につながるのか、理論的に調べた。研究チームは、特定のごく限られた条件下にある場合を除いて、懲罰は協力的な社会を生み出さない、という結論を導いた。彼らは64通りの社会規範それぞれに関して、協力的な社会を生み出し、なおかつ進化的にも安定であるような行動ルールが存在するかどうかも、検証した。

▼手助けすべきか、懲罰すべきか

人間社会は協力関係、なかでも互恵的関係の上に成り立っている。[1] つまり、「私があなたを助け、あなたも私を助けてくれる」か、「私があなたを助け、ほかの誰かが私を助けてくれる」関係である。前者では、手助けに対しては手助けによって直接返礼が行なわれる。後者は間接互恵性と呼ばれるもので、手助けをした本人について、よい人だという評判が立ち、その人は困ったときに第三者からの手助けが期待できる。

では、「評判の悪い人」にはどう対処したらよいのだろうか。手助けを拒むだけでよいのか、それとも、自分がコストを支払って相手に懲罰を与えるほうがよいのだろうか。ヒトを対象としたこれまでの実験では、コストを伴う懲罰は協力関係を増強することもあるが、[2,3] 総体的な利益が得られない可能性もあるという結果が出ている。[4] また、必ずしもというわけではないが、[5] たいていは、懲罰にかかるコストによって協力関係の強化で得られる利益が相殺されてしまう。大槻久たちは『Nature』２００９年１月１日号で、[6]「評判の悪い人」への手助けを拒むことが協力的な社会につながるのか、あるいは、「評判の悪い人」に懲罰を与えることが協力的な社会につながるのかを、理論的に検証して報告している。そのなかで大槻たちは、特定のごく限られた条件下にある場合を除いて、懲罰は協力的な社会を生み出さないという結論を導いている。

あなたが困っている人に出会ったとき、その人を助ける（協力：cooperate）か、助けない（非協力：defect）か、もしくは、困っている人を助けないだけでなく不利益までもたらす（懲罰：punish）かの３つの選択肢から選ぶことができる。あなたにとっては協力と懲罰はどち

1. *Nowak, M. A. & Sigmund, K.* Nature 437, *1291-1298 (2005).*
2. *Fehr, E. & Gächter, S.* Nature 415, *137-140 (2002).*
3. *Gürerk, Ö., Irlenbusch, B. & Rockenbach, B.* Science 312, *108-111 (2006).*
4. *Dreber, A., Rand, D. G., Fudenberg, D. & Nowak, M. A.* Nature 452, *348-351 (2008).*
5. *Gächter, S., Renner, E. & Sefton, M.* Science 322, *1510 (2008).*

らもコストを伴うが、困っている人にとっては、助けてもらうことは利得が大きく、懲罰を与えられることは失うものが大きい。非協力は、コスト的にはプラスでもマイナスでもない。

そして、あなたがどう振る舞うかは、困っている人の評判の良し悪しや、あなた自身の「行動ルール（action rule）」によって決まる。その一例として、「『評判のよい人』に対しては協力し（cooperate）、『評判の悪い人』には協力しない（defect）」というCDルールがある。あなたが自分の行動ルールを適用することで得られる世間の評判は、あなたの属する社会の「社会規範」によって決まる。たとえば、stern-judgingと呼ばれる社会規範の下では、あなた自身がよい評判を得るのは、「評判のよい人」に協力した場合か、「評判の悪い人」に協力せず放置した場合であって、その他の場合は悪い評判を得ることになる。したがってstern-judging規範の下では、CDルールに則《のっと》れば常によい評判が得られるのである。

もう1つの行動ルールとして、「『評判のよい人』には協力し（cooperate）、『評判の悪い人』には懲罰を与える（punish）」というCPルールがある。stern-judging規範の下でCPルールを用いると、「評判のよい人」に協力するとよい評判が得られ、「評判の悪い人」に懲罰を与えると悪い評判が立つことになる。一方、shunningと呼ばれる社会規範（「評判のよい人」に協力するか「評判の悪い人」に懲罰を与えることで、よい評判が得られる社会規範）の下では、CPルールに則ることで常によい評判が得られる（図1）。

大槻たちのモデル[6]では、すべての人が相手の評判について同じ見解をもっているか、不正確な評判が立つ誤りやすさの程度は同じだと仮定している。そうした社会について、大槻たちは

6. *Ohtsuki, H., Iwasa, Y. & Nowak, M. A.* Nature 457*, 79-82 (2009).*

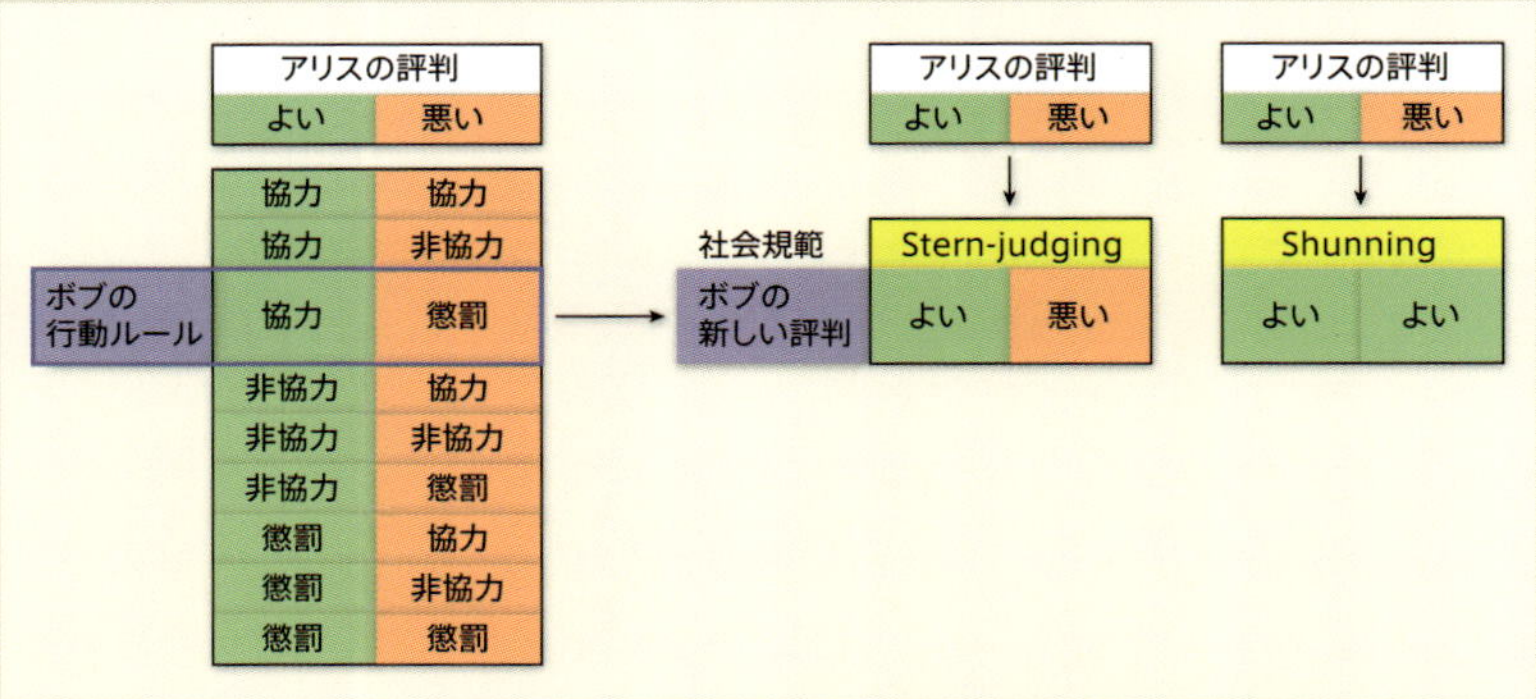

図1　行動ルール、社会規範と、アリスとボブの物語
ボブはアリスと出会って、アリスの評判がよいか悪いかを知る。それに基づいて、ボブはアリスを助ける（協力）か、助けない（非協力）か、助けないうえにアリスに不利益を与える（懲罰）かのいずれかの行動をとる可能性がある。ボブがどんな反応をするかは、彼の行動ルールに規定される。ボブ自身の評判は、属する社会の社会規範が、アリスの評判に対するボブの行動をどう評価するかで決まる。stern-judging と呼ばれる社会規範では、「評判のよい人」に協力した場合によい評判が得られるが、「評判の悪い人」に懲罰を与えた場合には悪い評判が立つ。shunning と呼ばれる規範では、「評判のよい人」に協力した場合はよい評判が得られ、「評判の悪い人」に懲罰を与えた場合もよい評判が得られる。それぞれの社会規範によって、考えられる６つのシナリオ（アリスの２通りの評判それぞれについて、ボブは３通りの行動をとりうる）のそれぞれにどの評判を割り振るかが規定される。ここから $2^6 = 64$ 通りの社会規範が導かれる。

64通りの社会規範それぞれに関して（図1）、協力的な社会を生み出し、なおかつ進化的にも安定であるような行動ルールが存在するかどうかを検証した。進化的に安定というのは、安定でないほかの8通りの行動ルールのどれかに侵入されてしまうことのない社会を指す（図1）。

　大槻たちは、協力を促し侵入を退ける2つの行動ルールを見つけた。それが、前記の stern-judging 規範下でのＣＤルールと、shunning 規範下でのＣＰルールだ。ただし、行動ルールでコストを伴う懲罰が用いられる場合には、平均的な見返りが低くなる一方、進化的安定条件の制限はゆるくなる。しかし、どんなパラメータによってもっとも効率がよい行動ルールが決まるのだろうか。ここでいうもっとも効率がよいとは、平衡状態における見返りの平均値の高さを意味している。非常に重要なパラメータの1つは、全員に割り振られた評判の精度であることがわかっている。この精度が低すぎると、評判のよい人にも悪い人にも協力しない（どちらも defect）というＤＤ行動ルールのみが効率的になる。逆にこの精度が十分に高ければ、ＣＤルールが効率的になる。この精度が中間程度の場合、参考文献6のタイトルが示すように、ＣＰルールが効率的になりうるような狭いパラメータ領域が存在する。つまり「間接互恵性の下でコストを伴う懲罰が効率的なのは限定的な場合のみである」ということである。

　大槻たち[6]はモデル作成に当たってさらに一歩踏み込み、各個人の評判がよいか悪いかについて集団全員が同じ意見をもっているという前提条件をやめて、一人ひとりが他者の評判を各自でもっていることができるようにした。すると、「よい人」と「悪い人」の区別にごくわずかの誤りがある場合、ＣＤルールでもＣＰルールでも安定性が失われることがわかった。個人が互いにコミュニケーションを取り始め、全員の評判についての評価を調整した場合、CP行動ルールは安定して維持されうる。次に、もっと効率のよい「噂」を介して評判がさらに広く認められた場合には、CDルールもCPルールも、それぞれに応じた社会規範の下で安定的に維持される。間接互恵性についての実証研究から[7]、「噂」は実際に、自分の目で直接見ることの代わりになりうることがあきらかになっている。しかし、「噂」がCDとCPの両ルールの再確立に十分なほど効率的かどうかを明確にするには、さらなる実証研究を要するだろう。

▼人はどんな社会に暮らしたいのか

大槻たちが取り組んだ2つ目の疑問は、人がそこで暮らしたいと思う社会とはどんな社会なのかということだった。彼らはこれを調べるため、stern-judging 規範の下でCDルールをもつ社会と、shunning 規範の下でCPルールをもつ社会とをシミュレートした。すると、個人が2つの社会のどちらかを自由に選べる場合、より大きい見返りが期待できるCDルールの社会を選ぶようになった。つまり、規範の異なる社会を自由に選べる場合には、CPルールはCDルールに負けることになるのだ。

この最後の結果は、ヒトを対象とした我々（筆者たち）自身の実験結果[8]と比較できる。この実験では、CDルールのみの社会と、CDとCPの両ルールがある社会のどちらかを選択できるとき、人は最終的に後者を選ぶことがわかった。CPルールのみの社会と比較すると、CDルールとCPルールが共存する社会では懲罰行為がおしなべて減ったものの、もっとも非協力

7. *Sommerfeld, R. D., Krambeck, H.-J., Semmann, D. & Milinski, M.* Proc. Natl Acad. Sci. USA 104, *17435-17440 (2007).*
8. *Rockenbach, B. & Milinski, M.* Nature 444, *718-723 (2006).*

的な者たちに懲罰が集中し、それによって彼らはより協力的になった。ＣＤルールとＣＰルールが共存する我々の実験的社会は、ＣＰルールのみがある社会よりも効率がよかったことから、もっと複雑な行動ルールの存在が考えられる。つまり、「よい評判の者」には協力し、「悪い評判の者」には協力せず、「極めて評判の悪い者」には懲罰を与える、という行動ルールである。そうしたルールの可能性は、理論学者が今後取り組む課題である。

大槻たちは、社会はその社会規範によってどの行動が広く行き渡るかが決まることをあきらかにした。今後のさらなる課題は、現実社会の社会規範を解明して、どんな行動ルールが予想されるかを解析することである。大槻たちは、すべての社会規範が等しく生じうると仮定している。しかし、１つの規範が発達するために必要とする情報が多いほど、その規範は誤りを起こしやすくなり、また情報取得にはより多くのコストがかかるようになる。[9] こうした制約により、制約がなければ優勢になるはずの社会規範が脅かされる可能性がある。たとえばある実証研究[10]では、被験者の多数に、shunning と呼ばれる規範に似ているものの、観察量や記憶力をより必要としない別の社会規範が生じた。

究極的には、自然の制約条件下において社会規範と行動ルールが連動する進化を研究することが、今後の目標である。大槻たちは、この試みに向けて足固めをしてくれたのである。

Bettina Rockenbach はエルフルト大学（独）、Manfred Milinski はマックス・プランク進化生物学研究所（独）に所属している。

9. *Brandt, H. & Sigmund, K.* Proc. Natl Acad. Sci. USA 102, *2666-2670 (2005).*
10. *Milinski, M., Semmann, D., Bakker, T. C. M. & Krambeck, H.-J.* Proc. R. Soc. Lond. B 268, *2495-2501 (2001).*

二日酔いをめぐる俗信の検証

どんな酒でも飲みすぎれば二日酔いになるものだが、一般に、バーボンなどの濃い色をした酒は、ウオツカなどの無色の酒に比べて、ひどい二日酔いになりやすいと信じられている。Damaris Rohsenowらは最近、この俗信を実験によって証明した(D.J.Rohsenow et al. Alcoholism Clin. Exp. Res. doi : 10.1111/j.1530-0277.2009.01116.x:2009)。また、これらのアルコール飲料が引き起こす二日酔いが、集中力の持続とスピードを要する課題の遂行能力を低下させること、そして、課題遂行能力の低下は酒の色ではなく二日酔いの重さと相関していることも明らかにした。

アルコール飲料の色はコンジナーに由来していることが多い。コンジナーとは、発酵の過程で形成されるアルコール（エタノール）以外の化合物のことで、たとえば、バーボンにはウォツカの37倍の量のコンジナーが含まれている。二日酔いの諸症状は主としてエタノールによって引き起こされるが、コンジナーはそれを悪化させると考えられている。

Rohsenowらは、この理論を対照試験により検証した。被験者はまず、血中アルコール濃度が酩酊レベルに達するまでウォツカまたはバーボンを飲んだ。そして翌日、症状に基づく尺度を使って二日酔いの程度を定量化したうえで、スピードや集中力の持続を要する課題の遂行能力がテストされた。アルコールは睡眠の質と持続時間にも影響を及ぼすので、著者らはこれらの影響も監視した。

その結果、バーボンによる二日酔いは、ウォツカによる二日酔いよりも重いことが実際に確認された。また、すべての被験者が、プラセボ（カフェイン抜

ウォツカ……。

きのコーラ）を摂取したときよりもアルコールを摂取したときのほうが、眠りが浅く、とぎれとぎれになっていた。しかし、睡眠や翌日の課題遂行能力に与えた影響の大きさは、バーボンもウォツカも変わらなかった。さらに、アルコールによる睡眠障害の程度は、二日酔いの重さと相関していたが、課題遂行能力の低下の原因とはなっていなかった。

この研究の被験者は健康な若者だったので、高齢者やアルコール依存者では違った反応がみられた可能性がある。それでも、著者らが指摘するように、これらの知見は高度な安全性が求められる職業に従事する人々には大いに参考になるだろう。われわれも、飲酒の翌朝にどうしてああいう感じになるのかを知ることができた。

Uncongenial congeners
Andrew Mitchinson　２００９年12月24／31日号　Vol.462 (992)

5氏への追悼に寄せて

ここに紹介するのは、日本と日本人にかかわる5氏に寄せられた、追悼文の再録である。各氏の研究の経緯を振り返りながら、その業績によって開かれた〝科学の地平〟を確認しておくのも、意味あることと思う。

＊個々の再録は、ここでの解説後の３４３ページより掲載。

■傑出した地震学者・安芸敬一氏

もっとも初期の研究業績に、地震表面波を用いて、震源での断層の方位とずれの方向を測定する研究がある。１９６６年、彼は震動図から「地震モーメント」を推定する方法をあきらかにした。それにより、地震に伴って起こる2つの構造プレート間の運動についての統合的な評価は、地震モーメントの数多い用途のうちの１つである。

次の10年間で、彼は観測点の下の構造の3次元的な不均質性を決定した。この「逆解析法」は、計器を分散して配置することにより、地殻とマントル上部内の不均質性が定量的に計測されている。その後、いくつかのバリアーやアスペリティ（固着域）の存在によって起こる、地震の核形成や自発的な破壊、断層表面での破壊過程の最終的な停止を制御する物理的性質を調べる〝断層モデル〟の定量的な研究を始めている。

1984年、彼は南カリフォルニア大学へ移り、南カリフォルニア地震センターの初代科学部長となり、さらに火山地震学にも夢中になって、引退後はインド洋に浮かぶ火山性「ホットスポット」＝レユニオン島で現地の地震計ネットワークを使い、マグマだまりの位置を推定し、マグマの上昇を監視するなどの研究の半ばで、彼の地で亡くなった。

■細胞内カルシウムの働きをあきらかにした生理学者・江橋節郎氏

筋肉収縮は、なぜ起こるのか。神経インパルスが筋肉細胞内外の電位変化を引き起こし、この変化が細胞の両端に速やかに広がることで、筋肉が収縮する。筋細胞表面で発生した電気的な興奮が、細胞内部に詰め込まれたタンパク質の収縮を引き起こす仕組みは、長い間、生理学における最大の謎だった。この難問を実質的に解いたのが、江橋節郎氏である。

筋細胞の長軸方向に沿って、2種類のフィラメントが並んでいる。「太い」フィラメントを作るタンパク質・ミオシンが、「細い」フィラメントを作るアクチンという別のタンパク質と相互作用して、筋細胞の収縮が起こることは知られていた。この過程での運動エネルギーには、ATP（アデノシン三リン酸）の分解で生成するエネルギーが使われる。しかし、神経が筋収縮を起こすメカニズムは依然として謎だった。

彼は、カルシウムイオンが存在しないと、たとえATPをミオシン－アクチン系に添加しても筋収縮は起こらないが、微量のカルシウムを添加するとATPが顕著な収縮反応を引き起こすことを発見した。その後、カルシウムのもつ調節作用が、特定のタンパク質因子が存在する場合にのみ認められることを見つけた。その因子が、タンパク質のトロポミオシンと、彼が命名した「トロポニン」の混合物であることが判明したのだ……。

■スーパーカミオカンデ共同観測グループを率いた素粒子物理学者・戸塚洋二氏

彼は、30年間にわたるニュートリノ物理学のスリリングな歩みを支え、2001年にスーパーカミオカンデが大規模な破損事故を起こしたときなど、確固たる信念をもって再建を指揮した。始まりは1981年、陽子崩壊を検出するため、小柴昌俊氏とともにカミオカンデ実験の準備に着手したことだった。この実験で陽子崩壊モデルをかなり絞り込むことはできたが、太陽ニュートリノと大気ニュートリノの両方を見ることもできた。1987年、大マゼラン雲で超新星爆発（SN1987A）が起きたときは、その爆発によって生じたニュートリノ・バーストを観測することができた（小柴氏は2002年、宇宙ニュートリノの検出により、ノーベル物理学賞を共同受賞した）。

小柴氏の定年退職後、彼がカミオカンデ計画のリーダーとなり、①大気ニュートリノ欠損、②太陽ニュートリノ欠損に関する2本の重要な論文を発表した。そして、「ニュートリノ振動」を裏づける証拠は、太陽ニュートリノ欠損を説明することにもなった。2003年からは高エネルギー物理学研究所（KEK）の所長に就任し、長基線ニュートリノ振動実験（K2K）を指揮、KEKの加速器で発生させたニュートリノのビームを、250km離れたスーパーカミオカンデで検出するという実験や、物質と反物質の違いを調べるB

ＥＬＬＥ実験も軌道に乗せた。

■分子レベルでの癌研究に創造的刺激と革新をもたらした花房秀三郎氏

１９６０年代から70年代初頭にかけて、彼が行なったＲＮＡ「腫瘍ウイルス」の研究により、これらのレトロウイルスがもつ癌の原因遺伝子とよく似た遺伝子が、動物やヒトの正常な細胞に存在していることがあきらかになった。その後90年代にかけて彼らが行なったレトロウイルスの癌遺伝子に関する研究は、正常時には細胞内シグナル伝達を調節している細胞性の遺伝子が、癌細胞では異常な働き方をする仕組みを解明する手がかりとなった。

彼らの研究チームは１９７７年、形質転換能を欠損したＲＳＶ変異株が宿主細胞から形質転換能を獲得できることを示す、有名な論文を発表した。形質転換能を欠損したウイルスが、宿主細胞から形質転換活性を持つｓｒｃを再獲得したことから、ウイルスによる腫瘍形成をもたらす塩基配列は、細胞の遺伝子が捕獲され、変異したものであることが確認された。この研究により、２人の研究者とともにラスカー賞を共同受賞している。

その後、研究の軸足を、ウイルスの癌遺伝子がコードする、タンパク質の構造と機能に移した。そして１９９０年代初頭、彼は共同研究者とともに、ＳＨ２ドメインがチロシンリン酸化に依存して、タンパク質と結合することを解明した。これは、タンパク質のチロシンのリン酸化に応答して誘導されるタンパク質間相互作用を、分子レベルで説明するものだった。

■2回にわたって『Nature』の編集長を務めたジョン・マドックス氏

彼は多くの研究領域、とりわけ理論物理学と宇宙論の分野で、専門家と同じレベルで技術的な問題を論じ合った、希有な科学ジャーナリストだった。科学と科学政策に多大な影響を及ぼし、『Nature』の編集長として、彼はどのような論文も鵜呑《うの》みにすることなく、著者や査読者（レビュアー）と議論になると、自ら方程式を解いて論争を解決することで知られていた。

１９６６年、前任編集長が死去した『Nature』から編集長への就任を打診され、引き受けたマドックス氏は、わずか1万１０００部に落ちた雑誌を引き受け、当時２３００本もあった掲載待ち論文を、18カ月間増ページして掲載することで、停滞から回復し、活気を取り戻した。「News & Views」では科学の現状が論評され、査読のシステムが導入された。

その後、出版方針の対立からいったん職を退いたが、１９７９年、復帰を打診され、翌80年から再度、編集長に就任した。彼はスタッフを増やし、フランスの『ル・モンド』紙で科学に関する記事を連載するよう手配し、科学技術のもっとも活気のある分野の会議も後援した。アメリカに続いて、フランス、ドイツ、日本にも編集部が設置され、『Nature』は真に国際的な科学雑誌となった。

追悼　安芸敬一氏（1930-2005）

Obituary

Paul G. Richards

2005年6月30日号　Vol.435（1176）

▼地球内部の動的過程を定量的に解明する方法を追究し続ける

皆がKeiと呼び、40年にわたって地球内部の動的な過程をより定量的に解明する方法を工夫し続けた知的指導者の安芸敬一氏が、5月17日にレユニオン島で亡くなった。レユニオン島は、学究生活を引退して以来住んでいたインド洋に浮かぶ火山性「ホットスポット」である。地震学における多くの研究業績とともに、地震災害の確率評価を発展させるうえでの指導力で、彼は私たちの記憶に残ることになるだろう。

安芸は日本で生まれ、「19歳のとき、私は東京大学地球物理学科を受験した。入学試験科目が英語、数学、物理だけと少なかったせいもある」と記している。その後、地震学の研究者となり、1966年にFrank Pressによってマサチューセッツ工科大学の教授陣として招かれ、米国での研究生活が始まった。

安芸の最も初期の研究業績に、地震表面波を用いて震源での断層の方位とずれの方向を推定する研究がある。1966年に、彼は震動図から「地震モーメント」を推定する方法をあきらかにした。地震モーメントは破壊された断層の面積、断層のずれの平均値、剛性率の積に等しく、震源の大きさと周期の長い地震波の強さを表わす最良の方法であると認められるようになった。地震に伴って起こる2つの構造プレート間の運動の統合的な評価は、地震モーメントの数多い用途のなかの1つである。それを地球電磁気学的、地質学的、測地学的方法によって得られるプレート全体の運動と比べると、地震によって突然生じる特定のプレート境界における部分的な動きを知ることができ、長期にわたる地震災害の評価が可能になる。

1960年代に、安芸は放射された地震波の変位は「コーナー周波数」をもつことをあきらかにした。この周波数より低いスペクトル領域は平坦で地震モーメントに比例し、高い領域は周波数の2乗に反比例して減衰する。そして、地震波のコーダ（初めの信号に続く波）は発生源のスペクトルの計測を安定させるのに使えることを示した。

▼全大陸で適用された安芸氏の「逆解析法」

次の10年間で、安芸は観測点ネットワークに地震波が到着した時刻から、観測点の下の地球の構造の三次元的な不均質性を決定した。彼の「逆解析法」は、計測器を分散して配置することで全大陸に適用され、地殻とマントル上部内の不均質性が定量的に計測されている。さらに、いくつかのバリアーやアスペリティの存在によって、あるいは破壊が応力の集中している領域を超えて進行することによって起こる、地震の核形成や自発的な破壊、断層表面での破壊過程の最終的な停止を制御する物理的性質を調べる断層モデルの定量的な研究を始めた。

観察科学として、地震学は極めて広い範囲のスケールを取り扱う。波長の範囲は10^8倍以上に及び、データを解析する時間窓は10^{9}倍以上、地表の変位は10^{11}倍以上、そして地震源の大きさは約10^{25}倍にもなる。その結果、地震学はさまざまな専門分野の集合体として展開される。ある地震学者は信号を解釈して油田の商業価値のある残存埋蔵量の地図を作り、別の地震学者は強い地表の振動を定量化し、伝達距離とともに振動が減衰するようすを測定する。さらに別の地震学者は、内核からマントルを経由して地殻の最浅部の構造に至る地球の内部構造について研究する。彼らは遺跡発掘の対象を識別し、埋設された配管を見つけ、大陸の変形速度を計測し、核実験禁止条約の遵守を監視し、そして地震災害を評価する。安芸とその教え子たちはこのような専門分野の多くで研究を行なった。安芸自身は全分野のなかでもおそらくもっとも重要な地震予測に、楽天的で強い興味を持ち続けた。

1975年3月に、私は「理論地震学の教科書を共同で執筆していただけないだろうか」で始まる手紙を受け取った。そのときすでに安芸敬一は古参の研究者であったから、それは思いもかけないことだった。私はいかにも若手だったし、それまで個人的な面識はなかった。だが、私はその申し出を受けた。そして、最初の打ち合わせのことをけっして忘れることはできないだろう。話し合いのバックグラウンドとして、安芸敬一はあきらかに任意の説明的語句をいくつか大きな1枚の紙の上に書きとめた。この紙はすぐに埋まって、『地震学：定量的アプローチ』として生まれることになる教科書の作業計画と目次となった。この教科書は、今では（6000以上の方程式とともに）ロシア語、中国語、日本語に翻訳されている。彼の目標は、多種類の地震学者にとって実際的な価値のある基本的なアイデアを統一的に概説することだった。1

〔写真提供：共同通信社〕

９８４年に安芸敬一は南カリフォルニア大学に移り、そこで地震現象をより直接的に体験することができた。彼は南カリフォルニア地震センターの初代科学部長となった。そこでは地震地質学者が集まって、定量的地震学の断層モデルを用いて地震災害の確率評価を行なった。さらに、火山地震学にも夢中になり、引退後はレユニオン島で現地の地震計ネットワークを使って研究を続けた。火山性震動の研究を行ない、マグマだまりの場所を推定し、マグマの上昇を監視し、物理的な原因を探し求めた。

安芸敬一は卓越した洞察力で、地表を振動させる現象について他のだれよりも深く調べた。地震の核形成が起こる機構や地震が実際の大きさに達する機構、地震波が地球の至るところに拡散して震源と震源の移動についての情報を伝える機構などについての私たちの理解を進歩させた。震源と地球の構造に関する科学的な情報を引き出す方法を私たちに示した。そして、地表の大きな動きについての情報を地震工学界や地震災害に対する指針を必要とする為政者に伝えるというむずかしい仕事を成し遂げた。

安芸は50人以上のPhDを取得した教え子や多数のポスドクと共著論文を書いている。安芸は彼らの素質を伸ばし、今では教え子の多くがそれぞれの分野での指導者となっている。彼自身は形式にこだわらない親しみやすい物静かな指導者で、研究生活で得た数々の名誉をうれしく思いはしたが必要とはしなかったし、逆境にあってもおだやかで、データ的裏づけのある新しいアイデアを発見することに常に熱心だった。地震モーメントに関する先駆的な研究を行ない、スペクトルのスケーリングとコーダの安定性についての成果を上げ、データを逆解析して三次元的に地球の構造を推測する方法が好結果を得ることを実証し、安芸は現在世界中にいる数千人の地球科学者の研究の指針となっている方法をもたらした。

Paul G. Richards はコロンビア大学（米）に所属している。

追悼　江橋節郎氏（1922-2006）

Obituary

遠藤實

2006年8月31日号　Vol.442 (996)

▼筋肉収縮の謎を解く

動物が動けるのは筋肉収縮のおかげである。神経インパルスが筋細胞膜内外の電位変化を引き起こし、これが細胞の両端に速やかに広がることで筋肉を収縮させる。筋細胞表面で発生した電気的な興奮が、細胞内部に詰め込まれたタンパク質の収縮を引き起こす仕組みは、数十年間にわたって生理学における最大の謎の1つであった。この難問を実質的に解いたのが、2006年7月17日に83歳で亡くなった江橋節郎氏である。

筋細胞の中には、その長軸方向に沿って2種類のフィラメントが並んでいる。「太い」フィラメントを作るタンパク質ミオシンが、「細い」フィラメントを作るアクチンと呼ばれる別のタンパク質と相互作用して、両フィラメントを相互に滑らせることで筋細胞の両端が引き寄せられ、収縮が起こる。この過程には、ATPの分解で生成するエネルギーが使われる。収縮の生化学的な基盤の概要は、1940年代に Albert Szent-Györgyi によって解明され、生理学的および構造学的な基礎については1950年代に Jean Hanson と Hugh Huxley によって、および Andrew Huxley と R. Niedergerke によってあきらかにされた。しかし、神経が筋収縮を引き起こす仕組みは依然として謎であった。

江橋は、カルシウムイオンの非存在下では、たとえATPをミオシン－アクチン系に添加しても収縮反応は起こらないが、微量のカルシウム（数μg）を添加すると、ATPが顕著な収縮反応を引き起こすことを発見した。このカルシウム依存性がそれまで生化学者たちに見落とされていたのは、実験用ガラス器具や試薬中の不純物から微量のカルシウム混入があったからである。江橋は、使用するすべての溶液とタンパク質標品にカルシウムイオンが混入しないよう苦心を重ね、実験結果の信頼性を高めていった。彼の得た実験結果は、同じころにAnnemarie Weberが得た実験結果と一致していた。彼女は、収縮反応に際したATP分解には微量のカルシウムが必要なことを、江橋とは独立に報告していたのだ。

筋収縮にはカルシウムが関与しているのではないか。そんな考えが江橋の脳裏に浮かんだのは、B. B. Marshが1951年に報告した「弛緩因子」について研究している最中のことであった。弛緩因子は、筋細胞をすり潰して得られる細胞破砕液（ホモジェネート）の成分であり、これによってミオシン－アクチン系の弛緩を引き起こすことができた。江橋は、弛緩因子が、筋小胞体と呼ばれる筋肉に特異的な細胞小器官の破片にすぎないことを証明した。そして、この因子の作用機序を調べる過程で、Emil Bozlerが1954年に得ていた、カルシウムを隔離する「キレート」剤EDTAが弛緩を引き起こすという結果に注目した。江橋は、さまざまなキレート剤のカルシウム結合能と弛緩活性を比較し、両者が密接に相関することを見いだした。また、筋小胞体の破片が、ATPの存在下でカルシウムイオンを速やかに蓄積して、十分な量のカルシウムを周囲の媒質から除去することで弛緩を引き起こせることもあきらかにした。

弛緩過程は収縮の逆の現象である。そこで江橋は、「膜表面における興奮がなんらかのシグナルを筋小胞体に送り、これが弛緩期および休止期に筋小胞体に蓄積したカルシウムイオンの放出を促し、この流出したカルシウムイオンが収縮反応を引き起こす」という、興奮と収縮の共役に関して今日受け入れられている説を提案した。江橋はこの過程を詳細に調べることで、精製したミオシンおよびアクチンが、カルシウムイオンがまったく存在しない条件でもATPと反応すること、また、カルシウムのもつ調節作用が、特定のタンパク質因子が存在する場合にのみ認められることを見つけた。

この因子は、それまで機能が不明であったタンパク質のトロポミオシンと、江橋が新たに発見して「トロポニン」と命名したタンパク質との混合物であることが判明した。トロポミオシンとトロポニンは、細いフィラメント中にアクチンとともに存在する。トロポミオシンの非存在下では、これら2つのタンパク質は共同でアクチンを阻害し、太いフィラメントを作るミオシンとの相互作用を妨げる。カルシウムがトロポニンと強く結合することを見いだした江橋は、この結合により生じるトロポニンの立体構造の変化が、トロポミオシンを介してアクチンへと伝えられ、アクチンの阻害状態を解除し、結果的に収縮反応が起こるのだと提案した。この仮説は後に立証されることとなる。

1960年代初頭の当時、カルシウムのような単純な無機イオンが筋収縮を制御するという江橋の仮説は、ほとんどの生化学者にとって受け入れがたいものだった。当時の一般的な見方では、筋収縮のような重要な生物学的現象は、精巧な構造の有機分子が調節しているはずだとされていたからだ。このため江橋は、明らかな証拠を得ているにもかかわらず、自説を認めてもらうのに苦労した。彼がトロポニンを発見し、筋収縮機構を解明してようやく、カルシウムイオンの調節的役割は広く受け入れられるようになった。

〔写真提供：時事通信社〕

▼さらにあきらかになったカルシウムの調節的役割

カルシウムの調節的役割は、筋肉の収縮にとどまらない。江橋の発見以降、神経伝達物質やホルモンの放出、代謝切り替え、遺伝子発現など、数多くの細胞過程がカルシウムによる制御を受けていることがあきらかになった。したがって江橋は、カルシウムシグナル伝達という研究領域を切り開き、生命科学全体に大きな影響を与えたと言える。

江橋節郎は、幼少のころから利発であった。小学校と中学校の両方で飛び級を許され、当時国内随一の名門校であった第一高等学校に進んだ。東京大学医学部の教授には36歳の若さで就任した。しかし、江橋の科学上の業績は、彼の明晰な頭脳のみに帰せられるわけではない。研究室での彼の働きぶりは猛烈をきわめ、ほぼ連日、夜中の12時過ぎまで研究を続けた。彼の妻の文子をはじめとして、共同研究者は多かったものの、主要な結果のすべては江橋自身が生み出したものであった。世界の生理学および薬理学の分野でもっとも尊敬される科学者の1人として、江橋は、日本の文化勲章をはじめとする数多くの栄誉を受けた。また、日本学士院やロンドン王立協会のほか、米国、ドイツ、ベルギーなど数カ国の科学アカデミーの会員でもあった。江橋はまた、国際純粋・応用生物物理学連合の代表（1978～1981年）や国際薬理学連合の代表（1990～1994年）として世界の科学界に貢献し、1981年に東京で開催された国際薬理学会議では議長を務めた。

江橋は魅力的な人物であった。カリスマ性があり、同僚たちに対して思いやりがあり、助力を惜しまず、信に厚く、また母国を愛する心が強かった。2000年に脳梗塞に襲われてからは身体の自由が制限されたにもかかわらず、明晰な頭脳はそのままであった。そして体調はかなり安定していたため、突然の訃報は予期せぬものであった。故人の友人ならびに教え子たちは、心より哀悼の意を表するものである。

遠藤實は東京大学名誉教授。

追悼　戸塚洋二氏（1942－2008）

Obituary

Henry W. Sobel、鈴木洋一郎

2008年8月21日号　Vol.454 (954)

▼ニュートリノ物理学と歩んだ30年

素粒子物理学の第一人者である戸塚洋二氏が、癌との長い闘いを終えて、7月10日に永眠した。彼は、この30年間のニュートリノ物理学のスリリングな歩みを支え、2001年にニュートリノ観測装置スーパーカミオカンデが大規模破損事故を起こしたときには、確固たる信念をもって、その再建を指揮した。

戸塚は1942年3月6日に静岡県富士市に生まれ、東京大学で学士号、修士号、博士号を取得した。学位論文のテーマは超高エネルギー素粒子相互作用であり、素粒子物理学に対する彼の生涯にわたる情熱はここから始まっていた。戸塚はその後、東京大学の助手としてドイツに渡り、ドイツ電子シンクロトロン研究所で電子・陽電子衝突の研究に従事し、1979年に東京大学助教授となった。

戸塚のキャリアは、小柴昌俊とともにカミオカンデ実験の準備に着手した1981年に転機を迎えた（小柴は後に2002年、宇宙ニュートリノの検出によりRay mond Davis Jrとノーベル物理学賞を共同受賞することになる）。カミオカンデ計画の当初の目的は、陽子崩壊を

検出することにあった。これは、タンクに大量の超純水を入れておき、その中の陽子が崩壊するのを待つという実験である。陽子が崩壊すれば、その生成物は水と相互作用して特徴的なチェレンコフ放射を生じるはずである。彼らは、タンクの内側の壁面に数百本の光電子増倍管を並べて、この光を捕らえようとした。この実験に必要な3000tという膨大な量の水を蓄えたタンクは、宇宙線による背景雑音を遮るために地中深くに設置された。

この実験では、陽子崩壊モデルをかなり絞り込むことができただけでなく、太陽からくる低エネルギーのニュートリノ（太陽ニュートリノ）と地球に降り注ぐ宇宙線が大気中の原子核と衝突することで作られるニュートリノ（大気ニュートリノ）の両方をみられた。太陽ニュートリノは、1960年代後半に Ray mond Davis Jr が建造した、塩素を利用した観測装置によりすでに検出されていたが、理論から予想されていたニュートリノ流束の3分の1しか観測することができなかった。理論値と観測値とのこの矛盾は「太陽ニュートリノ欠損」として知られるようになり、ニュートリノの理解に問題があることを示唆する初期の徴候となった。

1987年に大マゼラン雲で超新星爆発が起きたとき、カミオカンデ共同研究グループはまたとない幸運に恵まれた。米国のIMB（カリフォルニア大学アーバイン校・ミシガン大学・ブルックヘブン研究所）コンソーシアムとともに、超新星爆発によって生成したニュートリノ・バーストを観測することができたのである。ニュートリノ天文学は、このとき産声をあげたといわれている。その後、この観測データに基づいて超新星爆発やニュートリノの性質を論じる論文が800本以上も執筆された。

超新星爆発から間もなく、小柴は定年退官し、戸塚がカミオカンデ計画のリーダーとなった。その後、このグループは2本の重要な論文を発表した。第1の論文は、大気ニュートリノ欠損についての報告だった。このデータは、実験の系統誤差や背景ニュートリノ流束の不確定性では説明することができず、論文の言葉を借りるなら、「いまだ説明のつかない物理過程」が関与している可能性があった。第2の論文は、Davis が記録した太陽ニュートリノ欠損を高い精度で確認するものだった。

1991年に、戸塚はカミオカンデの後継観測装置を建設するための資金を得た。これが、5万tの水を蓄えた地下の検出器スーパーカミオカンデである。スーパーカミオカンデは、ニュートリノ振動という現象の存在とニュートリノが質量をもつことについての最初の決定的な証拠をもたらした。ニュートリノには、電子ニュートリノ、μ《ミュー》ニュートリノ、τ《タウ》ニュートリノという3つの種類があり、互いの間で変化しうる。これがニュートリノ振動である。大気ニュートリノは、主としてμニュートリノと電子ニュートリノからなる。どちらの素粒子も、地球に吸収されることなく裏側まで突き抜けることができるため、大気ニュートリノは、空から降り注いでくるのと同じ数だけ地球の裏側から上向きに飛んでくると予測されていた。しかし、スーパーカミオカンデによる観測では、電子ニュートリノは両方向で同じ数だけ検出できたが、上向きに飛んでくるμニュートリノは下向きに飛んでくるμニュートリノよりも少なかった。

今日では、上向きに飛んでくるμニュートリノは、地球を通り抜けてくる分だけ空から直接降り注いでくるものよりも飛行距離が長いため、その間にτニュートリノへと変化して、検出

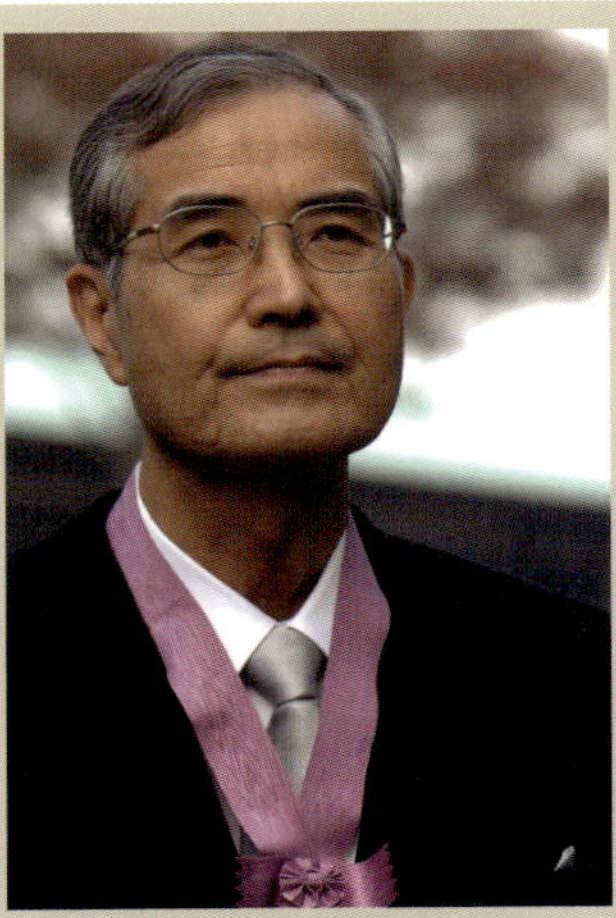
〔写真提供：時事通信社〕

器をすり抜けてしまうことがわかっている。ニュートリノ振動を裏づける証拠は、太陽ニュートリノ欠損の説明も提案した。すなわち、太陽からの「行方不明」の電子ニュートリノは、初期の観測装置では検出できなかったτニュートリノとμニュートリノに変化していただけなのかもしれない。これは後に、スーパーカミオカンデとカナダのサドベリー・ニュートリノ天文台での研究により確認された。

2003年に、戸塚は茨城県つくば市の高エネルギー物理学研究所（KEK）の所長に就任し、それから3年間、長基線ニュートリノ振動実験（K2K）を指揮した。これは、KEKの加速器で発生させたニュートリノのビームを、250km離れたスーパーカミオカンデで検出するという実験である。この実験により、大気ニュートリノ振動についての以前の知見が裏づけられた。戸塚はこの間に、KEKのBファクトリーという加速器を使ってB中間子を発生させて物質と反物質の違いを調べるBELLE《ベル》実験も軌道に乗せた。

▼不幸な大事故も果敢に乗り越える

2001年にスーパーカミオカンデで大事故が発生したとき、戸塚は稀有なリーダーシップを発揮した。観測装置に備えつけられていた数千本の光電子増倍管が爆発するという大損害を被った翌日、彼は、1年以内の再建を誓う声明を発表した。そして、わずか2カ月のうちに再建のためのロードマップを完成させ、事故から13カ月後には、実際にスーパーカミオカンデを再稼動させられる状態までこぎつけたのである。

病に倒れた晩年の1年あまりの間、戸塚はブログを執筆し、科学と科学政策に関する見解を語り続けた。彼はまた、そのフォーラムを使って、自分の闘病生活を記録した。彼は、自分の癌の広がりを時間の関数としてプロットし、化学療法の効果を評価した。ときには意外な趣味もあきらかにして、自宅の庭に咲いた花や、スーパーカミオカンデが位置する村についても語った。

戸塚は、その業績により国際的な名声を博し、日本でもっとも権威のある文化勲章をはじめとする数々の学術賞を受賞した。ニュートリノ物理学が大きな成果を上げ続けていることは、彼の業績のすばらしさを証拠立てている。大気ニュートリノ異常や太陽ニュートリノ問題についての今日の詳細な理解の基礎には、スーパーカミオカンデ共同観測グループの努力がある。戸塚洋二は、この努力の中心にいた。彼のビジョンとリーダーシップが失われたことは、あまりにも大きな損失である。

Henry W. Sobel はカリフォルニア大学アーバイン校（米）理学部、鈴木洋一郎は東京大学宇宙線研究所附属神岡宇宙素粒子研究施設に所属している。

追悼　花房秀三郎氏（１９２９-２００９）

Hidesaburo Hanafusa (1929-2009)

David A. Foster & James E. Darnell Jr
２００９年４月９日号　Vol.458 (718)

▼癌研究に数々の貢献

癌の分子基盤は、20世紀末までの40年間に行なわれた研究であきらかになった部分が大きく、癌の診断と治療はそれによって大きく変容した。この時代の貢献者として数々の業績を残し、多大な影響を及ぼした花房秀三郎氏が、３月15日、79歳で逝去した。１９６０年代から70年代初頭にかけて花房の行なったＲＮＡ「腫瘍ウイルス」の研究によって、これらのレトロウイルスがもつ癌の原因遺伝子（現在では「癌遺伝子（oncogene）」と呼ばれる）とよく似た遺伝子が、動物やヒトの正常な細胞に存在していることがあきらかになった。その後、80年代から90年代にかけて花房らが行なったレトロウイルスの癌遺伝子に関する研究は、正常時には細胞内シグナル伝達を調節している細胞性の遺伝子が、癌細胞では異常な働き方をする仕組みを解明する手がかりとなった。

日本で生まれ育った花房は、大阪大学を卒業後、同大学微生物病研究所を経て、１９６１年に渡米し、カリフォルニア大学バークレー校のHarry Rubinの研究室で研鑽を積んだ。当時、ウイルスによる正常細胞から癌細胞への形質転換を「フォーカス測定法」（フォーカスとは癌化した高密度の細胞コロニーのこと）を用いて定量的に調べる方法が、同大学のHoward Teminによって開発されたばかりだった。Rubin研究室に在籍中に花房が発表した諸論文は、癌の原因を説明する「癌遺伝子仮説」の基礎を築いた。

　Peyton Rousがニワトリの肉腫からラウス肉腫ウイルス（ＲＳＶ）を初めて発見したのは、１９１１年のことである。Rubinと、同研究室のポスドク研究員だったPeter Vogtは、ＲＳＶの試料に別のウイルスが混在していることを見つけ、これをラウス関連ウイルス（ＲＡＶ）と命名した。Rubinは花房に純粋なＲＳＶの単離を試みるよう指示し、その作業のなかで花房は、ＲＳＶが「不完全」なウイルスであることを発見した。つまり、正常細胞を癌細胞に形質転換させる能力はもっていたが、自己複製に必要な遺伝要素が欠けていたのである。花房とRubinは、ＲＳＶに感染していながら感染性のウイルスを生じない形質転換細胞を単離した。ＲＡＶは、ＲＳＶの複製に必要なウイルス性遺伝子を供給する「ヘルパー」ウイルスだった。その見返りとして、癌化を起こすＲＳＶは宿主細胞の増殖を促進し、ウイルス複製に必要な成分を生産させてＲＡＶを助けていた。これによって、この2種のウイルスが一緒に増殖する理由が説明できた。形質転換能のないＲＡＶはＲＳＶなしでも複製できること、また、ＲＳＶはＲＡＶなしでも細胞を形質転換させられることから、ＲＳＶには、ウイルス複製に不要だが細胞の形質転換や腫瘍増殖を起こす遺伝子が1個または複数あると考えられた。形質転換を起こす癌遺伝子の存在を明確に示した研究は、これが最初だった。

　１９６６年、花房は米国ニューヨーク市の公衆衛生研究所に移り、自身も著名なウイルス学者であった妻の照子とともに研究室を立ち上げ、１９７３年にはアップタウンにあるロックフェラー大学に移った。このころまでには、ＲＳＶの形質転換能を担う領域が特定されており、その領域にある遺伝子は、「sarcoma（肉腫）」にちなんで「ｓｒｃ」と名づけられていた。花房および Vogt の長きにわたる研究を礎として、花房の研究チームは１９７７年に、形質転換能を欠損したＲＳＶ変異株が宿主細胞から形質転換能を獲得できることを示す有名な論文を発表した。回収されたウイルスではＳＲＣ遺伝子が完全に回復していた。この成果が出される前年の１９７６年、Michael Bishop と Harold Varmus それぞれの研究チームが、ウイルスのｓｒｃ遺伝子の塩基配列が非感染細胞の塩基配列に似ていることを示す重要な論文を発表していた。形質転換能を欠損したウイルスが宿主細胞から形質転換活性をもつｓｒｃ（後に変異していることがあきらかにされた）を再獲得したことから、ウイルスによる腫瘍形成をもたらす塩基配列は、細胞の遺伝子が捕捉され変異したものであることが確認された。この研究により、花房は、Bishop および Varmus とともに１９８２年のラスカー賞を共同受賞した。

その後、ほかのさまざまな研究室で行なわれた研究により、有名なｒａｓ癌遺伝子など、形質転換能をもつレトロウイルスによって捕捉され変異した細胞性遺伝子がほかにも同定された。こうした研究はすべて、形質転換性レトロウイルスがもつ癌の原因遺伝子が、正常な細胞性遺伝子の変異したもの（通常は過剰に活性化したもの）だという仮説を裏づけていた。１９８２年、ヒトの癌細胞から単離されたＤＮＡが、それだけでマウスの培養線維芽細胞を形質転換させられることが発見された。ヒトのＤＮＡ中に存在していたこの遺伝子は、もともとレトロウイルスのがん遺伝子「ｒａｓ」とされていた変異型の遺伝子だった。

１９８０年代に入って、花房の研究は、ウイルスの癌遺伝子がコードするタンパク質の構造と機能に軸足を移した。このころまでに、ｓｒｃ遺伝子の産物がタンパク質キナーゼ（リン酸化によってほかのタンパク質を調節する酵素）であり、それがアミノ酸のチロシンに特異的に作用することがあきらかになっていた。１９８２年、花房の研究グループは、藤浪肉腫ウイルスとその癌遺伝子ｆｐｓの塩基配列を発表した。ｆｐｓも、ｓｒｃと同様にチロシンキナーゼをコードしている。ｆｐｓの塩基配列解読により、ｆｐｓとｓｒｃの類似性があきらかになった。この点に目をつけたTony Pawsonは、ｆｐｓの塩基配列の中にあるｓｒｃの一部と相同的な領域を特定した。それが、現在では有名なｓｒｃ相同性ドメイン「ＳＨ２」である。この発見の重要性があきらかになったのは、ＣＴ10形質転換性レトロウイルスがもつｃｒｋ癌遺伝子が、ＳＨ２と、もう１つのｓｒｃ相同性ドメインである「ＳＨ３」の２つのドメインのみから成る小さなタンパク質をコードしていることを、花房らが発見したときだった。

さらに１９９０年代初頭、花房らは、Pawson および Bruce Mayer（花房研究室を経て David Baltimore 研究室に所属）とともに、ＳＨ２ドメインがチロシンリン酸化に依存してタ

〔写真提供：時事通信社〕

ンパク質と結合することを示した。この知見は、タンパク質のチロシンのリン酸化に応答して誘導されるタンパク質間相互作用を、分子レベルで説明するものだった。この研究とそれに至るすべての業績に対し、花房は１９９３年のゼネラルモーターズ・スローン賞を受賞した。

▼生涯にわたって業界全体に革新と影響を与え続けた

生涯の協力者であった妻の照子を若くして１９９６年に亡くした花房は、１９９８年にロックフェラー大学を去って大阪バイオサイエンス研究所の所長となり、腫瘍形成の研究に貢献し続けながら、日本の若い研究者たちに創造的刺激を与えた。同研究所を退職したのは２００７年のことだった。

花房は、癌研究がかつてないほど進んだ時代に後世まで残る貢献をしただけでなく、大学院生やポスドク研究員を数多く育て上げ、その多くがそれぞれすぐれた研究業績を積み重ねている。花房秀三郎の研究者としての経歴は長く、数々の輝かしい業績を残した。しかし、彼の残した最大の遺産はおそらく、その聡明さや人間的温かさ、控え目な支援を慕って集まり、彼に創造的刺激を受けて巣立って行った研究者たちだろう。

David A. Foster はニューヨーク市立大学ハンター校（米）、James E. Darnell Jr はロックフェラー大学（米）に所属している。

追悼 ジョン・マドックス（1925-2009）

John Maddox (1925-2009)

Walter Gratzer

２００９年４月23日号　Vol.458 (983-986)

▼『Nature』誌を育てた稀代のジャーナリスト

ジョン・ロイデン・マドックス（John Royden Maddox）は、科学と科学政策に多大な影響を及ぼした。近年のジャーナリストや編集者を見わたしても、彼ほどの影響力をもつ者は皆無である。科学者として大学で研究に従事した経歴をもち、生涯にわたって科学への情熱を燃やし続けたマドックスは、理解の深さと権威の点で稀有の科学ジャーナリストだった。多くの研究領域、特に理論物理学と宇宙論の分野で、彼は専門家と同じレベルで技術的な問題を論じ合うことができた。『Nature』の編集長として、彼はどのような論文も鵜呑みにすることはなく、著者や査読者と議論になると、自ら方程式を解いて論争を解決することで知られていた。

マドックスの知性は飽くことを知らなかった。あらゆる知識を吸収する能力をもち、驚くべき記憶力に恵まれていた彼は、ほとんどどんな話題についても洞察に満ちた発言をし、文章を書くことができた。それは、いともたやすいことのようにみえた。『Nature』の編集長として2回の長い任期を務める間、彼はよく秘書のメアリー・シーハンに論説を口述筆記させていたが、後で手を加える必要があることはめったになかった。

マドックスは、1925年にウェールズ南部のスウォンジー近郊に生まれた。地元の学校に進んだ彼は、16歳で化学を学ぶためにオックスフォード大学のクライストチャーチ学寮の奨学金を得た。彼はラグビーに熱中したりしてにぎやかな大学生活を送りながら、しだいに理論物理化学への興味を深めていき、分子軌道論の第一人者であるチャールズ・クールソンとともにロンドン大学のキングズカレッジでの研究プロジェクトに乗り出した。

マドックスはけっして博士論文を書こうとしなかった。彼は1949年にクールソンのもとから理論物理学の助講師としてマンチェスター大学に赴いた。当時、マンチェスター大学では最高水準の自然科学研究が行なわれており、アラン・チューリングやF・C・ウィリアムズが最初の高度なコンピュータの開発に取り組んでいた。マドックスはしばらくの間、チューリングとともにプログラマーとして仕事をした。

数年にわたり理論物理学の研究と教育に従事したマドックスは、稀有な才能をもつ理論家とみなされていたが、講師の給料で家族を養うことの厳しさを感じていた。そのため、1955年に『マンチェスター・ガーディアン』紙（今日の『ガーディアン』紙）から大学の2倍の給料で科学記者として働かないかと打診されたとき、彼はそれを拒絶することができなかった。自分の研究成果を発表することを常に躊躇していた彼が、毎日コラムを発表するという挑戦を受けて立ったのである。彼は、ひとたびテーマを指定されると短時間で非常におもしろい2000語のコラムを書き上げることができたので、当初より新聞社から重宝がられた。

1962～63年にかけて、マドックスは『ガーディアン』紙の仕事を1年休んで米国に渡り、ニューヨークのロックフェラー医学研究所（今日のロックフェラー大学）で教鞭をとった。彼は少しだけ講義をし、科学について多くのことを語り、本人の言葉を借りるなら「くだらない論文を書いた多くの人々を説得して、その発表を阻止」した。研究所の所長であったDetlev Bronkは、マドックスを改めて終身教授として迎えたいと申し入れたが、彼はすでに新しい挑戦に打って出ようと決意していた。それは、英国に戻ってNuffield財団に参画し、野心的な科学教育計画を率いることだった。

そんななか、『Nature』からマドックスに声がかかった。1965年にそれまで編集長だったジャック・ブリンブルが死去したため、当時『Nature』を所有していたマクミラン社の創業者一族であり、社長であったモーリス・マクミランが、マドックスに編集長への就任を打診したのである。そのころの『Nature』は嘆かわしい状態にあった。発行部数はわずか1万1000部で（そのうちの3000部は海外で販売されていた）、記事の内容は貧弱で精彩を欠いており、スタッフのなかに科学者は1人しかいなかった。さすがのマドックスも、瀕死の学術誌の編集長になることには躊躇した。彼はマクミランに、掲載待ちの論文はどのくらい残っているのかと尋ねた。マクミランが『Nature』編集部に人をやって論文を数えさせると、その数は2300本もあった。自ら編集部を訪れたマドックスは、掲載待ちの論文が投稿された月ごとに床の上に積み上げられて、ガウス分布のヒストグラムを作っているのを見た。彼は、この仕事を引き受ける条件の1つとして、掲載待ちの論文をなくすために18カ月間ページ数を増やすことを承諾させた。彼は毎日、論文がぎっしり詰まったスーツケースを持ち帰り、帰宅

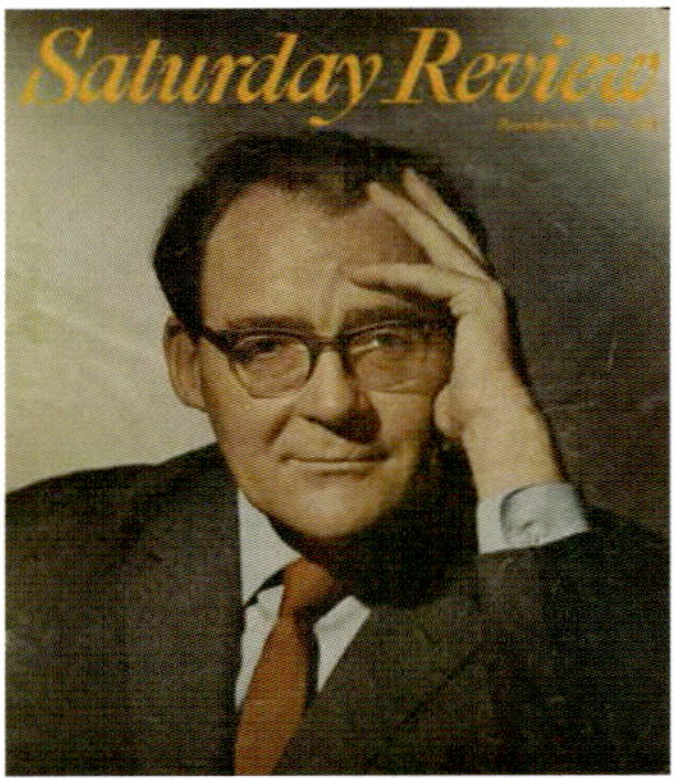

米国の評論誌『Saturday Review』は1966年にマドックスが『Nature』の編集長（1期目）に就任したことをカバーストーリーとして報じた。[国会図書館蔵]

後や週末の時間を使って1本残らず綿密に吟味した。

わずか数カ月で、『Nature』は停滞から回復した。マドックスのペンからは科学政策に関する痛烈な論説が繰り出され、活気を取り戻した。「News & Views」では科学の現状が論評され、査読のシステムが導入された。マドックスは有能なスタッフを補充し、自分のもつエネルギーと情熱を吹き込んでいった。彼は『タイムズ』紙の科学ニュースコラムも執筆し、1970年には米国ワシントンD・Cに『Nature』初の海外オフィスを設立した。

1973年に出版方針をめぐって経営陣と対立したマドックスは『Nature』編集長を辞任し、ディビッド・デイビスがその後任となった。マドックスはそのころ、『Nature』の姉妹誌として『Nature New Biology』と『Nature Physical Sciences』の出版を開始しており、事実上、毎週3冊の雑誌を発行していた。この先見の明ある試みが自分の退陣により放棄されてしまったことを、彼はひどく残念がった。マドックスはフリーのライター兼編集者として2年間活動した後、Nuffield財団の理事に選任された。けれどもやがて、事業を展開する機会の少なさに苛立ち始め、1979年にマクミラン社から『Nature』の編集長への復帰を打診されると、それを受け入れた。

マドックスが不在の間も、『Nature』はまずまずの業績を上げていたが、その発行部数はわずかに減少していた。マドックスは理想の『Nature』像を実現するために、新たな情熱をもって活動を再開した。彼はスタッフを増やし、フランスの『ル・モンド』紙で科学に関する記事を連載するよう手配した。『Nature』は科学・技術の最も活気のある分野の会議も後援し、ケンブリッジ（英国）、ボストン、パリ、東京などで開催された会議には多くの聴衆が詰めかけた。

米国に続いて、フランス、ドイツ、日本にも編集部が設置され、『Nature』は真に国際的な雑誌になった。発行部数は5万7000部まで伸び、その評価も鰻《うなぎ》登りだった。「すべての科学者（およびその他の多くの人々）にとって、『Nature』を欠かすことのできない雑誌にし、毎週の配達を待ち焦がれさせるようにしたい」というマドックスの夢はほとんど実現していた。

マドックスは停滞を毛嫌いした。彼は無数のアイデアをもっていて、その多くは文句なしにすばらしいものだったが、なかにはスタッフをうろたえさせるようなものもあった（彼はしばしば、スタッフに気を緩めさせないためだけにこうしたアイデアを強行した）。科学的およびジャーナリスティックな成功を常に追い求める彼のやり方は、しばしば自らを苦境に追い込んだ。ときに彼は周囲の猛反対を押し切って、論争の種になりそうな論文を掲載させた。そんなときには、編集部の悲鳴に近い反対も、査読者の強い意見も彼を止めることはできなかった。一度か二度、そのような論文が査読者の反対意見とともに掲載されたことがある。

こうした逸話のなかでもっとも悪名高いのは、1988年にパリのジャック・バンヴェニストの研究室から投稿された論文をめぐる論争である。論文は、分析混合物中に分子が1つも含まれていないほど高度に希釈された物質が、なおも生物学的影響を及ぼすと主張するものだった。マドックスはこの論文を『Nature』に掲載し、その少し後に、彼自身とアメリカ人査読者、有名なマジシャンのジェームズ・ランディによるバンヴェニスト研究室への訪問に基づく反駁記事を掲載した。ある記者は、「『Nature』が掲載する論文を選択するシステムがついにあきらかになった。編集長と奇術師とウサギが選んでいたのだ」と書いている。マドックスはその後の一連の騒動を楽しみ、悪びれるようすもなかった。

科学の進歩が続くと、新しい雑誌の創刊を求める声が高まってきた。『Nature』も、他の有名な学術誌も、掲載を求める質の高い論文のごく一部しか取り上げることができなくなっていた。そこで、『Nature』の月刊姉妹誌を創刊して、ページの不足や、専門的すぎる（『Nature』は昔も今も、幅広い層の読者が興味をもてる論文を取り上げることをめざしている）などの理由で本誌では取り上げられなかった論文を掲載することになった。

1992年に最初に創刊された『Nature Genetics』は、たちまち大成功を収めた。これらの姉妹誌は『Nature』の名を冠しているが独自に編集されており、現在、15のリサーチ誌と15のレビュー誌が刊行されている。

▼科学への貢献によりナイト爵に叙される

ジョン・マドックスは、1995年に科学への貢献によりナイト爵に叙された。2000年には王立協会の名誉会員に選出された。彼がその著書や『Nature』の論説、新聞や雑誌の記事、公開講義、テレビやラジオの番組において科学と国内外の科学者の声を代弁していることは広く認知されていた。あきらかに彼の発言がきっかけになって政府機関の科学政策が再検討されることもあった。マドックスは、無責任な報道をする者を敵に回すことを恐れなかった。英国の『サンデイ・タイムズ』紙がAIDSの原因について社会的に危険な、間違った仮説を支持したときには、これを徹底的にやり込めた。マドックスは、『Nature』の編集長として22年の充実した年月を重ねた後、1995年に引退した。

マドックスには『What Remains to be Discovered（邦題『未解決のサイエンス』）』（Free Press, 1997）をはじめとする数冊の著書があるが、これらはいずれも刺激的な内容で、広く注目を集めた。彼は根っからの旅人であり、講演の依頼や会議への参加要請があると、それがどんな場所であっても断ることはめったになかった。彼はロシアで配布するために『Nature』の月刊ダイジェスト版を創刊し（残念ながら現在はなくなってしまった）、ウェールズにもっていた別荘に近いヘイオンワイで開催される有名な文学フェスティバルに科学の要素を付け加え、良心的な評議員となった。ジョン・マドックスとともに過ごす時間は魅力的で刺激的だった。彼の交友範囲は科学分野を超えて広がっており、『Nature』編集部やその他の場所で彼に世話になった人々の多くは、彼が引退した後も頻繁に連絡を取り合っていた。彼はわずかに口ごもり、常に礼儀を忘れなかったが、怠け者やうぬぼれ屋には手厳しく、同じ情熱をもつ人々のことは無条件に支援した。優秀なジャーナリストであり伝記作者でもある妻ブレンダとの間には、1男1女がいる。2人とも、両親に続いてジャーナリズムの世界に入り、すばらしい成功を収めている。前妻との間にも息子と娘がいる。

Walter Gratzer はジョン・マドックスが最初に任用した「News & Views」のレギュラー編集者。ロンドン大学キングズカレッジの Randall 細胞・分子生物物理学部門に所属している。

Special compilation

特別収録

natureに投稿した日本の研究機関の科学論文

光で記憶を書き換える

——「嫌な出来事の記憶」と「楽しい出来事の記憶」をスイッチさせることに成功

独立行政法人理化学研究所

「嫌な出来事の記憶」「楽しい出来事の記憶」は、海馬歯状回と扁桃体に保存されるが、実は「嫌な出来事の記憶」を「楽しい出来事の記憶」に置き換えることができる。海馬歯状回のシナプスの可塑性が、記憶の書き換えに重要な役割を果たしているからだ。

理化学研究所（理研：野依良治理事長）は、マウスの海馬[1]の特定の神経細胞群を光で操作し「嫌な出来事の記憶」を「楽しい出来事の記憶」にスイッチさせることに成功。その脳内での神経メカニズムを解明した。この発見は、うつ病患者の心理療法に科学的根拠を与え、将来の医学的療法の開発に寄与することが期待される。これは、RIKEN-MIT 神経回路遺伝学研究センターの利根川進センター長、ロジャー・レドンド研究員、ジョシュア・キム大学院生らの成果である。

＊本稿は『Nature』２０１４年９月17日号に先立ち、同誌オンライン版（８月27日付／日本時間・同28日）に掲載され、さらに理研が８月22日に発表したプレスリリースによる。また、編集については、本書への掲載にあたり他との統一から用字・用語等の一部を改編していますが、その責任はすべて当編集部にあることをお断りいたします。

1. **海馬**　記憶を司る脳の領域。

■要旨──記者発表のポイント

私たちの記憶は、周りで起こる出来事がどのように情緒に訴えるかに大きく左右されます。たとえば、いままで「嫌な出来事の記憶」と結びついていた場所で、楽しい出来事を体験すると、「嫌な出来事の記憶」が薄れて「楽しい出来事の記憶」に代わる場合があります。この記憶の書き換えが脳のどの領域でどのように行なわれるのか、そのメカニズムはあきらかではありませんでした。

記憶は、記憶痕跡（エングラム）[2]と呼ばれる、神経細胞群とそれらのつながりに蓄えられます。研究チームは、海馬と扁桃体[3]という2つの脳領域とそのつながりに蓄えられた「嫌な出来事の記憶」のエングラムが「楽しい出来事の記憶」のエングラムに取って代わられるかどうかを、最先端の光遺伝学[4]を使って調べました。

実験動物のオスのマウスを小部屋に入れ、その脚に弱い電気ショックを与えます。マウスは「この小部屋は怖い所だ」という「嫌な出来事の記憶」を脳内に作ります。その際に、活性化する海馬の神経細胞群を、「嫌な出来事の記憶」エングラムとして光感受性タンパク質[5]で標識しました[6]（図1A）。

その後、この標識された細胞群に青い光を照射すると、マウスは怖い経験を思い出して「すくみ」ます。しかしこのように処理したオスのマウスの海馬に光を照射しながら、メスのマウ

---

2. **記憶痕跡（エングラム）** ヒトや動物の脳内に蓄えられていると仮定されている記憶の痕跡。ある特定の神経細胞群の活動パターンやそれらのつながりの中に蓄積されていると考えられている。
3. **扁桃体** 情動（嫌だ、楽しい、報酬をもらって嬉しいなど）の記憶にかかわる脳の領域。また、本能的な好き・嫌いの判断をすることも知られている。

スを部屋の中に入れて1時間ほど一緒に遊ばせてやると、今度は「楽しい出来事の記憶」が作られました（図1A）。つまり、「嫌な出来事の記憶」に使われた海馬のエングラムをそのまま使って、異性に会えたという「楽しい出来事の記憶」にスイッチすることができるということが証明されました。逆に、同様の光遺伝学の方法を用いて、「楽しい出来事の記憶」を「嫌な出来事の記憶」にスイッチさせることも可能だということが示されました（図1B）。

この現象は、単にあとから経験する出来事の情緒的側面（嫌いか楽しいか）が、先行する経験のそれに置き替わるということではありません。その証拠に、海馬のエングラムの代わりに、脳ネットワークとして海馬の下流にある扁桃体のエングラムを同じように処理した場合、「嫌な出来事の記憶」も「楽しい出来事の記憶」も、それぞれ作り出すことができますが、同じ細胞でそのスイッチは起こりません（図2A、B）。すなわち、扁桃体のエングラム細胞の場合は、一度「嫌な出来事の記憶」にかかわると、マウスに楽しいはずの出来事を与えても、「嫌な出来事の記憶」のままですし、逆のケースでは「楽しい出来事の記憶」のままです（図3）。

「この研究のもっとも重要な結論は、海馬から扁桃体への脳細胞のつながりの可塑性が、体験する出来事の記憶の情緒面の制御に重要な働きをしているということだ」と利根川進センター長は述べています。

うつ病の患者では、嫌な出来事が積み重なり、楽しい出来事を思い出すのがむずかしい状態になっているケースが多いことが知られていますが、海馬と扁桃体のつながりの可塑性の異常が1つの原因になっている可能性が考えられます。

4. **光遺伝学**　光感受性タンパク質を、遺伝学を用いて特定の神経細胞群に発現させ、その神経細胞群に局所的に光を当てて活性化させたり、抑制したりする技術。
5. **光感受性タンパク質**　特定の波長の光が当たると開くイオンチャネルの一種であるタンパク質。このイオンチャンネルを、狙ったタイミングで光を照射して開けたり閉じたりすることで、神経細胞の活動を人為的に制御できる。この研究ではChR2（チャネルロドプシン

背景

私たちは遠い過去のことをある程度明確に思い出すことができます。そのため、記憶は固定的なものと考えがちです。しかし実際には、記憶は、体験している出来事がどのように私たちの情緒に訴えるかに大きく左右されます。たとえば、いつも先生に怒られてばかりで「嫌な出来事の記憶」と結びついていた学校に、１人の転校生がやって来て、その人と楽しい毎日を体験するようになると、学校に行くことがいつの間にか「楽しい出来事の記憶」に書き換えられていたり、逆に「楽しい出来事の記憶」と結びついていた店で嫌な経験をすると、「楽しい出来事の記憶」は薄れて「嫌な出来事の記憶」に書き換えられ、その店から足が遠のいたりします。ところが、このような記憶の書き換えが、脳のどの領域でどのように行なわれているか、その神経メカニズムはあきらかではありませんでした。

研究チームはこれまでに、マウスの脳の海馬の特定の神経細胞群を人為的に操作し、誤った記憶である過誤記憶[7]が形成されるメカニズムをあきらかにしています。

「過誤記憶の研究では、中立的な記憶が嫌な出来事の記憶に人為的に作り変えられることを示したが、一歩進んで、一度刻まれた情緒的な記憶がそれとまったく逆の記憶に書き換えられるのか、という疑問がこの研究の出発点だった。さらに、脳のどの領域が記憶を書き換えることができ、どの領域ができないのか、関連する脳内ネットワークを明確にしていくことが大きな

2）という、光照射により神経細胞の活動が誘発されるものを用いている。

6. **標識する**　神経が活動するとその発現が誘導される性質の遺伝子（この研究では、*c-fos* 遺伝子）の調節領域と標識する期間を限定させる特殊な誘導システム（Tet-off システム）を用いて、実験者が標識したい期間に活動した神経細胞でのみ、特定の遺伝子（この場合は光感受性タンパク質遺伝子ChR2）を発現させることができる。

課題だった」

とロジャー・レドンド研究員は振り返ります。

記憶は、記憶痕跡（エングラム）と呼ばれる、神経細胞群とそれらのつながりに蓄えられます。出来事が起こったときの状況や、嫌い・楽しいなどの情緒面、といった記憶の要素は、脳の海馬歯状回と扁桃体の基底部外側に、それぞれ保存されることが知られています。この海馬と扁桃体は、脳内ネットワークとしてつながっており、どのような状況でどのような体験をしたかという記憶は、それぞれの領域の神経細胞群とそのつながりで、エングラムという形で保存されていることが予想されていました。

研究チームは、海馬と扁桃体という2つの脳領域とそのつながりに蓄えられた「嫌な出来事の記憶」のエングラムが、「楽しい出来事の記憶」のエングラムに取って代わられるかどうかを、最先端の光遺伝学を使って調べました。

■研究手法と成果

小部屋に入れたオスのマウスの脚に弱い電気ショックを与えると、マウスは「この小部屋は怖いところだ」という「嫌な出来事の記憶」を脳内に作ります。その際に活性化する海馬の神経細胞群を、「嫌な出来事の記憶」エングラムとして光感受性タンパク質で標識しました（図1A）。その後、この標識された細胞群に青い光を照射して活性化すると、マウスは怖い経験

7. **過誤記憶**　曖昧で断片的な記憶を思い出すときに、その一部を変化させてしまい、実際にはなかった出来事を記憶として思い出してしまうもの。

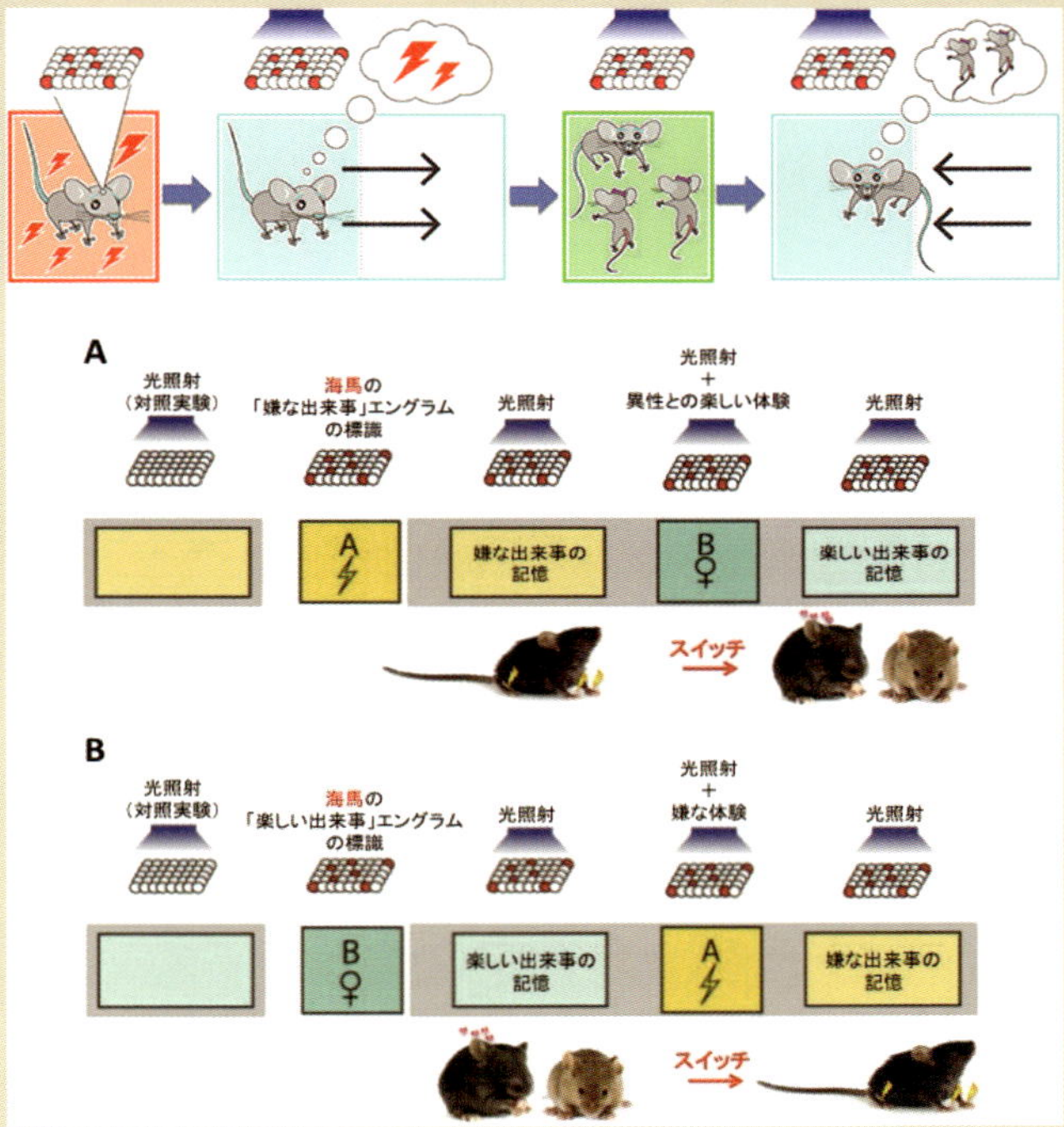

図１
上：実験結果をまとめた図
下：（A）海馬では「嫌な出来事の記憶」が「楽しい出来事の記憶」に書き換えられる。光感受性タンパク質が発現していないオスのマウスの海馬に光を照射しても何も起こらない（左）。このマウスの脚に軽い電気ショックを与えて、マウスが嫌な出来事を体験している最中に活動する海馬の神経細胞群を光感受性タンパク質で標識する。標識した海馬の「嫌な出来事」エングラムを光照射により活性化させると、オスのマウスは嫌な出来事を思い出しすくむ。しかし、同じ細胞群を光照射により活性化させながら、同じケージにメスのマウスを入れ、１時間ほど一緒に遊ばせて楽しい体験をさせると、この細胞群は今度は楽しい出来事の記憶と結びつくようになり、小部屋の特定の場所で光照射をすると、その場所に長くいるようになる。
（B）同様に海馬では「楽しい出来事の記憶」は「嫌な出来事の記憶」に書き換えられる。

を思い出して「すくみ」ます。しかし、このように処理したオスのマウスの海馬に光を照射し嫌な記憶の出来事のエングラムを活性化させながら、メスのマウスをケージの中に入れて1時間ほど一緒に遊ばせてやると、これは楽しい出来事ですから、今度は「楽しい出来事の記憶」が作られることを突き止めました（図1A）。

つまり、「嫌な出来事の記憶」に使われた海馬のエングラムをそのまま使って、異性に会えたという「楽しい出来事の記憶」にスイッチすることができる、ということが証明されました。逆に、同様の光遺伝学の方法を用いて、「楽しい出来事の記憶」を「嫌な出来事の記憶」にスイッチさせることも可能だということが示されました（図1B）。

この現象は、単に後から経験する出来事の情緒的な側面（嫌いか楽しいか）が、先行する経験のそれに置き替わるということではありません。その証拠に、海馬のエングラムの代わりに、脳ネットワークとして海馬の下流にある扁桃体のエングラムを同じように処理した場合、「嫌な出来事の記憶」も「楽しい出来事の記憶」も、それぞれ作り出すことができますが、同じ細胞でそのスイッチは起こりません（図2A、B）。すなわち、扁桃体のエングラム細胞の場合は、一度「嫌な出来事の記憶」にかかわると、マウスに楽しいはずの出来事を与えても、「嫌な出来事の記憶」のままですし、逆のケースでは「楽しい出来事の記憶」のままです（図3）。利根川進センター長は

「この研究のもっとも重要な結論は、海馬から扁桃体への脳細胞のつながりの可塑性が、体験する出来事の記憶の情緒面の制御に重要な働きをしているということだ」

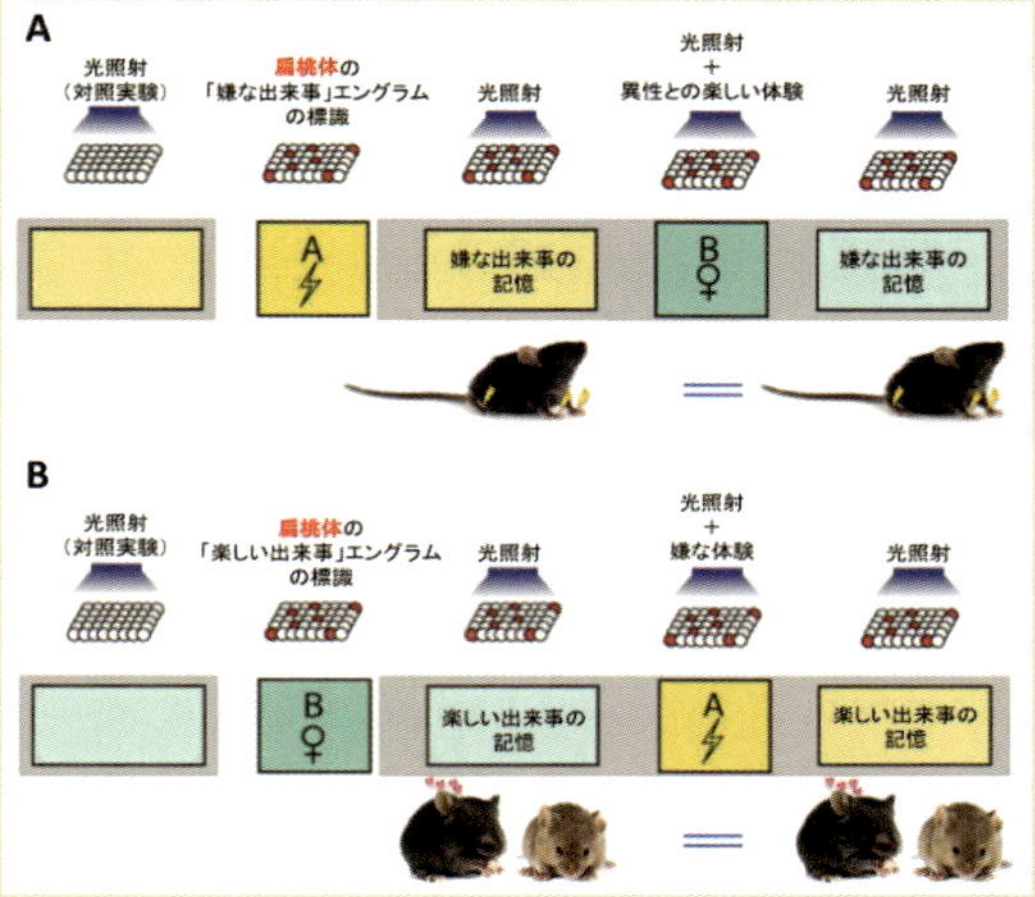

図２
（A）扁桃体では「嫌な出来事の記憶」は「楽しい出来事の記憶」に書き換えられない。扁桃体の細胞群を図１と同様な手順で処理しても、「嫌な出来事の記憶」のままで書き換えられない。
（B）同様に扁桃体では「楽しい出来事の記憶」は「嫌な出来事の記憶」に書き換えられない。

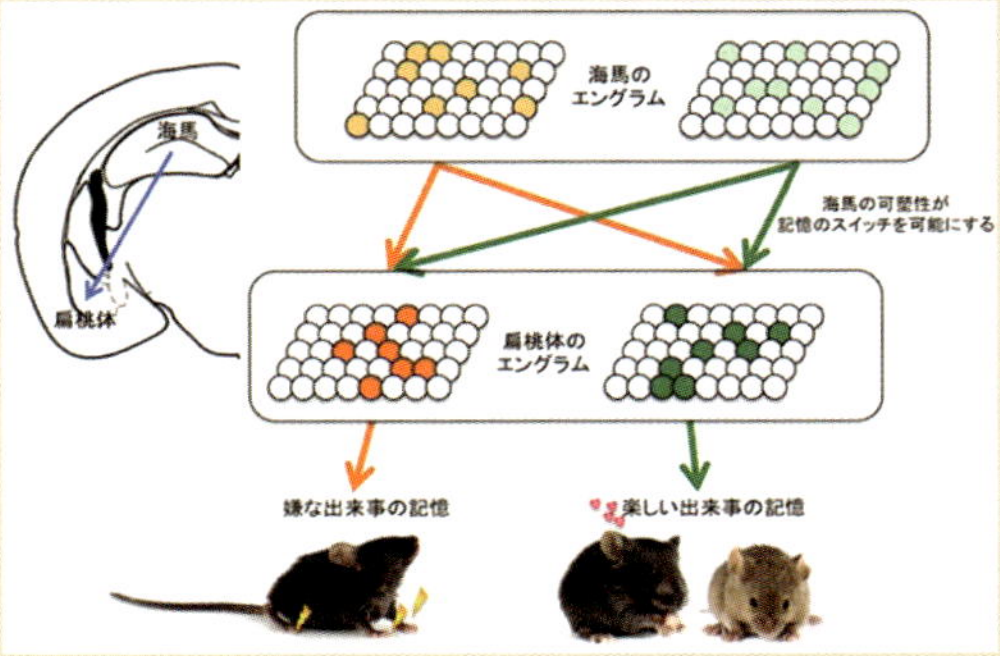

図３
海馬から扁桃体のつながりの可塑性が、記憶スイッチさせることを可能にしている。扁桃体の細胞群は一度「嫌な出来事の記憶」「楽しい出来事の記憶」を保存したら、それらの記憶はそのまま書き換えられない。

と述べています。

■今後の期待

うつ病の患者では、嫌な出来事の記憶が積もって、楽しい出来事を思い出すことがなかなかできない状態になっているケースが多いことが知られていますが、海馬と扁桃体のつながりの可塑性の異常が1つの原因になっている可能性が考えられます。今回の成果は、うつ病患者の心理療法に科学的根拠を与えるとともに、今後の治療法の開発に寄与することが期待されます。

【ナ行】

【ハ行】

【マ行】

【ヤ行】

【ラ行】

【数字・英字】

索引 本書の「索引」は通常形式ではなく、用語から本文に進みたいとする方々に向けて、その役割を果たすべく作成された。したがって、検索を主眼とする読者の方にはご不満となるかもしれないが、ご了解いただけることを請い願う。

【ア行】

【カ行】

【サ行】

【タ行】

装丁・デザイン　アダチヒロミ（株式会社 ムーブエイト）
DTP　本郷印刷
編集協力　SUPER NOVA（代表：長谷川隆義）
企画協力　中村康一
翻訳　菊川要
小林盛方
新庄直樹
坪井誠司
藤野正美
古川奈々子
三枝小夜子
三谷祐貴子
校正　（有）あかえんぴつ

※本書の翻訳・出版に際しては、ここで紹介した各スタッフのほかにも多くの方々の助言や協力を仰ぎました。
この場を借りて、厚く御礼を申し上げます。

監修 竹内 薫（たけうち かおる）

1960年、東京都生まれ。東京大学理学部物理学科卒業。マギル大学大学院博士課程修了。理学博士。ノンフィクションとフィクションを股にかけるサイエンス作家。NHK「サイエンスZERO」ナビゲーター、TBS「ひるおび！」コメンテーターとしても活躍中。 主な著書に『宇宙のかけら』（講談社）、『99.9％は仮説』（光文社新書）、『数学×思考＝ざっくりと』（丸善出版）、『猫が屋根から降ってくる確率』（実業之日本社）ほか、多数。

nature 科学 深層の知 物理数学・物理化学・工学・ロボット

2015年2月12日　初版第一刷発行

監修　竹内薫

発行者　村山秀夫

発行所　実業之日本社
〒104-8233　東京都中央区京橋3−7−5　京橋スクエア
【編集部】TEL.03-3535-2393
【販売部】TEL.03-3535-4441
振替 00110-6-326
実業之日本社のホームページ　http://www.j-n.co.jp/

印刷・製本　大日本印刷株式会社

ISBN978-4-408-11106-3（学芸）